WTB

BAND 234

Rolf Dargel
Ulrich Zwiener

Allgemeine Funktionelle Biopathologie

Mit 36 Abbildungen und 19 Tabellen

AKADEMIE-VERLAG BERLIN

Reihe BIOLOGIE

Herausgeber:

Prof. Dr. H. Bochow, Berlin
Prof. Dr. H. Böhme, Gatersleben
Prof. Dr. E. Hofmann, Leipzig
Prof. Dr. J. O. Hüsing, Rerik
Prof. Dr. G. Lerch, Potsdam
Prof. Dr. U. Taubeneck, Jena

Verantwortlicher Herausgeber dieses Bandes:

Prof. Dr. E. Hofmann, Leipzig

Verfasser:

Prof. Dr. sc. med. R. Dargel
Prof. Dr. sc. med. Dr. phil. U. Zwiener
Jena

ISBN 3-05-500114-1
ISSN 0084-0963

1986
Erschienen im Akademie-Verlag, Berlin,
DDR-1086 Berlin, Leipziger Str. 3—4

Lizenznummer: 202 · 100/507/86
Printed in the German Democratic Republic
Gesamtherstellung: VEB Druckhaus „Maxim Gorki", 7400 Altenburg
Lektor: Christiane Grunow
LSV 2024
Bestellnummer: 763 591 9 (7234)
01600

Vorwort

In den letzten Jahrzehnten sind beträchtliche Fortschritte in der Erkennung ätiologischer Faktoren und pathogenetischer Mechanismen durch funktionell orientierte Wissenschaftsdisziplinen erreicht worden. Damit sind manche unserer bisher am Statischen ausgerichteten Betrachtungsweisen modifiziert und z. T. überholt worden. Das ist letztendlich das Resultat des raschen Fortschrittes in den biochemischen und physiologischen Disziplinen in der zweiten Hälfte dieses Jahrhunderts. Die stürmische Entwicklung solcher Wissenschaftsdisziplinen selbst wie der Pathobiochemie, Pathophysiologie und der medizinischen Immunologie kommt nicht zuletzt auch in neuen Akzenten in der allgemeinen Krankheitslehre zum Ausdruck. Diesen Veränderungen ist in aktuellen Darstellungen einer Allgemeinen Pathologie Rechnung zu tragen. Die zwangsläufig in bisheriger Sicht vernachlässigte funktionelle Seite der Allgemeinen Biopathologie ist das besondere Anliegen dieses Taschenbuches. Gerade wegen der inzwischen fest etablierten Teildisziplinen einer Pathologie im umfassenden Sinne ist die Erfassung des integrativen Moments einer allgemeinen Krankheitslehre eine dringliche Aufgabe. Das gelingt hier sicherlich nur hinsichtlich der funktionellen Seite, wobei auch in dieser Betonung auf elementare morphologische Bezüge nicht zu verzichten war. An dieser Stelle sei Herrn Prof. Dr. G. Waldmann, Direktor des Instituts für Pathologische Anatomie der FSU Jena, für seine wertvolle Unterstützung gedankt, die es uns erlaubte, eine solche Straffung des Manuskriptes ohne inhaltliche Verluste vorzunehmen.

Mit der „Allgemeinen funktionellen Biopathologie" sollen die Studenten der Medizin und Stomatologie zu einer integrativen Betrachtung geführt werden, die ihnen das zusammenhängende Verstehen der genannten Teildisziplinen erleichtert. Das Buch möchte weiterhin den in der Weiterbildung befindlichen Ärzten und den an klinischen Fragestellungen interessierten Naturwissenschaftlern das Verständnis für ätiopathogenetische Mechanismen aus einer übergeordneten Sicht vermitteln, ohne jedoch dadurch die bewährten Lehrbücher der traditionellen Lehrgebiete ersetzen zu wollen.

Unser besonderer Dank gilt Frau Christiane Grunow, Lektorin des Akademie-Verlages Berlin, die durch ihre Beharrlichkeit und ihr Entgegenkommen viel zum Gelingen dieses Buches beigetragen hat.

Inhaltsverzeichnis

1. Grundlagen der allgemeinen Biopathologie

1.1. *Die Existenzformen des Lebens — Gesundheit und Krankheit*

1.1.1. *Kennzeichnung von Gesundheit und Krankheit*

Gesundheit und Krankheit als qualitativ verschiedene Existenzformen des Lebens entziehen sich wegen ihrer Komplexität einer einfachen verbalen Definition. Jedoch sind approximative Kennzeichnungen wegen des axiomatischen Charakters dieser Grundbegriffe in der Biopathologie notwendig.

Gesundheit nicht nur als Fehlen von Krankheit, sondern als Zustand völligen körperlichen, seelischen und sozialen Wohlbefindens[1]) zu kennzeichnen (WHO-Definition), ist eine zu hohe, teils utopische Forderung mit Betonung der subjetiven Seite, definiert aber essentielle Bezugsebenen.

Wohlbefinden (bzw. Wohlsein) ist auch bei Gesunden häufig nicht gegeben, ohne daß diese krank sind, und Konflikte und physische Bagatellstörungen (z. B. Bagatellverletzungen) sind im menschlichen wie tierischen Leben nahezu obligat. Gesundheit ist daher weniger mit einem punktuellen Optimum als mit einem bestimmten Bereich der Homöostase gleichzusetzen (ROTHSCHUH).

Der Zustand aktuellen Wohlbefindens oder „normaler" Lebenstätigkeit ist nur ein notwendiges, aber noch nicht hinreichendes Kriterium der Gesundheit. Es müssen — wie bei der Krankheit (s. u.) — auch mitunter potentielle und prognostische Merkmale berücksichtigt werden. So wird ein mit Vitamin-B_{12} substituierter Perniziosa-Kranker auch im Zustand völligen Wohlbefindens nicht als gesund bezeichnet werden, aber auch kein Mensch mit einem gerade sich entwickelnden Malignom trotz völligen Wohlbefindens seines Trägers. Diese definitorische Problematik wird auch durch die betont subjektiven Kriterien dieser WHO-Definition verursacht, zumindest durch die fehlende Abgrenzung zwischen objektiven und subjektiven Seiten. Letzteres wird im Bereich des Pathologischen noch wesentlicher, wobei hier vordergründig die biopathologischen Aspekte betont werden sollen.

---

1) im Original: well being — auch Wohlsein

Aus biopathologischer Sicht ist **Krankheit** *eine biologisch wesentliche Störung mit funktionell-struktureller Beeinträchtigung des Gesamtorganismus bzw. der Organismus-Umwelt-Beziehungen unter Einschluß gesetzmäßiger biologischer Reaktionen.* So führt nicht jede Störung zum pathologischen Vorgang, und nicht jeder pathologische Vorgang ist biologisch so wesentlich für den Gesamtorganismus, daß er zur Krankheit führt. Erst Zellnekrosen entsprechenden Ausmaßes führen zu Gewebsuntergang je nach Vulnerabilität des Gewebes (s. 3.1.).

Zwar beschreibt stets erst die morphofunktionelle Einheit des pathologischen Geschehens den Krankheitsprozeß vollständig, die biologische Wertigkeit einer Veränderung oder Störung resultiert letzlich aber aus deren funktionellen Konsequenzen (PARSONS). Krankheit ist immer ein prozeßhaftes Geschehen (s. 1.2.). So müssen — wie auch bei der Gesundheit — in der Einschätzung eines aktuellen Status auch dessen Folgen impliziert werden (z. B. pathogene Potenz früher Malignomstadien). Oft sind diese allein entscheidend.

Mit der biologischen Definition der Krankheit werden zwar entscheidende Charakteristika aus dem Bereich der Krankheiten der Tiere (*Veterinärpathologie*), auch Pflanzen (*Phytopathologie*) und auf der biologischen Ebene menschlicher Existenz berührt (*Humanpathologie*), doch die Spezifika des vordergründig gesellschaftlich determinierten Wesens Mensch nicht berücksichtigt. Humanmedizin ist eine *Humanwissenschaft*, die damit über ihre naturwissenschaftliche Basis hinausgeht. Diese Aspekte können im folgenden nur kurz gestreift werden.

Die Erscheinungsformen der Biopathologie werden durch die gesellschaftliche Existenz des Menschen spezifisch und vielfältig „gebrochen". Außerdem ist die *soziale Ebene* der Krankheit sehr oft eine selbständige (s. 1.3.) mit besonders starken Interaktionen zur psychischen Ebene (*psychosoziale Störungen*). Da nur der Mensch zur bewußten Reflexion seines gesamten Seins fähig ist, wird auch die Krankheit allein von ihm ständig psychisch verarbeitet (**Krankheitsbewußtsein**). Auf (psycho)sozialer Ebene (s. 1.3.) erfährt jegliche menschliche Erkrankung ihr vielschichtiges besonderes Gepräge. Dabei wird der Mensch meist objektiv und/oder subjektiv hilfsbedürftig (ROTHSCHUH), eine humanspezifische Determinante der Krankheit. In vielen Definitionsversuchen der Krankheit werden besondere Störungen, wie des „leiblich-seelischen Ordnungsgefüges" (ROTHSCHUH), der „organismischen Systemregulation" (GUBLER), von Adaptationsprozessen (SELYE,

Ado), somit recht spezifische Teilcharakteristika des hochentwickelten tierischen bzw. menschlichen Organismus in den Vordergrund gestellt.

Hier ergeben sich Parallelen zu bisherigen Krankheitstheorien, die fast alle jeweils einen bestimmten Teilaspekt der Krankheit oder eine strukturelle Komponente des Lebens verabsolutieren (Zellularpathologie Virchows, Nervismus Speranskys u. a.). In der Tat sind solche dominierenden Strukturen oft, aber nicht immer Ausgangspunkt und Substrat des Krankheitsprozesses (s. a. 1.3.). Vielmehr können alle Determinanten biologischer Erscheinungen mehr oder weniger komplex den Charakter der Krankheit in entsprechender Weise bestimmen (s. 1.1.2.). Eine besondere Form der Wechselwirkung zwischen pathogenem Faktor und Organismus ist die **Organotropie** infektiöser Agentien, wie eine bevorzugte pathogene Potenz der Erreger zu bestimmten Organen. Informationsprozesse auf molekularer Ebene liefern heute kausale Erklärungen (s. 5.2.).

In der Dialektik des *Pathos*[2]), d. h. der inneren (Kausal-)Prozesse, und des *Nosos*[3]), d. h. mehr des äußeren Erscheinungsbildes der Krankheit, wird das Verhältnis von *Wesen und Erscheinung* des Krankheitsprozesses faßbar. Nur im Ausnahmefall sind Pathos und Nosos so kongruent, daß diese an Identidität grenzen. Meist gilt es, zwischen den zugrundeliegenden Prozessen, erfaßt durch die *Pathologie*, und dem äußeren (klinischen) Bild, systematisiert in der *Nosologie*, ein Höchstmaß an Beziehungen herzustellen. In vorliegendem Rahmen ist fast ausschließlich das Wesen der Krankheiten, das Pathos, zu kennzeichnen. Krankheit ist aber nur selten durch das einseitige lineare Wirken von Störfaktoren, sondern auch durch die aktive *phylogenetisch entstandene Reaktion* des Organismus bestimmt (Davidowski).

1.1.2. Biologische Grundprinzipien als Determinanten des Krankheitsprozesses

Krankheit bleibt stets eine *spezifische biologische Erscheinungsform.* Zwar sind gewisse Parallelen zwischen gestörten Systemen[4]) überhaupt erkenntlich, wie besonders in gestörten biologischen

---

[2]) Pathos — Leiden: Pathologie — Lehre von der Krankheit

[3]) Nosos — Krankheit: Nosologie — (klinische) Lehre von der Erscheinung der Krankheiten

[4]) Lebewesen tragen schon auf Einzellerebene Systemcharakter.

und technischen Regelungen als Instabilitäten offensichtlich (Oszillieren z. B. homoiostatischer Parameter bis zum Ausbruch der Regelgrößen, s. 12.3.). Tatsächlich bietet neuerdings die *Systemtheorie* und im engeren Sinne die Kybernetik für die kausale Erklärung und empfindliche Kennzeichnung derartiger pathologischer Phänomene einen allgemeinen naturwissenschaftlichen Zugang (Drischel, Milhorn). Jedoch werden hierbei mit den Systemaspekten zwar wesentliche, aber hauptsächlich formale Analogien erfaßt.

Im entscheidenden Maße weisen Lebewesen charakteristische, überwiegend spezifische Eigenschaften auf, die auch das Bild der Krankheit wesentlich prägen und nachfolgend darzustellen sind. So hat eine **Theoretische Pathologie** auf der Theoretischen Biologie aufzubauen. Ihren allgemeinsten Ausdruck finden diese Charakteristika in der Kennzeichnung aller Lebewesen als *dissipativen*[5]) *Strukturen* (Prigogine), d. h. im thermodynamischen Ungleichgewicht kommt es zu Kooperationen auf atomarer bzw. molekularer Ebene, die zeitweilig eine lokale Entropieverminderung, damit Bewegungen entgegen des 2. Hauptsatzes der Thermodynamik bedeuten. Daraus folgt zwangsläufig die *molekulare Selbstorganisation des Lebens* (Eigen).

Alle Lebewesen verhalten sich danach teleonomisch, d. h. biologisch zweckgerichtet (= **Prinzip der Teleonomie,** Pittendrigh) Diese Zweckgerichtetheit mit integrativ erhaltender Wirkung ist nicht absolut, sondern nur für einen konkreten biologischen Zusammenhang vollauf gültig, in dem sie sich evolutionär, d. h. in der dialektischen Auseinandersetzung von Organismus und Umwelt, gebildet hat. Der biologische Rahmen der Teleonomie bleibt stets begrenzt und kann sogar zum *pathogenetischen Prinzip* werden. So kann ein bisher teleonomischer Prozeß, z. B. die Immunabwehr, in einer neuen ungünstigen Situation prinzipiell ungünstig wirken, wie bei den Allergien, Autoimmunerkrankungen u. a. (s. 5.1.u. 5.3.).

Auch viele, spezifisch nur im Krankheitsprozeß vollauf wirksame Funktionsabläufe und Reaktionsformen haben sich evolutionär gebildet und tragen teleonomischen Charakter, wie etwa die Hämostase, die Entzündung (s. 4.) u. a.. Oft werden diese Potenzen durch Ersterkrankung oder -kontakt realisiert, wie etwa die Immunität nach Infektionskrankheiten oder Impfungen. Der

---

[5]) dissipativ: wörtlich zerstreuend, „verschwendend“ hinsichtlich ihres Gehalts an freier Energie.

teleonomische Charakter ist aber auch hier nicht durchweg nachweisbar und kann unter Umständen zum pathogenetischen oder deletären Faktor werden (z. B. Thromboembolien, Fibrinolyseblutungen).

Lebewesen sind stets auf spezifische Weise strukturiert (= Prinzip der Strukturiertheit, GURVITSCH und PETLENKO), d. h. es sind komplexe, relativ selbständige Ebenen morphofunktioneller Integration erkennbar mit hierarischem Aufbau (vgl. 2.3., 12.1.; 12.2.). Bei allen höheren Lebewesen sind molekulare, zelluläre, Organ- und organismische Ebenen abgrenzbar, auf denen sich auch Krankheitsprozesse in spezifischer Weise manifestieren und transparent werden (*Molekularpathologie bis Soziopathologie*). Diese Hierarchie, evolutionär entstanden und gewachsen, garantiert bestimmte biologische Wertigkeiten bei der Interaktion der einzelnen Ebenen. Daraus leiten sich Besonderheiten von Krankheitsformen der höheren Lebewesen ab, wie z. B. der Charakter vieler psychovegetativer Störungen (s. 12.3.) mit ungünstiger funktioneller Dominanz der höheren, hier gestörten Ebene.

Lebewesen zeigen mit ihren Negentropieeigenschaften[6]) (SCHRÖDINGER) im Gegensatz zur unbelebten Natur besondere Formen der Auseinandersetzung mit der Umgebung und ihrer inneren Abstimmung (= **Prinzip der Reaktivität, Reagibilität, Adaptation und Regulation**[7]), DAVYDOWSKI). Diese Eigenschaften ergeben sich aus der Tendenz dissipativer Strukturen (s. o.) zur Entropiereduktion. Die Organismen als thermodynamisch und informationell offene Systeme (BERTALANFFY) können ihre Integrität nur durch dauernde spezifisch biologische Auseinandersetzung und im energetischen Fließgleichgewicht mit der Umgebung wahren. Dies wird durch ein breites Spektrum solcher Reaktions-, Regulations- und Anpassungsprozesse erreicht. Erst bei Überschreitung der Belastungsgrenzen resultieren oft plötzliche Störungen, bei entsprechender Ausprägung von Krankheitswert.

Neben spezifischen pathologischen Erscheinungsformen (instabile Homöostase mit Oszillieren in organismischen Regelkreisen (s. 12.3.)) bedingt die homöostatische Struktur höherer Lebewesen in vielen Fällen besondere Kompensationsbreiten unter Wahrung der Systemintegrität. Das wurde von systemtheoretischer Seite seit längerem als generelle Eigenschaft hochkomplexer Systeme aufgeklärt (Multi- und Ultrastabilität, ASHBY). Oft folgt dann der qualitative Umschlag auf ein reduziertes Homöostaseniveau oder mit Systemzusammenbruch spät aber plötzlich,

---

[6]) „negative Entropie", zeitlich und örtlich begrenzte Entropiereduktion
[7]) auch unter dem Begriff des Dynamismus zusammengefaßt (PETLENKO)

wie z. B. von GUYTON im Experiment und im mathematisch-kybernetischen Modell der kardiovaskulären Regulation aufgeklärt wurde.

Zwischen Anpassungs- und Adaptationsprozessen, Regulationen und Krankheitsvorgängen besteht dabei ein besonderer dialektischer Zusammenhang. *Adaptation* bedeutet physiologische Erweiterung der Toleranz gegenüber größeren Umgebungsveränderungen, wie durch Erweiterung der funktionellen Kapazität, wie z. B. enzymatischer Prozesse zu komplexen Organveränderungen, etwa bei der Arbeitshypertrophie des Herzens (s. 8.1.).

Adaptation setzt die Einwirkung entsprechender belastender Reize voraus (s. 7.1.1.). Letztere sind also für eine Verbreiterung des Spielraums gesunder Lebensprozesse zwangsläufig notwendig. Ihr Fehlen kann bei plötzlicher starker Belastung Krankheit infolge mangelhafter Adaptation bedeuten, wie z. B. bei ungenügender Herz-Kreislaufadaptation auf starke physische Belastung. Somit bleibt der Organismus auf die Dauer nur gesund, wenn eine permanente Adaptation an das gesamte Spektrum der häufig wechselnden Umweltbedingungen gelingt.

Meist laufen während der Adaptation auch vielfältige *Regulationsprozesse* ab, die a priori den Reizen entgegengesetzte Korrekturen auslösen, bei organismischen Regelkreisen um so stärker, je größer die einwirkende Störung ist (Proportional- und Integralempfindlichkeit) und je schneller sie einwirkt (Differentialquotientenempfindlichkeit). Aus dieser häufigen Regelkreisdynamik, wie durch die Biokybernetik faßbar, resultieren in einem relativ breiten Störintervall noch völlige Kompensationen, bei weiterer Störgrößenzunahme mit Überschreiten der Regelbreite rasch völlige Dekompensationen (s. o.). Der Begriff der *Kompensation* sollte danach folgerichtig mehr für Reaktionen an den Homöostasegrenzen auf abnorme und pathologische Belastungen und nicht synonym zur Adaptation (s. o.) verwendet werden.

Die Lebewesen sind genetisch determiniert (= **Prinzip der genetischen Determination**). Über die in der DNS fixierte genetische Information wird eine hohe Konstanz artspezifischer organismischer Eigenschaften (Genotypus) erreicht. Andererseits ist nicht zu übersehen, daß durch das für die Evolution der Arten erforderliche Wechselspiel von Konstanz und Variabilität im Informationsgehalt des Erbmaterials in jeder Generation Mutationen auftreten (s. 6.1.). Diese können einerseits auf Grund der Struktur des genetischen Apparates ohne sichtbare Folgen für die nächsten Generationen bleiben; andererseits sind sie jedoch für den Merkmalsträger mitunter von hohem Krankheitswert und stellen vereinzelt sogar einen Letalfaktor dar (s. 6.1.; 7.1.).

1.1.3. Das dialektische Verhältnis von Gesundheit und Krankheit und das Abnorme

Gesundheit und Krankheit sind korrelative Begriffe, dabei aber als qualitativ verschiedene Existenzformen des Lebens eine dialektisch widerspruchsvolle Einheit.

So ist Gesundheit auf die Dauer nur durch permanente Auseinandersetzung mit inneren und äußeren potentiell pathogenen Bedingungen bzw. Belastungen möglich. Nur durch die evolutionär optimierten zusätzlichen Funktionen an der Grenze zum Pathologischen und durch ebenso entstehende teleonomische Reaktionsformen (s. 1.1.2.) kann der Organismus gesund bleiben, wieder gesunden oder überleben. Die Nozizeption wäre z. B. im völlig exogen ungefährdeten Status nicht lebensnotwendig, was aber kaum in natura gegeben ist; dauernd wird der Organismus durch Schutzreflexe (Schmerzreaktionen, Husten, Erbrechen, Niesen u. a.) aktiv vor potentiellen Gefährdungen bewahrt. Somit ist die phylogenetisch gewachsene Kompensationsfähigkeit des Organismus in der Krankheit und an der Grenze zwischen Gesundheit und Krankheit essentielle Voraussetzung der Gesundheit selbst.

Zwischen Gesundheit und Krankheit existieren dabei *Übergänge* oder „Grauzonen", wie etwa die *Borderline*-Bereiche. Eine besondere Disposition (s. 1.2.) ist dagegen eine Anfälligkeit zu bestimmten Krankheiten, ohne daß die Erkrankung bereits manifest wäre. Umgekehrt werden nicht selten bei Sektionen Magenulzera, Gallensteine, Nierensteine usw. festgestellt, ohne daß der Träger Beschwerden hatte oder in seiner Lebenstätigkeit beinträchtigt war.

In diesem Rahmen ist auch die Stellung des **Anomalen** bzw. **Abnormen** zwischen oder neben Gesundheit und Krankheit zu erörtern. Zwar ist alles Krankhafte anomal bzw. abnorm, aber umgekehrt bei weitem nicht alles Abnorme und Anomale von Krankheitswert. Dieser wird erst bei wesentlichen Störungen biologischer Funktionen (s. 1.1.1.) erreicht. Auch die **Heterologien** der Allgemeinen Pathologie (RÖSSLE) mit *Heterotopie* (Vorgang am falschen Ort), *Heterochronie* (zum falschen Zeitpunkt), *Heterometrie* (falsches Ausmaß) und *Heterokrasie* (falsche Zusammensetzung) sind notwendige, aber für das Krankhafte noch nicht hinreichende Bedingungen.

1.2. Krankheitsentstehung und Krankheitsverlauf

1.2.1. Determinanten der Krankheitsentstehung

Die **Ätiologie** ist die Lehre von den Krankheitsursachen. Eine Krankheit kann mono- oder (wesentlich häufiger) multikausal sein (Polyätiologie). Typische Beispiele für erstere sind genetische Defekte, für letztere Erkrankungen z. B. die essentielle Hypertonie oder die ischämische Herzkrankheit, also mit ätiologischen Faktoren auf verschiedenen Krankheitsebenen (s. 1.3.). Diese Kausalitätsbezüge werden aber im Wahrscheinlichkeitsfeld aller möglichen Momente und in der Dialektik exogener und endogener Faktoren nicht mit Notwendigkeit wirksam (s. a. 2.). Daraus resultieren besonders bei komplexen Krankheitsprozessen Konzeptionen, wie die der *Risikofaktoren* u. a..

Das Entstehen einer Krankheit ist meist von der aktuellen Konstellation sowohl exogener als auch endogener Faktoren abhängig, die auch Ausmaß und Dynamik des Krankheitsprozesses bestimmen. Unter den **endogenen Bedingungen** kennzeichnet die *Konstitution* eine bestimmte organismische Verfassung, auf deren Boden Krankheiten leichter entstehen können (z. B. neurotische Konstitution). Die *Krankheitsdisposition* (s. 1.1.3.) als erhöhte Anfälligkeit gegenüber Erkrankungen tritt z. B. als Geschlechtsdisposition (z. B. erkranken Männer häufiger am Magen- und Bronchialkarzinom), als Altersdisposition (z. B. Kinder- und Alterskrankheiten) als Rassendisposition (z. B. der negroiden Rasse zur Sichelzellanämie), als Artdisposition (z. B. gegenüber bestimmten Infektionen) auf. Als *Diathese* wird dagegen die schon fixierte Krankheitsneigung bezeichnet (z. B. die haemorrhagische Diathese).

Angeboren oder als Ergebnis der Auseinandersetzung des Organismus mit seiner Umgebung gibt es auch besonders Eigenschaften, die die natürliche Anfälligkeit gegenüber Krankheiten reduzieren. Diese Prozesse unterschiedlicher Natur (immunologische, endokrine u. a.) werden unter dem Begriff der **Resistenz** des Organismus zusammengefaßt (s. a. 2.).

Die **exogenen Bedingungen** hängen in ihrer Wirkung weitgehend vom Störungsausmaß ab. Bei entsprechender Stärke spielen aktuelle endogene Bedingungen dann keine Rolle mehr für die Auslösung der Erkrankung (z. B. bei akuten Traumen), stets aber für die weitere Dynamik des Krankheitsprozesses.

1.2.2. Der Krankheitsverlauf

Die Entwicklung der Krankheit und ihre Mechanismen nach der Verursachung werden als **Pathogenese** bezeichnet. Oft sind Verursachung und Entwicklung einer Krankheit nicht zu trennen, so daß man beide in der **Ätiopathogenese** einschließt. Etwas verwirrend ist oft die Unterscheidung der formalen von der kausalen Pathogenese; letztere ist dann identisch mit der Ätiologie.

Erkrankungen können kurzzeitig entstehen und existieren (**akute Erkrankungen**), sind dabei in ihrem Erscheinungsbild meist heftiger als die langfristigen (**chronische Erkrankungen**). Jedoch kann eine akute Erkrankung bei einem entsprechenden Gleichgewicht zwischen Störung und Kompensationsvermögen in eine chronische übergehen. Die Heftigkeit des pathogenetischen Prozesses wird durch die Termini „*perakut*" (sehr starke, oft zum Tode führende Krankheitsdynamik) und „*subakut*" (schleichend, weniger deutlich) gekennzeichnet.

Bei der komplexen Vielschichtigkeit des Krankheitsgeschehens ist es oft unmöglich, den Typus im Krankheitsverlauf oder auch nur eine generelle charakteristische Stadienfolge anzugeben. Fast immer ist aber ein **phasenhafter Verlauf** zu beobachten, der durch die unterschiedliche Wertigkeit besonders endogener Bedingungen und Faktoren im zeitlichen Ablauf der Krankheit bestimmt wird. Neuerdings ist eine ungefähre Abgrenzung in drei Phasen gebräuchlich, sowohl bei Prozessen durch vielfältige starke exogene Belastungen, etwa im Sinne des Allgemeinen Adaptations-Syndroms (SELYE) als auch der umschriebenen Organüberlastung (MEERSON), wie an Myokard, auch Niere, Leber, Lunge. Dabei wurden folgende Gemeinsamkeiten beschrieben (Abb. 1.1. durchgezogene Kurve). In einem ersten, als *Alarm- oder Havariestadium* gekennzeichneten, stellt sich der Organismus bzw. das Organ auf die veränderte Situation mit einer gewissen Latenz um (Katabolismus überwiegend, mit verstärktem ATP-Verbrauch). So können dann in einem zweiten, als *Stadium des Widerstandes* oder der *relativ stabilen Hyperfunktion* bezeichneten, die aktuell aktivierten, evolutionär gewachsenen Kompensationsprozesse maximal wirksam werden (Vermehrung der Nukleinsäuren, Mitochondrien- und kontraktilen Eiweiße, Hypertrophie). Bei entsprechender Stärke der Störeinwirkung reichen diese aber nicht dauerhaft zur vollständigen Störkompensation aus. Es wird ein drittes Stadium erreicht, das *Stadium der Erschöpfung* oder der *Verschleißentwicklung* (Verringerung der ATP-Synthese, Absinken

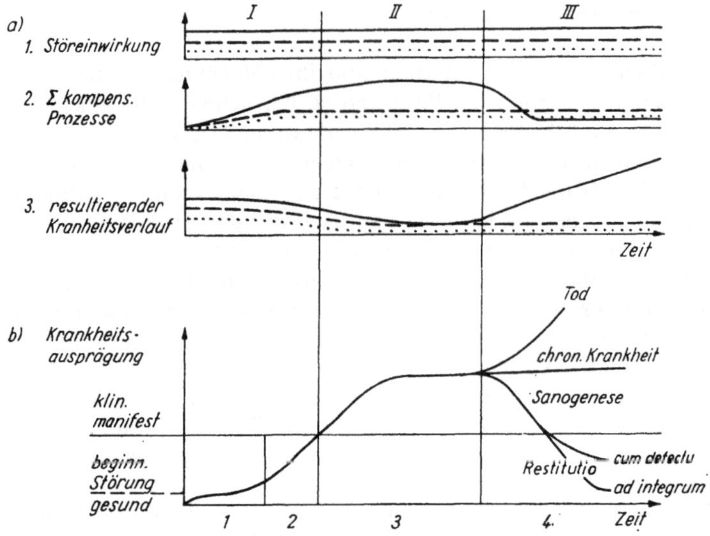

Abb. 1.1.a) Allgemeine Dynamik von Krankheitsprozessen. Durchgezogen stärkere, gestrichelt mittelgradige und gepunktet schwächere Störeinwirkungen, I Alarm- oder Havariestadium, II Stadium des Widerstandes oder der relativ stabilen Hyperfunktion, III Stadium der Erschöpfung oder der Verschleißentwicklung (bei starker Störung) oder der Kompensation bzw. Restitution (bei schwächeren Störungen). (Ordinaten geben quantitative Ausprägung der Prozesse I.—III. an).
b) Krankheitsstadien, von den Infektionskrankheiten abgeleitet. 1 Latenzstadium (bzw. Inkubationsstadium), 2 Prodromalstadium, 3 Manifestationsstadium, 4 Rekonvaleszenz.

der ATP-Konzentration). Bei schwächeren Störungen kann sich der Organismus lange oder stets im kompensierten zweiten Stadium befinden (Abb. 1.1. gestrichelte u. gepunktete Kurven).

Tatsächlich entstehen auf sehr unterschiedliche pathogene Noxen (Toxine, Röntgenstrahlen, starke Wärmeeinwirkung u. a.) und während verschiedenster Erkrankungen (Myokard-Insuffizienz, Okklusionsikterus u. a.) ähnliche zelluläre Adaptationsphänomene und solche der Schädigung (z. B. Mitochondriale Aufquellung, Cristolyse und mitochondrialer Untergang u. a., s. 3.). Andere Ursachen für derartige phasenhafte Muster sind auf komplex hormonal-nervösen Regulationsebenen des Gesamtorganismus zu finden, wie besonders Selyes Studien zur zentralen Stellung der hypothalamischen, Nebennierenrinden- und adrenergen Funktionen mit nervöser Vermittlung beim Allgemeinen Adaptations-Syndrom belegen. Auch bei der gebotenen Reserve vor Verabsolutierung letzterer Mechanismen können damit insgesamt neben grundsätzlichen zellulären Prozessen (s. 3.2.) auch die nervös-hormonalen Regulationen für die generelle Dynamik in der Biopathologie determinierend sein.

Ein Teil dieser Eigenschaften ist schon durch Prozesse auf molekularer Ebene erklärbar (s. 2.2., z. B. nichtkovalente Bindungen u. a.). Jedoch sind molekulare Prozesse oft nicht per se, sondern erst durch ihre Stellung in der zellulären Integrität abnorm oder pathologisch (s. 2.3.). Neuerdings werden Membranprozesse als besondere pathogenetische Ebene deutlich.

Mehr von den Infektionskrankheiten abgeleitet, wurden bisher oft vier grundsätzliche Krankheitsstadien unterschieden (Abb. 1.1.b): ein *Latenzstadium* (bei Infektionskrankheiten auch Inkubationsstadium) der Einwirkung der Noxen ohne sichtbare Veränderungen des Organismus, ein *Prodromalstadium*[8]) mit uncharakterischen Veränderungen bzw. *Symptomen*[9]), *ein Manifestationsstadium* mit voller Ausprägung der pathologischen Veränderungen bzw. Symptome, dem sich entweder das *Stadium der Rekonvaleszenz,* der *chronischen Erkrankungen* oder des Systemzusammenbruchs (*Tod,* 1.4.) anschließt. Diese Dynamik zeigen besonders Krankheitsverläufe, bei denen sich pathogene Störungen in ihrer Intensität prozeßhaft steigern, wie etwa bei Infektionskrankheiten und solchen mit deutlichen Circuli vitiosi[10]). Diese Stadienfolge wird durch moderne Therapieformen (z. B. Antibiotika) aber heute seltener gesehen. Das Stadium der Rekonvaleszenz wird oft auch als **Sanogenese** von der engeren Pathogenese abgegrenzt. Hier setzen die medizinischen Bemühungen im Sinne der **Metaphylaxe**[11]) ein, um einen Rückfall (= **Rezidiv**) zu vermeiden bzw. die Entwicklung einer chronischen Erkrankung zu verhindern. Das kann zur *Restitutio ad integrum*[12]) führen oder auch nur zur *Restitutio cum defectu*[13]).

Trotz der Vielfalt **genereller Wirkgefüge** in der Pathogenese lassen sich Kausalkonstellationen angeben. Überwiegend lineare

---

[8]) prodromus — der Vorläufer
[9]) Symptoma — das Zeichen
[10]) circulus vitiosus — wörtl. falscher Kreisschluß, der philosophischen Logik falsch entlehnter Begriff; hier: positive = verstärkende Rückkopplung im Störmechanismus.
[11]) wörtl.: Nachsorge, vgl. Prophylaxe als Vorsorge
[12]) etwa: vollständige Wiederherstellung
[13]) etwa: Wiederherstellung mit Defekten

Kausalketten sind etwa bei genetischen Erkrankungen (s. 6.) mit „Kettenreaktionen“ nach Störung im Steuerapparat der Zelle zu beobachten. Betont **zyklische Kausalketten** sind z. B. in der Pathogenese von Immunkomplexkrankheiten (s. 5.) ersichtlich (Circulus vitiosus zwischen primärem Antigen-Antikörper-Komplex und Immunreaktion auf diesen) oder etwa beim Volumenmangelschock (Circulus vitiosus zwischen Makro- und Mikrozirkulationsstörung, s. 8.3.3.). Am häufigsten sind aber *Kombinationen von linearen und zyklischen Kausalketten,* typisch etwa in der Pathogenese der Herzfehler oder beim Bluthochdruck-Arteriosklerose-Prozeß (s. 8.). In jeder dieser Gruppen sind *mono- und multikausale* Prozesse möglich. Häufig ist auch ein Wechsel des *pathogenetischen Modus,* wie etwa beim erworbenen Herzfehler mit einer ersten Phase der Infektions-Immunabwehr und einer zweiten der morphologisch-hämodynamischen Reaktion auf die Klappenschädigung.

Die alleinigen Potenzen der belebten Natur, durch ihre Negentropieeigenschaften (s. 1.1.2.) sich weitgehend unabhängig von äußeren zufälligen Bedingungen zu entwickeln und gleiche Entwicklungs- und Endstadien zu erreichen (*Äquifinalität* nach v. BERTALANFFY), haben auch Auswirkungen in der Biopathologie. So ist schon in recht frühen Stadien von Geschwülsten deren pathogenetische Bedeutung für den Gesamtorganismus festgelegt, ohne daß dieser aktuell beeinträchtigt ist. Ähnlich erfolgt die Aortenklappenstenose mit Hochdruckherz nach 1—2 (3)Jahrzehnten „Gesundheit“ auf eine Klappenendokarditis.

1.3. Krankheitsebenen

Im Vordergrund der Biopathologie steht die **somatische Ebene,** wie z. B. bei Tumoren und Entzündungen. Auch die **psychische und soziale Ebene** könnten Ausgangspunkte von Krankheiten sein; deren Spezifika können aber erst durch die *Psychopathologie* und *Soziopathologie* hinreichend erfaßt werden, wie etwa bei Neurosen oder Geistes- und Gemütskrankheiten (Psychosen und Soziopathien). Die spezifische qualitative Ausgestaltung selbst bei Psychosen ist nicht aus den möglichen somatischen Ursachen und Prozessen ableitbar; es ist eine qualitativ andere Stufe des Lebensprozesses betroffen.

Sehr häufig sind **Wechselwirkungen** zwischen diesen Krankheitsebenen. Bei somatischen Erkrankungen werden besonders durch die psychische Reflexion der Erkrankung seelische Veränderungen verursacht, von der natürlich auch die soziale Ebene (s. u.) nicht unberührt bleibt. Umgekehrt werden bei vielen psychischen Störungen auch somatische Veränderungen ausgelöst (*psychosomatische Störungen* im engeren Sinne). Die häufige Verabsolutierung letzterer Prozesse als Grundlage von Erkrankungen schlechthin ist aber wissenschaftlich unhaltbar.

1.4. Sterben und Tod

1.4.1. Definitorische Kennzeichnung

In der Lehre vom Sterben und dem Tod (**Thanatologie**) werden diese komplexen Erscheinungsformen einschließlich ihrer Zusammenhänge zu Leben und Krankheit behandelt.

Die Notwendigkeit des Todes jeder biologischen Individualform ergibt sich schon aus der letztendlich zwangsläufigen **Entropievermehrung**. Diese wird durch das Leben als Negentropietendenz (s. 1.1.2.) nur zeitweise und lokal „verhindert". So resultiert schließlich nach einem Alterungsprozeß, der in wesentlichen Eigenschaften noch nicht aufgeklärt ist (FROLKIS), auch auf natürlichem Wege der Tod, ohne daß eine Krankheit sichtbar vorausgehen muß. Es zeigt sich aber mit steigendem Alter durch die genannten Grenzen biologischer Individualexistenz eine zunehmende, vielschichtige Anfälligkeit gegenüber Krankheiten (**Polypathie** im Alter).

Auf den einzelnen biologischen Ebenen existieren dann wegen der generellen Wirkung thermodynamischer Gesetze korrelative Phänomene (Zell- und Gewebstod (Nekrose, s. 2.3. u. 3.4.) bis Individualtod des Organismus).

Der Übergang vom Leben zum Tod ist das **Sterben.** Er kann kurz sein (z. B. Sekundenherztod bei Ausfall der kardialen Erregungsbildung bzw. -leitung), ist aber meistens ein zeitlicher Prozeß. Ähnlich wie zwischen Gesundheit und Krankheit, gibt es schon durch die Vielschichtigkeit der Lebensprozesse auch zwischen Leben, Sterben und Tod *Übergänge*, die generelle Definitionen erschweren und zu Kennzeichnungen der Übergangsphasen zwingen. Zwar ist die Definition des **biologischen Todes** als Zustand nach dem Absterben aller Körperzellen eindeutig. Dieser ist aber kaum positiv und zeitlich exakt nachzuweisen. So spricht der Pathologe häufiger vom **Allgemeintod**, dessen sichere Zeichen die Totenflecke (Livores), die Totenstarre (Rigor mortis), die Leichenkälte, die Autolyse und Fäulnisvorgänge sind.

Hiermit werden aber späte Todesstadien erfaßt. Davor ist schon der **Individualtod** eingetreten, d. h. der irreversible Ausfall der entscheidenden Organsysteme (vor allem Herzkreislauf, Atmung und Gehirn), der mit Sicherheit über die vielstündige Phase des *intermediären Lebens* (= supravitale Phase) zum Allgemeintod bzw. biologischen Tod führt.

In der ärztlichen Praxis ist der Begriff des **klinischen Todes** trotz seiner definitorischen Unsicherheiten nützlich und bisher unersetzlich. Dieser bezeichnet den (klinisch!) nachgewiesenen Herzkreislauf- und Atemstillstand, also die Phase zwischen dem Ausfall der vegetativen Kardinalsysteme und dem irreversiblen Ende der Hirnfunktion. Dieser muß also vor dem Individualtod liegen. Somit ist prinzipiell — wenn auch selten — eine Wiederbelebung nach klinischem Tod möglich.

1.4.2. Der Grenzbereich zwischen Leben und Tod

Biologischer, klinischer, Allgemein- und Individualtod kennzeichnen schon per se einen Teil des Grenzbereiches zwischen Leben und Tod. Dieser hat aber nicht nur eine zeitliche, sondern auch eine *qualitativ-strukturelle Dimension*. So kann, wie oft beim klinischen Tod, die Funktion von Herzkreislauf und Atmung plötzlich ausfallen, das Gehirn aber zumindest noch eine kurzfristige Restfunktion aufweisen. Der umgekehrte Fall ist heute von praktisch eminenter Bedeutung geworden: Besonders bei schweren Traumen ist oft die Hirnfunktion im wesentlichen irreversibel erloschen, und Herzkreislauffunktion und Atmung lassen sich apparativ langfristig aufrechterhalten. Es tritt eine Dissoziation zwischen Hirn- und Körperfunktion auf (= **dissoziierter Hirntod**). Der Nachweis der erloschenen Hirnfunktion hat so besonders durch die Spenderfunktion dieser Individuen für Organtransplantationen **medizinische Bedeutung** erlangt.

2. Molekulare Mechanismen der Pathogenität

2.1. Biochemische Läsion

Mit seinem epochemachenden Werk „De sedibus et causis morborum“ hat MORGAGNI (1761) wesentlich zur Weiterentwicklung einer Krankheitslehre beigetragen. Sein großes Verdienst bestand in dem Versuch einer strukturellen Zuordnung des Krankheitsprozesses, womit er von einer grundsätzlichen Erkennbarkeit des pathologischen Vorganges ausging. Auch wenn entsprechend dem Kenntnisstand seiner Zeit die von ihm vertretene Krankheitslehre ausschließlich auf die Erfaßbarkeit sichtbarer Organveränderungen orientiert war, bedeutet dies einen ersten und entscheidenden Schritt zur naturwissenschaftlichen Fundierung der Pathologie. Aufbauend auf den von SCHWANN und SCHLEIDEN entwickelten Vorstellungen über die Zellstruktur von Geweben gründete VIRCHOW seine Zellularpathologie (1855), indem er postulierte, daß „die Zelle wirklich das Formelement aller lebendigen Erscheinungen sowohl im Gesunden als im Kranken ist, von welchem alle Tätigkeit des Lebens ausgeht". Dabei berücksichtigte er sehr nachdrücklich den funktionellen Aspekt des pathologischen Prozesses, wenn er betonte, „daß keineswegs alle Krankheiten ein anatomisches Wesen haben". Die vor allem durch die im 19. Jahrhundert einsetzende rasche Entwicklung von Physiologie und Physiologischer Chemie gewonnenen Erkenntnisse über die funktionellen Leistungen von Zellen und Geweben haben diese Auffassung sehr bald bestätigt. Auch wenn sich aus späteren Untersuchungen ergab, daß das „Protoplasma" (VON MOHL) eine Reihe subzellulärer Organellen mit charakteristischer Struktur und spezifischen Funktionen beinhaltet, hat dies nichts an der grundsätzlichen Feststellung geändert, daß die Zelle als eine Funktionseinheit anzusehen ist, deren Tätigkeit notwendige Voraussetzung für die Reizbeantwortung und den Ablauf von Schädigungsreaktionen ist.

Aus energetischer Sicht ist die **Zelle als offenes System** anzusehen, das mit seiner Umgebung im Materie- und Stoffaustausch steht. Sofern sich keine Wachstums- oder Differenzierungsvorgänge abspielen, befindet sie sich in einem Fließgleichgewicht (**steady state**) und ist in der Lage, Änderungen der Umgebungsbedingungen mit Hilfe entsprechender Regelsysteme zu kompensieren. Eine Temperaturerhöhung bei Fieber, die Senkung des pH-Wertes bei einer Azidose oder auch Änderungen im Substratangebot infolge Störungen der Durchblutung eines Organs lösen den Übergang von einem Fließgleichgewichtszustand in einen neuen aus, wobei sowohl metabolische als auch epigenetische Regulationsmechanismen an der Einstellung desselben beteiligt sind. Zellen unterscheiden sich in Abhängigkeit von ihrer spezifischen Funktion und vom jeweiligen Alter hinsichtlich ihrer *Fähigkeit zur homöostatischen Regulation*. Die Überschreitung dieser Grenzen, die durch physikalische, chemische oder biologische Faktoren bewirkt werden kann, ist als Zellschädigung anzusehen; sie löst eine Kette von Reaktionen aus, die für den Fall, daß es sich um eine irreversible Zellschädigung handelt, zum Untergang der Zelle führt. Der Zelltod (**Nekrose**) ist als **irreversibler Verlust** der

integrierten Zellaktivität anzusehen, was in der Unfähigkeit zur Erhaltung der homöostatischen Mechanismen zum Ausdruck kommt (s. a. 2.5.). Der Umkehrpunkt zwischen reversibler und irreversibler Zellschädigung läßt sich heute weder mit biochemischen noch mit morphologischen Methoden exakt bestimmen.

Das Ausmaß der Zellschädigung hängt nicht nur von der Art und Intensität der ätiologischen Faktoren ab, sondern wird auch durch die unterschiedliche Empfindlichkeit der Gewebe gegenüber dem schädigenden Agens (**Vulnerabilität**) mitbestimmt (s. 1.1.2.). So werden beispielsweise Nerven- oder Muskelzellen auf Grund ihres hohen Sauerstoffbedarfs durch eine Hypoxie oder Ischämie rascher geschädigt als Zellen anderer Organe. Der Grad der Zellschädigung erweist sich auch insofern als abhängig von der Zellzyklusphase (s. 7.1.), als während der Mitose vergleichsweise zu anderen Phasen eine stärkere Beeinträchtigung zellulärer Funktionen erfolgt. In Abhängigkeit von der Dauer der Störung der homöostatischen Regulationsmechanismen unterscheidet man die **akute** von einer **chronischen Zellschädigung**. Aus ätiologischer Sicht kommen für eine Zellschädigung sowohl exogene als auch endogene Faktoren in Frage (s. Tab. 2.1.).

Tabelle 2.1.
Krankheitsursachen

Exogene Ursachen			
1.	Belebte Ursachen	2.	Unbelebte Ursachen
1.1.	Viren	2.1.	Chemische Verbindungen
1.2.	Bakterien	2.2.	Physikalische Ursachen
1.3.	Pilze	2.2.1.	Mechanische Ursachen
1.4.	Protozoen	2.2.2.	Strahlen
1.5.	Würmer	2.2.3.	Temperaturveränderungen
1.6.	Arthropoden	2.3.	Mangel essentieller Faktoren
Endogene Ursachen			
1.	Genetisch bedingte Defekte		
2.	Störungen der endokrinen und nervalen Regulation		
3.	Autoimmunprozesse		
4.	Alternsbedingte Störungen		

Als eine wesentliche Vertiefung im Verständnis pathogenetischer Mechanismen muß das von PETERS (1936) entwickelte Konzept der **biochemischen Läsion** angesehen werden. Entsprechend diesen Vorstellungen löst das schädigende Agens auf der molekularen

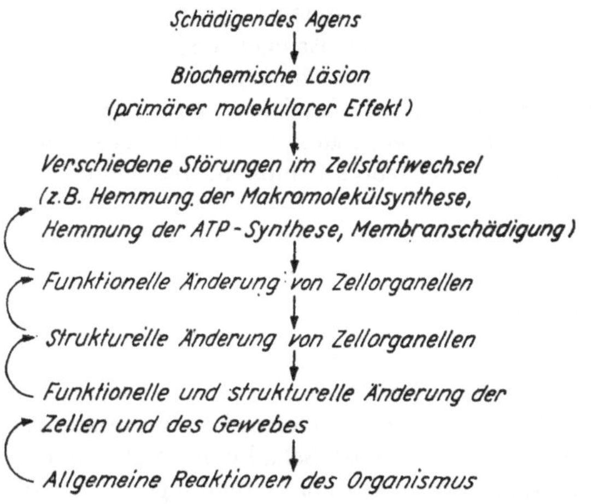

Abb. 2.1. Ablauf einer Zellschädigung

Ebene Veränderungen aus, die als primärer Schädigungseffekt anzusehen sind und zu sehr unterschiedlichen Störungen in der chemischen Struktur oder im Stoffwechsel der Zelle führen (Abb. 2.1.). Auch wenn heute erst wenige der Schädigungsreaktionen in allen ihren Einzelschritten aufgeklärt sind, kann man davon ausgehen, daß in der Mehrzahl der Fälle dem Krankheitsprozeß eine biochemische Läsion zugrunde liegt. Das primäre Schädigungsereignis, das sich entweder in einer Hemmung der Makromolekülsynthese, in der Spaltung von Membrankomponenten oder einfach in einem Mangel an Substraten oder Coenzymen (Vitamine) manifestiert, wird je nach Art und Umfang der Schädigung zu funktionellen und strukturellen Veränderungen von Zellorganellen führen, die sich schließlich auf die Leistungen der Zellen bzw. des Gewebsverbandes oder des Organs ausdehnen können und Abwehrreaktionen des Organismus in Gang setzen.

Die Vielzahl ätiologischer Faktoren, die zur Zellschädigung führen, läßt vermuten, daß sowohl die zellulären Angriffspunkte als auch die auf molekularer Ebene ablaufenden Reaktionen sehr unterschiedlich sind. Sowohl experimentelle als auch klinische Beobachtungen haben zu der Erkenntnis geführt, daß Beginn und Ablauf eines Krankheitsprozesses nicht allein durch die Anwesenheit eines ätiologischen Faktors bestimmt werden. Bereits VIRCHOW hat sich sehr intensiv mit dieser Problematik auseinandergesetzt und darauf verwiesen, daß die Krankheit nicht schon in dem

Eindringen der Bakterien in den lebenden Organismus, sondern erst in den durch die eingedrungenen Erreger ausgelösten Reaktionen der Zellen zu sehen ist. Der *Krankheitsprozeß* ist daher das *Ergebnis einer dialektischen Wechselwirkung von Krankheitsursache und endogenen Bedingungen,* indem der Krankheitsverlauf sehr wesentlich durch den Wirtsorganismus mitbestimmt wird (s. 1.1.2. und 2.3.).

2.2. *Schädigungsmechanismen*

2.2.1. *Schädigung durch chemische Modifizierung*

Sowohl Makromoleküle als auch niedermolekulare Verbindungen können im Zusammenhang mit einer Schädigungsreaktion chemisch modifiziert werden, wobei kovalente Bindungen geknüpft oder gespalten werden. Die meisten dieser Reaktionen, die zu Veränderungen an Nukleinsäuren, Eiweißen oder auch niedermolekularen Verbindungen, wie Phospholipiden führen, basieren auf physiologischen Mechanismen. Sie unterscheiden sich aber von diesen dadurch, daß sie an einem unphysiologischen Ort oder in verstärktem Umfang ablaufen, so daß im Ergebnis dieser Veränderungen eine Schädigung der Zelle resultiert. Infolge ihrer vielfältigen Funktionen kommt den Veränderungen der Makromoleküle eine weitreichende Bedeutung zu, etwa, wenn die Matrizenfunktion der Nukleinsäuren, die biokatalytischen Eigenschaften von Enzymen oder die Interaktion von Rezeptoren mit Liganden gestört werden.

Zu den häufigsten endogenen Krankheitsursachen müssen genetische Defekte gezählt werden. Diesen liegen **Mutationen,** d. h. sprunghafte Veränderungen der genetischen Information zugrunde, die meistens durch eine kovalente Modifizierung der DNS-Struktur ausgelöst werden (s. 6.4.1.). Chemische Mutagene, wie etwa salpetrige Säure, führen zu strukturellen Änderungen von Basen, was im Falle einer Replikation einen Basenaustausch nach sich zieht. So entsteht durch Oxidation der 6-Aminogruppe des Cytosins Uracil, das sich von der vorgenannten Base durch sein Paarungsverhalten unterscheidet. Ein weiteres Beispiel einer derartigen Änderung der Primärstruktur der DNS wäre die Ausbildung von Thymidindimeren, die nach Einwirkung ionisierender Strahlen durch eine chemische Reaktion, an der Radikale beteiligt sind, zustandekommt. Im Gegensatz zu den Punktmutationen

Tabelle 2.2.
Charakteristika von Verbindungen zwischen chemischen Agentien und biologischen Rezeptoren

	kovalente Bindung	nichtkovalente Bindung
Bindungsenergie	> 45 kJ/mol	< 45 kJ/mol
Biologische Halbwertszeit	Tage bis Wochen	Minuten bis Stunden
Toxizität	Genotoxizität, Zellnekrosen	Zellnekrosen, pharmakologische Effekte
Art der Bindung	kovalent	elektrostatisch, H-Brücken, apolare Bindung
Reversibilität	nur durch besondere Reparaturmechanismen (DNS) oder durch Turnover der Rezeptormoleküle	durch Kompetition mit natürlichen Substraten

(s. 6.5.1.), bei denen eine einzige Base verändert wird, können auch mehr oder weniger große Segmente der DNS ausgetauscht oder zusätzlich eingebaut werden bzw. verlorengehen. In diesem Zusammenhang sind sowohl die asymmetrischen Austauschvorgänge zwischen zwei DNS-Strängen als auch die Inkorporation von Fremd-DNS nach Infektion mit DNS- bzw. RNS-Viren in das Wirtsgenom von großem Interesse (s. 7.3.5.).

Schädigungsreaktionen werden häufig durch die **ADP-Ribosylierung** von Makromolekülen ausgelöst. Beispielhaft hierfür sind die Wirkungen des Diphtherie- und des Choleratoxins. Beide bewirken die ADP-Ribosylierung von Proteinen und lösen auf diese Weise den Krankheitsprozeß aus (Abb. 2.2.) Die Anheftung von ADP-Ribosyleinheiten an Eiweiße muß als ein physiologischer Prozeß angesehen werden, dem offensichtlich besonders für die Regulation der Genaktivität Bedeutung zukommt. Die Pathogenität der beiden Toxine beruht somit auf einer chemischen Modifizierungsreaktion, die am unphysiologischen Ort stattfindet.

Sowohl das *Cholera-* als auch das *Diphtherietoxin* bestehen aus einem *Haptomer* und einem *Effektomer,* von denen jeweils das Effektomer (A-Untereinheit) für die intrazellulär ablaufende ADP-Ribosylierung

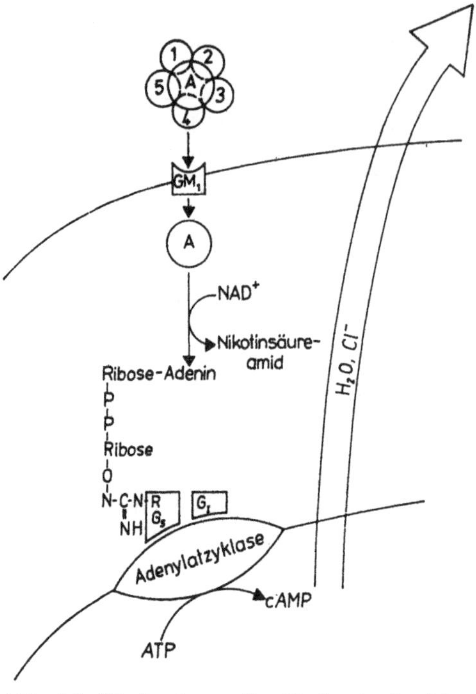

Abb. 2.2. Mechanismus der Choleratoxinwirkung
Das Effektomer A katalysiert die Mono-ADP-Ribosylierung des GTP-bindenden Kopplungsproteins (G_S), wodurch eine Stimulierung der Adenylatzyklase bewirkt wird. G_I ist ein inhibitorisches Kopplungsprotein. GM_1 stellt den Rezeptor für das Haptomer (Untereinheiten 1—5) dar.

verantwortlich ist. Die A-Untereinheit des Diphtherietoxins mit einem Molekulargewicht von 21000 besitzt Glykohydrolaseaktivität. Letztere spaltet aus NAD den ADP-Ribosylrest ab und überträgt ihn auf den für die Translation erforderlichen ribosomalen Elongationsfaktor Ef 2. Dadurch kommt es zu einer Hemmung der Elongation von Peptidketten am Ribosom. Über einen analogen Mechanismus bewirkt das Choleratoxin die ADP-Ribosylierung einer Subeinheit des Kopplungsproteins (G_S) zwischen Hormonrezeptor und Adenylatzyklase der Mucosaepithelzellen. Unter physiologischen Bedingungen stimuliert dieses GTP-bindende Protein die Zyklase. Seine chemische Modifizierung führt zur ständigen Stimulierung des Enzyms, so daß der zelluläre cAMP-Spiegel erhöht ist. Letzteres bewirkt die übermäßige Sekretion von Darmsaft, d. h. eine Diarrhoe (s. 11.).

Zahlreiche chemische Verbindungen, die wegen ihrer Fähigkeit zur **Alkylierung** von Makromolekülen großes therapeutisches Interesse gefunden haben, führen ebenfalls zur reversiblen oder irreversiblen Zellschädigung. Hierzu gehören sowohl bifunktionelle als auch monofunktionelle Alkylantien, die in der Lage sind, mit Amino-, Imino-, SH-, Phosphat- und Carboxylgruppen von Proteinen und Nukleinsäuren zu reagieren. Bei den bifunktionellen Agentien kommt es zur Vernetzung von Nukleinsäuren und Proteinen, so daß deren Matrizenfunktion bzw. katalytische Aktivität unterbunden wird. Da diese Prozesse besonders intensiv im Zellkern ablaufen, beobachtet man vorrangig die Schädigung stark proliferierender Gewebe. Dieser Effekt stellt auch den Ansatzpunkt für den therapeutischen Einsatz alkylierender Agentien bei malignen Neoplasien dar.

Das klassische Beispiel aus der Gruppe der bifunktionellen Alkylantien ist Stickstofflost, das am Ort der Reaktion zunächst in ein Äthylenimmonium umgewandelt wird und nachfolgend mit nukleophilen Partnern reagiert. Als wirksamstes Derivat des Stickstofflosts erwies sich Zyklophosphamid, das umfangreiche Verwendung in der Tumortherapie gefunden hat. Äthylenimine und Methansulfonate stellen weitere bifunktionelle Alkylantien dar. Zu den monofunktionellen alkylierenden Agentien zählen die Nitrosoharnstoffe. Methylhydrazine und Tetrachlorkohlenstoff. Letzterer hat besonders im Tierexperiment große Bedeutung für die Untersuchung von Schädigungsmechanismen erlangt. Nach Abspaltung von Chlorid vermag das $CCl_3^{\cdot}$-Radikal Proteine zu alkylieren. Neben der durch das $CCl_3^{\cdot}$-Radikal ausgelösten Lipidperoxidation ist die Proteinmodifizierung Ursache für die durch Tetrachlorkohlenstoff bedingte Zellschädigung. Weiterhin gibt es Hinweise dafür, daß Azetaldehyd mit Aminogruppen reagiert, so daß nach Oxidation von Äthanol die Antigenstruktur von Proteinen auf diese Weise verändert wird.

Häufig wird die Zellschädigung durch die **hydrolytische Spaltung** von Makromolekülen oder niedermolekularen Verbindungen ausgelöst. Als bakterielle **Virulenzfaktoren** werden besonders die *Phospholipasen* diskutiert. So stellt das Toxin zahlreicher Clostridien eine Phospholipase C dar. Das β-Hämolysin von *Staphylococcus aureus* konnte als Sphingomyelinase C und der Toxizitätsfaktor von *Corynebacterium ovis* als Sphingomyelinase D identifiziert werden. Phospholipasen vom Typ A_2 müssen auch als Wirkprinzip verschiedener Schlangengifte (z. B. *Naja naja*) angesehen werden. Gleiches ist von einem Toxin anzunehmen, das bei der Replikation von Picornaviren gebildet wird und zur Membranlysis führt. In den genannten Fällen ist die Spaltung von Membranphospholipiden als der entscheidende Schritt anzusehen, durch den die Integrität der Plasmamembran aufgehoben und somit die Aufrechterhaltung physiologischer Ionengradienten unmöglich gemacht wird. Zu Zellschädigungen führen auch *lysosomale Proteasen,* die aus Granulozyten oder Makrophagen freigesetzt werden.

Auch wenn von Mikroorganismen zahlreiche andere Enzyme, wie Proteasen, Dextranasen, β-Glukanasen, Amylasen, Zellulasen und Nukleosidphosphodiesterasen freigesetzt werden, kann diesen nicht die Rolle von Pathogenitätsfaktoren zugeschrieben werden. Die meisten von ihnen scheinen vielmehr Bedeutung für den Abbau der Bakterienwandung anderer Erreger zu besitzen.

Für eine Reihe von Schädigungsprozessen wird die durch eine erhöhte Radikalbildung ausgelöste **Lipidperoxidation** verantwortlich gemacht. Die Peroxidation von Lipiden an sich ist nicht als ein pathologischer Vorgang zu betrachten. Unsere heutigen Kenntnisse lassen es gerechtfertigt erscheinen, von einem peroxidativen Gleichgewicht zu sprechen, das unter physiologischen Bedingungen zwischen Bildung und Abbau der Peroxi- und Hydroperoxifettsäuren besteht. (s. 2.4.1.). Normalerweise werden in vivo ständig Radikale wie $O_2^{\cdot}$- oder $OH^{\cdot}$ gebildet. Dies geschieht durch die mitochondriale Atmungskette, die $NADPH_2$-Cytochrom P-450-Reduktase sowie in Makrophagen und Granulozyten durch eine membranständige NADPH-Oxidase. Hydroxylradikale entstehen aus Wasserstoffperoxid gemäß nachstehenden Reaktionen,

$$H_2O_2 + O_2^{\cdot} \rightarrow OH^- + OH^{\cdot} + {}^1O_2 \qquad (2.1.)$$

$$H_2O_2 + Fe^{2+} \rightarrow OH^- + OH^{\cdot} + Fe^{3+} \qquad (2.2.)$$

indem entweder das Superoxidanion (HABER-WEISS-Reaktion) oder Eisen, meistens in Form von Eisennukleotidkomplexen, (FENTON-Reaktion) als Elektronendonatoren dienen (s. 4.4.3.). Die auf diese Weise gebildeten Radikale vermögen ungesättigte Fettsäuren zu oxidieren. Die durch Wasserstoffentzug entstandenen Fettsäureradikale können anschließend durch molekularen Sauerstoff peroxidiert werden. Peroxifettsäuren reagieren in unterschiedlicher Weise weiter, indem durch Isomerisierung bzw. durch Reaktion mit Wasserstoffdonatoren Hydroperoxifettsäuren und nach Spaltung Aldehyde (z. B. Malondialdehyd, Pentenal, Nonenal) und Olefinradikale entstehen. Entscheidend ist, daß die anfallenden Radikale stets zur Peroxidation weiterer Fettsäuremoleküle führen und infolge dieser Kettenreaktion die Anhäufung hochreaktiver chemischer Verbindungen bedingen, die für die eigentlichen Schädigungsvorgänge verantwortlich zu machen sind. Eine derartige Kettenreaktion ist erst durch Radikalfänger zum Stillstand zu bringen. Unter physiologischen Bedingungen verhindert eine Reihe antioxidativer Faktoren die Anhäufung von Radikalen bzw. von Lipidperoxiden.

Für die Lipidperoxidation hat die im endoplasmatischen Retikulum lokalisierte $NADPH_2$-Cytochrom P-450-Reduktase große Bedeutung, indem sie sowohl für die homolytische Spaltung von Halogenalkanen als auch für die Bildung von Superoxidanionen Elektronen liefert. Jede verstärkte Radikalbildung, wie sie durch UV- oder Röntgenstrahlen, chemische Verbindungen (z. B. Halogenalkane) oder durch eine verminderte Konzentration an Antioxidantien ausgelöst wird, birgt die Gefahr einer Zellschädigung in sich. Die dabei anfallenden Peroxifettsäuren gehen vorrangig mit Aminogruppen der Proteine kovalente Bindungen ein, während Malondialdehyd einerseits zu Vernetzungen von Proteinen und Nukleinsäuren führt und andererseits mit SH-Gruppen der Proteine reagiert. Folge dieser chemischen Modifizierungen sind Veränderungen der Membranpermeabilität (z. B. Hämolyse, Enzymfreisetzung), Dissoziation von Zellorganellen (z. B. Ablösung der Ribosomen vom endoplasmatischen Retikulum) oder die Hemmung enzymkatalysierter Prozesse.

2.2.2. Nichtkovalente Bindung des schädigenden Agens

Hierbei handelt es sich um die Beeinflussung von Makromolekülstrukturen oder von enzymkatalysierten Prozessen durch die Ausbildung nichtkovalenter Bindungen, wobei sowohl hydrophobe Wechselwirkungen als auch Wasserstoffbrücken sowie heteropolare Bindungen von Bedeutung sind (Tab. 2.2.). Das Ergebnis solcher Wechselwirkungen kann eine Konformationsänderung von Makromolekülen oder deren sterische Behinderung bei ihrer Reaktion (z. B. Matrizenfunktion, Enzymkatalyse) sein.

Schädigungsreaktionen, die auf der nichtkovalenten Bindung des Agens beruhen, können durch Antimetabolite ausgelöst werden, indem durch **Strukturanaloge** das Substrat vom Enzym verdrängt wird, so daß die Bildung des physiologischen Produktes ausbleibt.

Als Beispiel einer kompetitiven Hemmung seien die Folsäureantagonisten genannt, die die Bildung von Tetrahydrofolsäure auf der Ebene der Dihydrofolatreduktase verhindern, so daß das Gewebe an diesem für die Nukleotidsynthese wichtigen Substrat verarmt. Tetrahydrofolat ist ein notwendiger Reaktionspartner der Thymidilatsynthetase, die die Methylierung von Desoxyuridinmonophosphat zu Desoxythymidinmonophosphat katalysiert. Folge dieser Störung der DNS-Synthese ist die Verhinderung der Zellteilung, die besonders im rasch proliferierenden Gewebe (Tumorzellen, hämopoetisches System) zu beobachten ist. Auf dem gleichen Prinzip beruht auch die von DOMAGK eingeführte Therapie mit Sulfonamiden, die in folsäuresynthetisierenden Mikroorganismen die Bildung des dafür erforderlichen Intermediates Dihydropteroat blockieren. Die Wirkung der Purin- und Pyrimidinantagonisten basiert gleichfalls auf einer kompetitiven Substrathemmung verschiedener enzymatischer Reaktionen. Von Glykosidantibiotika wie dem Puromycin ist ebenfalls bekannt, daß sie den Einbau von Aminoacyl-tRNS kompetitiv hemmen und damit über eine Blockierung der Translation zellschädigend wirken.

Durch **Schwermetalle** wird häufig eine nichtkompetitive Hemmung von Enzymen ausgelöst. Als Beispiele seien hier Blei und Kobalt genannt, die die mitochondriale Ferrochelatase bzw. Pyruvatdehydrogenase inhibieren.

Bedeutsam für die Auslösung von Veränderungen der DNS-Struktur ist die **Interkalierung** organischer Verbindungen in die DNS, wodurch ihre Matrizenfunktion gestört wird. Die Einlagerung von Farbstoffen (Akridinfarbstoffe) oder von Antibiotika (Anthrazykline, Actinomycine) zwischen die Basenpaare der DNS erfolgt über die Knüpfung von Wasserstoffbrücken oder die Ausbildung heteropolarer Bindungen. Auf diese Weise kommt es zur Fixierung der helicalen Struktur, so daß die Einzelstrangbildung verhindert bzw. erschwert wird und die Ablesung derartig veränderter DNS-Stränge zur Insertion falscher Basen führen kann. Die Verhinderung der Replikation und das Auftreten von Mutationen können somit auch die Folge des Einwirkens interkalierender Substanzen sein.

Schließlich existieren zahlreiche toxische Agentien, deren schädigende Wirkung auf eine **membranspezifische Interaktion** zurückzuführen ist. Die Spezifität dieser toxischen Verbindungen beruht auf der Wechselwirkung mit Lipidkomponenten der Plasmamembran sowie mit zahlreichen extrinsischen und intrinsischen Proteinen mit ihren z. T. hochspezifischen Kohlenhydratkomponenten. Die Schädigung manifestiert sich in Veränderungen des Ionentransportes, so daß sie entsprechend ihrem Umfang entweder reversibel ist oder zum Zelltod führt. Zahlreiche Antibiotika stellen Ionophore dar und bewirken als solche den Zusammenbruch transmembranaler Ionengradienten.

Gramicidin D, bei dem es sich um lineare Peptide aus 15 Aminosäuren handelt, bildet in den hydrophoben Regionen von Membranen Poren, durch die der Transport verschiedener Kationen möglich ist. Auf Grund der helicalen Anordnung der Aminosäuren entsteht nach Dimerisierung des Gramicidins ein Kanal, der die hydrophobe Region biologischer Membranen zu überspannen vermag. Derartige Gramicidinporen weisen eine hohe

Selektivität für Alkalikationen, Ammoniumionen und Protonen auf. Zum massiven Kaliumefflux aus der Zelle führt auch ein aus *Staphylococcus aureus* isoliertes Toxin, das *Leukocidin*, das aus den Untereinheiten F (32 kd) und S (38 kd) besteht. Letztere bilden in der Plasmamembran einen Kanal, durch den der passive Ionenefflux erfolgt. Auch von den durch *Escherichia coli* synthetisierten Toxinen Colicin E_1, Ia und K wird angenommen, daß sie infolge Porenbildung zytotoxisch wirken. In diesem Zusammenhang ist der Komplementkomplex C5b9 von besonderem Interesse (s. 4.3.4.). Dieser Komplex, der nach proteolytischer Freisetzung von C5b durch Anlagerung der Komplementfaktoren 6, 7, 8 und 9 entsteht, ist nach seiner Dimerisierung in der Lage, transmembranale Poren zu bilden durch die ein rascher und durch die Natrium-Kalium-ATPase nicht zu kompensierender Austausch monovalenter Kationen erfolgt.

Auch die thiolaktivierten **Cytolysine** führen zu einer Störung der Membranpermeabilität. Im Gegensatz zu den ionophoren Antibiotika beruht der zytotoxische Mechanismus dieser bakteriellen Toxine auf einer Membranfragmentierung, die durch die Bindung der Cytolysine an das in der Membranen befindliche Cholesterol ausgelöst wird. Zu den ca. 15 bakteriellen Toxinen, die auf diese Weise eine Zellschädigung bedingen, gehören u. a. Streptolysin O aus *Streptococcus pyogenes*, θ-Toxin von *Clostridium perfringens* und Tetanolysin aus *Clostridium tetani*. Die letale Wirkung der Cytolysine ist auf ihre Kardiotoxizität zurückzuführen, die sehr wahrscheinlich die Folge der Membrandestruktion ist.

Eine sehr spezifische Beeinflussung des Ionentransportes an Plasmamembranen erfolgt durch eine Reihe von **Neurotoxinen**. Die Natriumkanäle von Nervenzellen weisen verschiedene Rezeptoren auf, die durch unterschiedliche Neurotoxine besetzt werden können, so daß der physiologische Natriumtransport während der Depolarisierung gestört wird. Tetrodotoxin hemmt beispielsweise den Natriumtransport durch diese Kanäle. Eine Gruppe lipidlöslicher Alkaloide, zu denen das aus dem blauen Eisenhut stammende und als Pfeilgift bekannte Aconitin gehört, modifiziert infolge ihrer Bindung an einen der Rezeptoren die Aktivierung bzw. Inaktivierung der Natriumkanäle. Andererseits blockieren die zu einer Gruppe basischer Miniproteine gehörenden Skorpiontoxine die Inaktivierung dieser Natriumkanäle. Die Störung der Natriumverteilung hat vor allem Veränderungen des Calciumtransportes zur Folge, so daß diese Neurotoxine die Erregungsleitung beeinflussen und in entsprechend hohen Konzentrationen zur irreversiblen Zellschädigung führen.

2.3. *Molekulare Grundlagen endogener Krankheitsbedingungen*

Die Entstehung einer Krankheit und ihr Verlauf werden nicht allein durch die ätiologischen Faktoren (Tab. 2.1.) bestimmt. Vielmehr schafft die biologische Materie ein Bedingungsgefüge, durch das der pathologische Prozeß ganz entscheidend mitgeprägt wird. Somit herrscht keine determinierte Kausalität, vielmehr existiert eine *dialektische Einheit von destabilisierenden und stabilisierenden Prozessen*, wobei das Überwiegen des einen oder des anderen darüber entscheidet, ob der Organismus überhaupt erkrankt und ob er sich erfolgreich mit den krankheitsauslösenden Faktoren auseinanderzusetzen vermag (s. 1.1.2.). Die zunehmende Kenntnis über die molekularen Wechselwirkungen zwischen ätiologischen Faktoren und dem Wirtsorganismus hat deutlich gemacht, daß in vielen Fällen erst eine solche Interaktion die endogenen Bedingungen für die Pathogenität schafft. Will man weiter zum Verständnis der pathogenetischen Mechanismen vordringen, ist es erforderlich, solche Phänomene wie die Krankheitsdisposition, die Adaptabilität und die Pathibilität auf molekularer Basis zu untersuchen (s. 1.1.2.). Am Beispiel des Processing bzw. der Giftung ätiologischer Faktoren oder der spezifischen, durch das Immunsystem kontrollierten Reizantwort wird sichtbar, in welchem Maße der Organismus Entstehung und Ablauf des Krankheitsprozesses mitbestimmt. In zahlreichen Fällen sind es die durch die aktuelle genetische Information geschaffenen Bedingungen, die das Auftreten einer durch einen exogenen Faktor ausgelösten Erkrankung erst möglich machen.

Die zwischen einem infektiösen Agens (Bakterien, Viren, Protozoen) und dem Wirtsorganismus stattfindenden molekularen Wechselwirkungen machen besonders deutlich, daß das Verhältnis von Wachstumspotenz des Erregers einerseits und Abwehrmechanismen des Wirtes andererseits über Entstehung und Verlauf einer Infektionskrankheit entscheidet. Für die Besiedlung eines Wirtsorganismus sind die Haftung der Erreger an der Oberfläche, das Überleben auf derselben bzw. die Penetration in das Gewebe sowie die Vermehrung und das Unterlaufen oder Ausschalten der Abwehrmechanismen des Wirtes die Voraussetzung. Auf jeder der genannten Ebenen kann der Wirtsorganismus in den Reproduktionsprozeß der Infektionserreger eingreifen. Der Verlauf einer Virusinfektion, der in lytischer, transformierender, persistierender und latenter Form sowie als slow-Virusinfektion erfolgen kann, verdeutlicht sehr anschaulich die Bedeutung von Wechselwirkungen zwischen ätiologischem Faktor und Wirtsorganismus (Tab. 2.3.).

Unabdingbare Voraussetzung für die Pathogenität exogener Faktoren ist das Vorhandensein von **Rezeptoren** im Wirtsorganismus, die sowohl an Membranoberflächen oder auch intrazellulär lokalisiert sein können. Sie weisen eine mehr oder weniger hohe

Spezifität für die Liganden auf. Wie schon P. EHRLICH feststellte, sind Rezeptoren auch für anorganische und organische Verbindungen notwendig, wenn eine Interaktion mit dem Wirtsorganismus erfolgen soll. Wie wir heute wissen, sind die *Speziesspezifität* und die *Organotropie* pathogener Mikroorganismen sowie toxischer Substanzen auf die Existenz mehr oder weniger spezifischer Rezeptoren zurückzuführen (s. 1.1.1.).

Tabelle 2.3.
Arten der Virusinfektion

Art der Virusinfektion	Verlauf der Infektion
lytisch	Nach Infektion permissiver Zellen Produktion von Viruspartikel, deren Freisetzung zur Zellschädigung führt
transformierend	maligne Transformation nach Infektion nichtpermissiver Zellen mit oder ohne Produktion von Viruspartikel, Integration viraler Nukleinsäuren in das Wirtsgenom
persistierend	Virusproduktion ohne sichtbare Störung von Zellfunktionen
latent	Virusgenom existiert im Wirt integriert oder episomal, so daß Nachweis durch Hybridisierungstechniken möglich; Immunantwort vorhanden
slow virus-Infektion	lange Inkubationszeit vermutlich infolge spezifischer Wechselwirkungen zwischen Virus und Wirt, wobei frühzeitig vereinzelte entzündliche Reaktionen und Immunreaktionen möglich sind

Die *bakterielle Adhärenz* ist als ein wesentlicher Faktor für die Infektiosität und Pathogenität von Erregern anzusehen. Die vorrangig an gramnegativen Bakterien nachgewiesenen Fimbrien, die wegen ihrer Funktion auch als Adhäsine bezeichnet werden, stellen Liganden dar, über die eine Bindung an die Rezeptoren der Wirtszelle erfolgt. Das Adhärenz- und Virulenzpotential gramnegativer Keime wird durch die Anwesenheit spezifischer Adhäsine bestimmt (z. B. K 88, K 99, Kolonisierungsfaktor). Die Fimbrien stellen Proteine unterschiedlichen Molekulargewichts dar, die z. T. aus Subeinheiten zusammengesetzt sind und in den meisten Fällen weder Kohlenhydrate noch Lipide enthalten. Ihre Bindung erfolgt an

Gangliosidrezeptoren der Plasmamembran, so daß ihre Anheftung durch D-Mannose, L-Fukose oder Ganglioside verhindert werden kann. Die Bindung gramnegativer Bakterien an eine Zelloberfläche erfolgt auch vermittels der in ihrer Zellwand bzw. Kapsel befindlichen Lipoteichonsäuren, deren hydrophober Teil Wechselwirkungen mit Membranrezeptoren eingeht. Hydrophobe Wechselwirkungen beobachtet man auch zwischen dem Lipid A, einem Bestandteil des Endotoxins gramnegativer Bakterien, und Membranoberflächen. Die zytotoxische Wirkung des Endotoxins ist ausschließlich auf diesen Lipid A-Anteil zurückzuführen. Schließlich ist die Anheftung von Bakterien auch über ihre Glykokalix möglich, die durch die außerhalb der Außenmembran lokalisierten Polysaccharidstrukturen gramnegativer Zellen sowie die Peptidoglykane grampositiver Zellen repräsentiert wird.

Auch für die Anheftung von Viren an Membranen ist die Existenz von Rezeptoren notwendig. Die zu beobachtende Art-, Zell- und Gewebsspezifität der Viren ist auf die Ausprägung spezifischer Bindungsorte zurückzuführen. Poliomyelitisviren weisen beispielsweise eine hohe Affinität zu Enterozyten und Ganglienzellen motorischer Neuronen auf. In vielen Fällen wird die Virulenz, d. h. die quantitative Wirksamkeit des Virus, erst durch eine spezifische Wechselwirkung zwischen Erreger und Wirt bestimmt.

Die Existenz von Rezeptoren erklärt die häufig zu beobachtende Speziesspezifität von Erregern sowie die Organotropie von Viren oder Bakterien. Die Resistenz einzelner Individuen gegenüber verschiedenen pathogenen Organismen ist mitunter auf den Mangel an Rezeptoren zurückzuführen (z. B. Malariaresistenz beim Fehlen der Rezeptoren Duffy Fy^a und Fy^b bzw. Spezifität des *Plasmodium falciparum* für humane Erythrozyten). Die Tatsache, daß Zellen jeweils nur mit einer bestimmten Zahl an spezifischen Rezeptoren ausgestattet sind, erklärt die Konkurrenz der pathogenen Erreger um die Bindungsorte. In diesem Sinne kommt auch der normalen Bakterienflora eine entscheidende Bedeutung hinsichtlich der konkurrierenden Anheftung und der Vermehrung von pathogenen Erregern auf der Membranoberfläche zu.

Die zellschädigende Wirkung bakterieller Toxine setzt gleichfalls die Bindung an zelluläre Rezeptoren voraus. Bei einer Reihe von Exotoxinen wie dem Cholera-,Diphtherie- und Enterotoxin ist ein Haptomer-Effektomerprinzip verwirklicht, das darauf beruht, daß die wirksame Untereinheit des Toxins (Effektomer) nur dann in die Zelle gelangen kann, wenn es zunächst mit Hilfe einer weiteren Untereinheit, dem Haptomer, an die Membranoberfläche gebunden wird. Die Existent von Rezeptoren kann auch für abakterielle Toxine als gesichert gelten. Eine spezifische Wechselwirkung zwischen Aktivatoren oder Inhibitoren mit Makromolekülen erfolgt daher nur, wenn Bindungsorte mit hoher Affinität für den Effektor vorliegen.

Das Haptomer des Choleratoxins besteht beispielsweise aus fünf identischen Polypeptidketten, die über nichtkovalente Bindungen ringförmig angeordnet sind. Seine Anheftung erfolgt an das Monosialogangliosid GM1 der Plasmamembran. Die isolierten Effektomere üben auf intakte Zellen keinen zytotoxischen Effekt aus; das Eindringen der toxischen Komponente der genannten Exotoxine setzt somit die Bindung des Haptomers an spezifische Rezeptoren voraus (Abb. 2.2.).

Die Wechselwirkung zwischen toxischen Agentien und dem Wirtsorganismus spiegelt sich auch in der **biotransformatorischen Aktivität** des endoplasmatischen Retikulum wider. In der Phase 1 Reaktion, die als Hydroxylierung, Desaminierung oder Dealkylierung verläuft, entstehen häufig erst die eigentlichen toxischen Verbindungen, wie es das Beispiel der ultimalen Cancerogene (s. 7.3.3.1.) zeigt. Da die in der Phase 1-Reaktion entstandenen, z. T. sehr toxischen Verbindungen in einer weiteren Reaktion (Phase 2) durch Azetylierung, Sulfatierung oder Glukuronidierung wasserlöslich gemacht werden, entscheidet das Wechselspiel zwischen giftenden Reaktionen und den Ausscheidungsprozessen, inwieweit die durch die biotransformatorische Aktivität des endoplasmatischen Retikulum der Leber oder der Lunge gebildeten toxischen Intermediate zu einer Zellschädigung führen. Von besonderer Bedeutung in diesem Zusammenhang sind die zahlreichen Isoformen des Cytochrom P-450, das als Coenzym von Monooxygenasen fungiert. Da sich die verschiedenen Cytochrom P-450-Subspezies in Abhängigkeit vom Lebensalter hinsichtlich ihrer Induzierbarkeit unterscheiden, wird die Schädigungsreaktion sehr wesentlich durch das aktuelle Cytochrom P-450-Muster beeinflußt.

Eine weitere Möglichkeit einer Aktivierung ätiologischer Faktoren besteht in der **limitierten Proteolyse**, so daß das schädigende Agens erst durch ein Processing im Organismus seine volle Wirksamkeit erlangt. Beispielhaft sei hier die Erhöhung der Virulenz von Influenzaviren durch eine proteolytische Spaltung des spike-Proteins H genannt. Aber auch die Toxizität der Botulinustoxine A, B und C sowie des E-Toxins von *Clostridium welchii* wird durch die Abspaltung von Peptidbruchstücken gesteigert. Hinsichtlich des Diphtherietoxins, das als Protein von 60 kd sezerniert wird, geht man sogar davon aus, daß eine Protease als Plasmamembranrezeptor fungiert, die für die Spaltung des Toxins in seine beiden Untereinheiten A und B verantwortlich sein soll.

2.4. *Unspezifische Resistenz und spezifische Immunität*

2.4.1. *Unspezifische Resistenz*

Entscheidende Bedeutung für die Entstehung und den Verlauf eines Krankheitsprozesses haben die Schutz- bzw. Abwehrmechanismen, durch die die Suszeptibilität des Organismus sehr wesentlich mitbestimmt wird (s. 1.1.2.). Der Körper verfügt über eine **unspezifische Resistenz,** die die Widerstandskraft gegenüber krankmachenden Agentien repräsentiert und durch antigenunabhängige Leistungen charakterisiert ist. Die unspezifische Resistenz ist auf die Abwehr belebter und unbelebter Krankheitsursachen gerichtet. Sie verleiht somit dem Organismus nicht nur gegenüber Mikroorganismen, sondern auch gegenüber toxisch wirksamen chemischen Verbindungen oder physikalischen Ursachen wie Strahlen einen wirksamen Schutz. Die unspezifische Resistenz resultiert aus einem Komplex von Faktoren, zu denen solche struktureller Art, wie die Intaktheit von Barrieren (mucoepitheliale oder epidermale Schranke), sowie solche funktioneller Art, wie die Durchblutung des Gewebes und die Stoffwechselleistungen der Organe einschließlich deren epigenetischer und metabolischer Kontrolle, zählen.

Zu den Schutzmechanismen muß man neben den bereits oben erwähnten biotransformatorischen Aktivitäten des endoplasmatischen Retikulums verschiedene chemische Prozesse rechnen, an denen Antioxidantien wie Vitamin A und E beteiligt sind. In diesem Zusammenhang ist vor allem auf das Glutathion (GSH) zu verweisen, das in nahezu allen Zellen gefunden wird und oft in millimolarer Konzentration vorliegt. Eine seiner wesentlichen Funktionen ist darin zu sehen, daß es Proteine und Zellmembranen gegen die Wirkung von Peroxiden und freien Radikalen schützt, indem es unter Vermittlung der Glutathionperoxidase H_2O_2 oder organische Peroxide reduziert und auf diese Weise die Bildung von Hydroxylradikalen oder Lipidperoxiden verhindert bzw. deren Konzentration vermindert. Eine ähnliche Schutzwirkung üben auch die Superoxiddismutase, die Peroxidase und die Katalase aus, indem sie die Bildung hochtoxischer Sauerstoffradikale verhindern.

Als eine aktive Antwort des Organismus auf schädigende Reize ist auch der Entzündungsmechanismus anzusehen (s. 4.), wobei so grundlegende Vorgänge wie die Phagozytose und die Bakterizidie zur Beseitigung der Reizursache beitragen.

Zu den bedeutendsten Faktoren der unspezifischen Resistenz gehört das 1922 von FLEMING nachgewiesene **Lysozym.** Diese in allen Sekreten vorkommende β1,4-Glykanhydrolase ist in der Lage, die in Zellwandglykopeptiden von Bakterien enthaltenen Polysaccharide zu spalten. Dies hat die Auflösung der Mucopolysaccharidhüllen zahlreicher Keime zur Folge, so daß es anschließend durch einen erhöhten osmotisch bedingten Wassereinstrom zur Schwellung und Lysis der Mikroorganismen kommt. Die Wirksamkeit des Enzyms ist vom Gehalt an N-Acetylneuraminsäure in der Membran abhängig, so daß Bakterien mit modifizierten Substraten relativ unempfindlich gegenüber dem Lysozym sind. Dies trifft beispielsweise für Staphylococcen und Mycobakterien sowie gramnegative Keime zu. Unabhängig von der katalytischen Aktivität soll der polykationische Charakter des Enzyms auch zu Wechselwirkungen mit Viren führen und damit deren Lysis begünstigen.

Zu den Resistenzfaktoren sind auch die *Opsonine* zu rechnen. Als deren wirksamste Vertreter werden IgG_1 und IgG_3 sowie der Komplementkomplex C1423 (s. 4.3.4.) angesehen. Möglicherweise zählt auch Tuftsin, ein Tetrapeptidhormon, hierzu. Aufgabe der Opsonine ist es, die hydrophile Oberfläche von Bakterien derart zu verändern, daß sie nach Interaktion mit der Membran von Makrophagen oder Leukozyten beschleunigt phagozytiert werden.

Auch wenn die im Rahmen der unspezifischen Resistenzmechanismen erfolgende Reaktionsantwort im wesentlichen als genetisch determiniert anzusehen ist, stellt sie keine statische Größe dar, sondern wird von vielen Umweltbedingungen mitbestimmt. Klima, Nahrung, Streß, hohe physische Aktivität und Pharmaka beeinflussen im unterschiedlichen Ausmaß die Abwehrmechanismen des Körpers.

2.4.2. Spezifische Immunität

Neben der unspezifischen Restistenz haben die antigeninduzierten, spezifischen humoralen und zellulären Reaktionen, die unter dem Begriff **spezifische Immunität** zusammengefaßt werden, entscheidenden Anteil an der gegen ätiologische Faktoren gerichteten Reaktionsantwort. Unter **humoralen Immunreaktionen** versteht man die immunologische Reizbeantwortung durch Bildung löslicher Antikörper, die gegen das auslösende Agens gerichtet sind und sich in den meisten Fällen im Serum nachweisen lassen. Als wichtigste Effektormechanismen sind die Neutralisation von Antigenen (bakterielle Exo- und Endotoxine, tumorassoziierte Antigene), die Bildung von Immunkomplexen, die Aktivierung zytotoxischer Zellen durch Bindung des Antikörpers an Plasmamembranantigene und die Auslösung atopischer Reaktionen anzusehen. Die **zellgebundenen Immunreaktionen** bestehen in einer Sensibilisierung und Umwandlung von T-Lymphozyten in Effektorzellen (z. B. T-Killer-Zellen), wobei durch das auslösende Antigen unter Einbeziehung von Makrophagen sowie weiterer akzessorischer Zellen die hohe Spezifität dieses immunologischen Abwehrmechanismus garantiert wird. Die durch Makrophagenaktivierung stimulierte Phagozytose und Bakterizidie sowie die zytotoxischen Reaktionen der T-Lymphozyten stellen die wichtigsten zellulären Immunreaktionen dar, die vorrangig gegen solche mikrobiellen Erreger, die fakultativ intrazelluläres Wachstum zeigen, sowie gegen maligne transformierte Zellen und Allotransplantate gerichtet sind und eine besondere Rolle im Rahmen von Autoimmunkrankheiten spielen. Das hohe Maß an Kooperativität zwischen humoralen und zellulären Elementen der Immunabwehr macht verständlich, daß eine scharfe Trennung zwischen beiden Systemen ungerechtfertigt erscheint.

Auch wenn die Immunantwort einer genetischen Kontrolle unterliegt, haben exogene Faktoren einen stark modifizierenden Einfluß. So entscheidet beispielsweise die Eintrittspforte über die gegen Mikroorganismen gerichteten Immunreaktionen. Über die Blutbahn eingedrungene Erreger werden beispielsweise vorrangig von den Kupfferschen Zellen aufgenommen, während solche, die zunächst in die Lymphbahn gelangen, von den Lymphknotenzellen abgefangen werden, so daß unterschiedliche Immunantworten die Folge sind. Das Eindringen von Erregern in subkutanes Gewebe hat stärkere humorale Reaktionen zur Folge, während sie überwiegend zellulärer Art sind, wenn sie zunächst in intrakutane Schichten gelangen. Aber auch die Dichte der Epitope auf der Oberfläche eines partikulären Antigens sowie die Konzentration eines Antigens üben ganz entscheidenden Einfluß auf die Immunabwehr aus. Eine zu niedrige Antigendosis könnte zu einem „Vorbeimogeln" führen, so daß keine Immunantwort von seiten des Organismus erfolgt (s. 7.3.13.). Andererseits vermag auch eine zu hohe Antigenkonzentration die Immunmechanismen zu paralysieren. Schließlich modifizieren zahlreiche Hormone wie Corticosteroide, Wachstumshormon, Östrogene und Schilddrüsenhormone die Immunantwort.

2.4.3. Genetische Determiniertheit der Abwehrmechanismen

Einen heute noch nicht voll zu übersehenden Einfluß auf die Wechselwirkungen zwischen ätiologischen Faktoren und Wirtsorganismus üben genetische Faktoren aus. Es wurde bereits darauf hingewiesen, daß sowohl die unspezifische Resistenz als auch die spezifische Immunantwort genetisch determiniert sind. Besondere Bedeutung im Hinblick auf die spezifische Immunantwort hat das **HLA-System** (**H**umanes **L**eukozyten **A**ntigen). Dieses durch einen hochgradigen Polymorphismus gekennzeichnete Antigensystem, das dem Major-Histokompatibilitätskomplex (MHC) angehört, wird von mindestens fünf Genloci (HLA-A, -B, -C, -D, -DR) kodiert und ist auf Chromosom 6 lokalisiert. Infolge der Existenz zahlreicher Allele der HLA-Loci besteht ein hochgradiger Polymorphismus, der die Individualität garantiert und damit Voraussetzungen für die Fremd- und Selbsterkennung schafft. Die HLA-A-, -B- und -C-Antigene, die auf der Oberfläche aller kernhaltigen Zellen gefunden werden (Klasse I-Antigene), haben eine immunoglobulinähnliche Struktur mit schweren und leichten Ketten, von denen erstere auf Chromosom 6 kodiert sind, während letztere (β-2 Mikroglobulin) vom Chromosom 15 stammen. Diesem Antigensystem wird große Bedeutung für die Vermittlung der T-Zelleffektormechanismen zugeschrieben. Antigene werden von den T-Effektorzellen nur in Kombination mit spezifischen HLA-A- oder -B-Determinanten erfaßt, so daß die Identität der Antigenmuster auf der T-Effektorzelle und der das Antigen präsentierenden Zelle Voraussetzung für eine Immunreaktion darstellt.

Bestimmte HLA-Antigene können das Ziel von Viren oder anderer mikrobieller Erreger wie Yersinien oder Shigellen sein, so daß eine spezifische Ligand-Rezeptorwechselwirkung die Voraussetzung für einen entsprechenden Krankheitsprozeß darstellt. Aus epidemiologischen Untersuchungen ist bekannt, daß Träger bestimmter Antigendeterminanten des HLA-Systems ein erhöhtes Risiko für bestimmte Erkrankungen (Tab. 2.4.) aufweisen. HLA-A3 und B7 werden im Gegensatz dazu als protektive Faktoren betrachtet.

Tabelle 2.4.
Krankheitsspezifische Assoziationen mit HLA-Antigenen

Erkrankung	HLA-Antigene mit erhöhtem Risiko
Spondylitis ankylosans	B 27
REITER'sche Erkrankung	B 27
Subakute Thyreoidits	B 35
Angeborene Nebennierenhyperplasie	B 47
Psoriasis vulgaris	Cw 6
GOODPASTURE-Syndrom	DR 2
Dermatitis herpetiformis	DR 3
Idiopathische membranöse Nephropathie	DR 3
Pemphigus	DR 4
Diabetes mellitus (Typ I)	B 8, DR 3, B 15, DR 4

Eine Sonderstellung innerhalb des HLA-Systems nimmt HLA-D (Klasse II-Antigen) ein, dessen Genprodukt für die Reaktion von Lymphozyten in der gemischten Lymphozytenkultur verantwortlich gemacht wird. In enger Beziehung zum HLA-D steht der **HLA-DR-Locus** (**D-R**elated), der in Zusammenhang mit der erhöhten Suszeptibilität gegenüber bestimmten Erkrankungen und der Kontrolle der Immunantwort gebracht wird. So sollen Helfer-T-Zellen Antigene nur in Kombination mit einer bestimmten Antigendeterminante des HLA-DR-Systems erkennen. Das Auftreten des Typ I-Diabetes mellitus, der Myasthenia gravis, des Morbus BASEDOW und des Morbus ADDISON wird im Zusammenhang mit der Existenz bestimmter DR-Antigene gesehen, durch die eine spezifische Immunantwort des Organismus vorgegeben ist (s. 12.1.).

Auch aus der Sicht der unspezifischen Resistenz darf die Bedeutung genetischer Faktoren für die Entstehung eines Krankheitsprozesses nicht unterschätzt werden. Phänotypisch mehr oder weniger stark ausgeprägte genetische Defekte, die solche Enzyme betreffen, die die unspezifische Resistenz des Organismus garantieren (Myeloperoxidase, Glutathionperoxidase, Glutathionreduktase) beeinflussen die Abwehrreaktionen des Organismus. Wie es die Beispiele der erhöhten Infektanfälligkeit bei Myeloperoxidasemangel oder der verstärkten Zellschädigung bei Verminderung des zellulären Glutathiongehaltes infolge Defektes der GSH-regenerierenden Enzyme zeigen, bedingt in diesen Fällen die Kombination eines exogenen ätiologischen Faktors mit der verminderten Fähigkeit des Organismus zur Reizbeantwortung die erhöhte Suszeptibilität des Individuums (s. 4.7.). In beiden Beispielen führt erst das Zusammenwirken exogener und endogener Faktoren zur Krankheit, wobei die genetischen Defekte eine wichtige Voraussetzung bilden, die wir als endogene Krankheitsbedingungen betrachten. Zahlreiche andere genetische Defekte führen bereits per se zu einer Erkrankung (s. 6.), so daß hieraus deutlich wird, wie gleitend der Übergang zwischen endogener Krankheitsbedingung und -ursache ist.

2.5. *Folgen von Schädigungsreaktionen*

Berücksichtigt man die unterschiedliche Vulnerabilität der Gewebe, ist im Ergebnis einer primären Schädigungsreaktion mit sehr unterschiedlichen Reaktionsweisen der Zellen zu rechnen. In vielen Fällen wird die Schädigung überwunden, so daß Struktur und Funktion der Zelle wiederhergestellt werden (**reversible Schädigung**). Dabei vermag die Steigerung der Makromolekülsynthese oder anderer anaboler Reaktionen wesentlich zur Restitution des ursprünglichen Zustandes beizutragen. Durch die Aktivierung von Reparaturmechanismen ist selbst eine Korrektur von Schäden der DNS, ausgelöst etwa durch ionisierende oder UV-Strahlen, möglich.

Im Gefolge einer Schädigung kann sich aber auch eine nichtteilende in eine mitotische Zelle umwandeln, wie es im Falle der malignen Transformation geschieht (s. 7.3.). Andererseits ist auch die Blockierung von Mitosevorgängen möglich, so daß keine weiteren Zellteilungen erfolgen.

Wird die Ursache einer Schädigung nicht beseitigt, resultiert eine **chronische Zellschädigung**, die sich auf die verschiedenen Zellorganellen auswirken kann. Ausgangspunkt für eine chronische Zellschädigung sind genetische Defekte, die Persistenz antigenischen Materials (bakteriell bzw. viral bedingte chronische Entzündungen), chronische Mangelzustände (Hypo-bzw. Avitaminosen, hypokalorische Ernährung, Eiweißmangel) oder auch die kontinuierliche Aufnahme toxischer Verbindungen (Intoxikation durch Schwermetalle, Alkoholismus). In vielen Fällen ist eine Kompensation der gestörten Zelleistungen möglich, indem die Zelle in einen neuen Fließgleichgewichtszustand mit verminderter homöostatischer Regulationsfähigkeit übergeht. Strukturelle Veränderungen der Zelle, wie sie beim ZIEVE-Syndrom infolge chronischen Alkoholismus auftreten, oder Störungen im Stoffwechsel, die im allgemeinen durch das Auftreten abnormer, z. T. toxisch wirkender Intermediate gekennzeichnet sind, charakterisieren den Zustand der chronischen Schädigung.

Sofern die homöostatische Regulationsfähigkeit der Zelle durch das Schädigungsereignis irreversibel überschritten wird, kommt es zur Nekrose, die einzelne Zellen oder ausgedehnte Gewebsareale erfassen kann. Als entscheidend für die **irreversible Schädigung** sind Änderungen der Membranpermeabilität anzusehen, die sowohl die Plasmamembranen als auch intrazelluläre Memnen betreffen. Infolge des Einwirkens zahlreicher chemischer Agentien und physikalischer Noxen sowie im Ergebnis der Wechselwirkungen zwischen Mikroorganismen und Wirtszellen kommt es zur Desintegration von Membranstrukturen. Letzteres hat vor allem Veränderungen der Ionenpermeabilität der Plasmamembran zur Folge, so daß unkontrollierbare Austauschvorgänge resultieren, die auch nicht mehr durch eine erhöhte Aktivität von ATP-abhängigen Ionenpumpen kompensiert werden können.

Besonderen Anteil am Verlust der Zellintegrität hat der Einstrom von Calcium aus dem Interstitium, der sehr rasch die im allgemeinen unter 1 µmol/l gehaltene freie zytosolische Calciumkonzentration erhöht. Sobald die Mitochondrien bzw. das endoplasmatische Retikulum nicht mehr in der Lage sind, die ursprüngliche zytosolische Calciumkonzentration durch Aufnahme des überschüssigen Calciums wiederherzustellen, kommt es in zunehmendem Maße durch die calciumabhängige Aktivierung von Phospholipasen und die Verdrängung von Magnesium aus seinen Bindungsstellen an Phospholipiden zur Destruktion der Plasmamembran. Von den durch das Schädigungsereignis ausgelösten Membranveränderungen sind auch die Lysosomen betroffen, die einerseits in sehr spezifischer Weise nach Fusion mit der Plasmamembran einen Teil ihrer hydrolytisch wirksamen Enzyme in den Interzellularraum abgeben oder andererseits bei stärkerer Zellschädigung im Rahmen eines lytischen Prozesses ihren gesamten Enzymgehalt im Zytosol freisetzen. Dadurch wird der durch die Membranveränderungen und die Störungen im Calciumtransport ausgelöste Schädigungsvorgang beschleunigt.

Sofern nicht der massive Gewebszerfall (z. B. akute gelbe Leberatrophie, Pankreasnekrose, cerebrale Insulte, Herzinfarkt) den Tod des Individuums verursacht, löst der Zelluntergang in Abhängigkeit von der für die Gewebe spezifischen Potenz zur Proliferation **Regenerations**vorgänge aus, die zur vollständigen Restitution des ursprünglichen Zustandes oder zu ausgedehnten Narbenbildungen führen können (s. 7.2.). In Abhängigkeit vom

Umfang der Nekrosen sind diese lokalisierten Vorgänge von organismischen Reaktionen begleitet, die durch die zahlreichen, am Ort der Nekrose gebildeten humoralen Faktoren (z. B. Mediatoren der Entzündung) oder auch durch nervale Reaktionen verursacht werden (s. 1.2.2.). Durch die Ausschüttung von Hormonen (Hypothalamus, Hypophyse, Nebennierenrinde und -mark, Schilddrüse), durch nervale Regulationsmechanismen und gegebenenfalls auch durch die Auslösung einer spezifischen Immunantwort werden die weiteren Vorgänge am primären Ort der Schädigung sowie die Reaktionen des Gesamtorganismus bestimmt.

3. Biopathologie der Zelle und des Gewebes

3.1. Zell- und Gewebsnekrose

Biologische, physikalische und chemische Faktoren sind Ausgangspunkt für Veränderungen im Zellstoffwechsel, die sowohl reversibel als auch irreversibel verlaufen (s. 2.2.). Die durch den irreversiblen Verlust der integrierten Zellaktivität ausgelösten Prozesse werden als **Nekrose** bezeichnet. Diese umfaßt sowohl die in den Zellen im Gefolge des Zelltodes auftretenden Veränderungen als auch die durch die irreversible Schädigung ausgelösten Reaktionen des Interstitium, die vor allem die Einwanderung von Granulozyten und Monozyten in das betroffene Gewebe einschließen. Die Definition der Nekrose macht deutlich, daß derartige Veränderungen die Reaktivität des lebenden Organismus voraussetzen und somit nicht nach Eintritt des Todes des Gesamtorganismus zu beobachten sind.

Nach wie vor ist es weder mit biochemischen noch mit morphologischen Methoden möglich, den Zeitpunkt bzw. das für die irreversible Zellschädigung notwendige Ausmaß an Veränderungen zu erfassen, die den Verlust der Zellintegrität bedeuten. Morphologisch manifestiert sich die Zellnekrose in den meisten Fällen zunächst durch Strukturveränderungen des Zellkerns (s. 3.2.1.). Dazu gehören die *Karyopyknose*, die *Karyolysis* und/oder *Karyorhexis*, die licht- und elektronenmikroskopisch ein bis mehrere Stunden nach Eintritt des Zelltodes zu beobachten sind. Weitere Veränderungen, wie die Ablösung der Ribosomen vom glatten endoplasmatischen Retikulum, die Bildung von Myelinfiguren, die Degranulierung und Schwellung von Mitochondrien und die Vakuolenbildung im Cytoplasma schließen sich an (s. 3.2.). Selbstverständlich gehen diesen morphologisch faßbaren Alterationen Änderungen zellulärer Funktionen voraus, die sich beispielsweise anhand der Metabolitmuster erfassen lassen. Häufig tritt infolge der Zellschädigung ein Abfall des mitochondrialen und cytosolischen ATP-Gehaltes auf, so daß die energieabhängigen Prozesse gestört sind. Gleichzeitig sind der ADP- und AMP-Gehalt sowie die Laktatproduktion erhöht. Letzteres ist Ausdruck einer gesteigerten Glykolyse, die bei gestörtem Abtransport der Metabolite zur Senkung des Zell- und Gewebs-pH führt. Zwangsläufig ergeben sich auf Grund des Substratmangels der verschiedenen ATPasen Störungen des transmembranalen Ionentransportes mit konsekutiven Membranschädigungen. In vielen Fällen ist davon auszugehen, daß die ätiologischen Faktoren eine Schädigung der Plasmamembran auslösen. Sobald die Na-K-ATPase oder die Ca-ATPase nicht mehr in der Lage sind, die erforderlichen Ionengradienten aufrechtzuerhalten, werden weitere zelluläre Reaktionen (z. B. oxidative Phosphorylierung, Substrattransport) in Mitleidenschaft gezogen, so daß bei Fortbestehen der Noxe der Zelltod eintritt. Im Zusammenhang mit der irreversiblen Zellschädigung kommt dem Calcium eine besondere Bedeutung zu (s. 2.5.).

Die Möglichkeit, Zellen unter in vitro-Bedingungen sowohl in Suspension als auch in Kultur über längere Zeiträume zu inkubieren, wurde vielfältig genutzt, um weiteren Einblick in die mit der irreversiblen Zellschädigung verbundenen Prozesse zu erhalten. Auf eine Zelläsion weisen u. a. der Austritt von Enzymen aus dem Cytosol (z. B. LDH, ALAT) oder der Mitochondrien (GlDH, SDH) sowie ein unphysiologischer Substrateinstrom in die Zelle ebenso wie der Abfall des intramitochondrialen Phosphorylierungspotentials oder ein übermäßiger Anstieg der freien Calcium-Konzentration im Cytosol hin. Die Bedeutung der Plasmamembran für die Erhaltung der Zellintegrität wird dadurch hervorgehoben, daß Farbstoffe wie Trypan- oder Vitalblau nur von geschädigten Zellen aufgenommen werden.

3.1.1. Autolyse, Heterolyse und Reparation

Irreversibel geschädigte Zellen verlieren, wie oben betont, die für intakte Zellen charakteristischen funktionellen und morphologischen Merkmale. Infolge Änderung der Permeabilität der plasmatischen sowie der intrazellulären Membranen kommt es zunehmend zum Ausgleich bestehender Konzentrationsgradienten von Ionen und Substraten sowie zum Austritt von Enzymen aus den verschiedenen Kompartimenten. Letzteres betrifft auch die in den Lysosomen konzentrierten hydrolytisch wirksamen Enzyme, deren Freisetzung zum Abbau der Makromoleküle führt (s. 3.2.4.). Dieser Vorgang wird als **Autolyse** bezeichnet. Als aktive Reaktion des Organismus auf den lokalen Zell- und Gewebstod ist die **Heterolyse** zu sehen, die auf dem enzymatischen Abbau und der Beseitigung von Gewebstrümmern durch aktiv eingewanderte Zellen wie Granulozyten und Monozyten beruht. Sie ist somit als eine vitale Reaktion anzusehen, deren auslösende Mechanismen den Vorgängen bei der Entzündung entsprechen (s. 4.4.).

Durch Erweiterung der Kapillaren in der Umgebung einer Nekrose wird die Randzone stärker durchblutet (*hämorrhagischer Randsaum*), wobei es infolge erhöhter Permeabilität der Gefäßwände zum Durchtritt von Erythrozyten kommen kann. Bedingt durch zahlreiche chemische Mediatoren (s. 4.3.) wandern Granulozyten und Monozyten in das Gewebe ein. Beim Untergang größerer Areale (z. B. Herzinfarkt) führt die zelluläre Reaktion zu einer deutlichen Abgrenzung des geschädigten Gewebsbereiches (*Demarkationszone*). Von hier aus erfolgt der Abbau des nekrotischen Gewebes durch die vorwiegend aus Granulozyten stammenden lysosomalen Enzyme (Heterolyse). Den aus Blutmonozyten gebildeten Makrophagen obliegt die Beseitigung von Gewebstrümmern (Phagozytose s. 4.4.1.).

Das Ergebnis der *reparativen Vorgänge* wird wesentlich durch das Ausmaß der Nekrose bestimmt. Bei kleinen Nekroseherden ist bei erhalten gebliebenem Gefäßbindegewebe eine vollständige Wiederherstellung möglich, während bei ausgedehnten Nekrosen nur eine teilweise Regeneration mit entsprechenden funktionellen und strukturellen Defekten erfolgt (s. 7.2.). Der Gewebsersatz besteht unter diesen Bedingungen vorrangig aus Bindegewebe (Narbe). Stehen autolytische Prozesse im Vordergrund des nekrotischen Geschehens, findet oftmals keine bindegewebige Substitution des untergegangenen Gewebes statt. Vielmehr kommt es, ausgehend von der Demarkationszone, zur bindegewebigen Abgrenzung des Nekrosebezirkes, so daß nach Beseitigung der Zelltrümmer eine Zyste resultiert (z. B. nach Nekrosen im Gehirn oder Pankreas).

3.1.2. Ätiopathogenese von Zell- und Gewebsnekrosen

Ein breites Spektrum von Ursachen vermag Zell- und Gewebsnekrosen auszulösen. Die wichtigsten ätiologischen Faktoren sind in Tab. 2.1. zusammengestellt. Für die Verursachung einer Nekrose sind nicht nur Art und Dauer der Exposition des einwirkenden Agens von Bedeutung; vielmehr kommt auch der Reaktion des Organismus diesen gegenüber eine entscheidende Rolle zu (s. 2.4.). Somit unterliegt die Reaktionsbereitschaft der Individuen in Abhängigkeit vom Alter, Geschlecht und Ernährungszustand beachtlichen Schwankungen.

Die **ischämische Nekrose** basiert auf einer Minderdurchblutung des Gewebes, wobei *lokale* von *generalisierten* Störungen abgegrenzt werden. Die letztgenannte Form tritt auf, wenn die Herzleistung nicht den Erfordernissen entspricht, wie es bei Schockzuständen infolge Zentralisation des Kreislaufs (s. 8.3.3.) oder bei einer Rechts- bzw. Linksherzinsuffizienz unterschiedlicher Genese der Fall ist. Infolge der spezifischen Vulnerabilität der Gewebe beobachtet man in den nachstehend genannten Organen mit abnehmender Häufigkeit Nekrosen: Herz, Niere, Leber und Magenschleimhaut.

Die lokale Ischämie beruht auf einer Minderdurchblutung, die auf einen Kreislaufabschnitt begrenzt ist. In Abhängigkeit vom Ausmaß der Reduktion der Durchblutung differenziert man zwischen **relativer** und **absoluter Ischämie**. Nekrosen bei lokaler absoluter Ischämie werden als **Infarkt** bezeichnet. Ursachen hierfür sind meistenteils ortsständige oder angeschwemmte Blutgerinnsel (Thrombose bzw. Thromboembolie), die zu einem vollständigen Verschluß arterieller Gefäße führen (z. B. Herz, Gehirn, Darm). Für den Fall, daß es sich um eine Endarterie handelt, ist ein **anämischer** Infarkt die Folge. **Hämorrhagische** Infarkte treten dagegen auf, wenn der Druck im nachgeschalteten Venengebiet einen Rückstrom venösen Blutes in das nekrotische Areal erlaubt, wie es im Darm (Pfortaderkreislauf!), in der Lunge (bei Linksherzinsuffizienz) und in der Leber (A. hepatica! ZAHN'scher Infarkt) der Fall ist. Von *hämorrhagischen Infarzierungen* spricht man außerdem, wenn ein Venenverschluß zur Stase im vorgeschalteten Kapillarbereich führt.

Bei der ischämischen Nekrose ist die Zell- bzw. Gewebsschädigung nicht ausschließlich das Ergebnis des verminderten oder aufgehobenen Sauerstoffangebotes. Die Minderdurchblutung hat gleichzeitig eine mangelnde Substratzufuhr sowie einen unzureichenden Abtransport von Stoffwechselprodukten zur Folge. Derartige Änderungen von Metabolitmustern (z. B. Laktatanhäufung infolge gesteigerter Glykolyse) verstärken den Effekt der Hypoxie.

3.1.3. Morphologisches Erscheinungsbild der Nekrose

Aus morphologischer Sicht unterscheidet man zwischen Koagulations- und Kolliquationsnekrose. Die **Koagulationsnekrose** ist durch eine starke Flüssigkeitsverarmung des Gewebes und erhöhte Brüchigkeit bei relativ hoher Konsistenz des Gewebes gekennzeichnet, so daß im allgemeinen makroskopisch und lichtmikroskopisch die Gewebsstrukturen mehr oder weniger gut erkennbar sind. Diese Art von Nekrosen beobachtet man häufig bei Herz-, Milz- und Niereninfarkten. Die zur Koagulationsnekrose führenden chemischen Vorgänge sind noch unbekannt. Man vermutet, daß infolge eines Wasserverlustes und der Denaturierung von Proteinen ein Zustand erreicht wird, der den raschen, durch lysosomale Enzyme bedingten Gewebsabbau verhindert. Gerinnungsvorgänge, die bei hämorrhagischen Nekrosen ablaufen, sowie die Ablagerung von Salzen mögen den Prozeß begünstigen. Charakteristisch für die Koagulationsnekrose ist die im Demarkationsgebiet zu beobachtende entzündliche Reaktion, von der aus über entsprechende proliferative Prozesse die Narbenbildung ausgeht.

Die **Kolliquationsnekrose** ist durch eine rasche Lysis des nekrotischen Gewebes gekennzeichnet, so daß die ursprüngliche Gewebsstruktur rasch verloren geht und Erweichungsherde (*Malazie*) auftreten. Diese Form der Nekrose ist besonders häufig nach Thrombosierung cerebraler Gefäße (Encephalomalazie), nach Laugenverätzungen des Ösophagus oder im Pankreas (z. B. akute Pankreasnekrose) infolge Aktivierung der proteolytischen Enzyme in situ zu beobachten. Vermutlich führt eine rasche Gewebsauflösung durch die lysosomalen Enzyme zu diesem morphologischen Bild der Nekrose.

Von den beiden besprochenen Arten der Nekrose sind einige Sonderformen abzugrenzen. Hierzu gehören die trockene und feuchte Gangrän, die käsige Nekrose und die Fettgewebsnekrose. Bei der **trockenen Gangrän,** die eine Sonderform der Koagulationsnekrose darstellt, kommt es zum extremen Wasserverlust aus dem nekrotischen Gewebe, so daß eine Mumifizierung die Folge ist. Sie tritt vor allem an der Körperoberfläche, z. B. den Extremitäten auf, wo eine hohe Verdunstung gewährleistet ist (z. B. diabetische Gangrän).

Die **feuchte Gangrän** wird durch den Befall mit Fäulniserregern ausgelöst, so daß eine rasche Gewebseinschmelzung mit Bildung übelriechender, zerfließender Gewebsnekrosen die Folge ist.

Die **käsige Nekrose** tritt bei verschiedenen Infektionskrankheiten (Tuberkulose, Lues u. a.) auf und unterscheidet sich von der Koagulationsnekrose durch den hohen Lipidgehalt, der auf Bestandteile aus den die Infektion verursachenden Erregern (Mycobakterien) zurückzuführen ist und der dem Nekroseherd ein weißlich-gelbes Aussehen und eine bröckliges Beschaffenheit verleiht. Charakteristisch für **Fettgewebsnekrosen** ist die Einlagerung von unlöslichen Calciumsalzen freier Fettsäuren, die infolge der Lipolyse im Fettgewebe (z. B. bei Pankreasnekrose im parapankreatischen Fettgewebe) auftreten.

3.2. Biopathologie subzellulärer Strukturen

3.2.1 Zellkern

Dem Kern als dem Ort der DNS-Replikation und der RNS-Synthese kommt eine große Bedeutung für die Zellteilung und die Aufrechterhaltung der homöostatischen Regulationsfähigkeit der Zelle zu (s. 2.1.), so daß sich Beeinträchtigungen seiner funktionellen oder strukturellen Eigenschaften sehr rasch auf die Zellintegrität auswirken. Bei vielen Schädigungsvorgängen zeichnen sich morphologisch sichtbare Zeichen einer zellulären Dysfunktion bzw. der Nekrose (s. 3.1.) zuerst im Bereich des Kernes ab. Die Betonung der Kernrandzonen (**Kernwandhyperchromasie**), die Schrumpfung und Verdichtung des Zellkernes (**Karyopyknose**), die Fragmentierung des verdichteten Kerns (**Karyorrhexis**) oder der Verlust der durch basische Farbstoffe zu erfassenden Kernstruktur (**Karyolysis**) sind oft erste Zeichen einer irreversiblen Zellschädigung, die bereits wenige Stunden nach dem Schädigungsereignis mikroskopisch zu erfassen sind. Aber auch reversible Schädigungsvorgänge, die durch unterschiedliche ätiologische Faktoren ausgelöst werden, führen zu Kernveränderungen, die sich in Abweichungen des DNS-Gehaltes (z. B. Poly- oder Aneuploidie s. 6.5.1.), strukturellen Änderungen des Karyoplasmas und des Nukleolus sowie in pathologischen Ablagerungen im Kern äußern.

Als physiologisch anzusehen sind die Vergrößerung und Auflockerung des Kerns, die der Morphologe als *funktionelle Kernschwellung* erfaßt und die Ausdruck einer gesteigerten Stoffwechselaktivität der Zelle sind. Infolge der Induktion von Transkriptionsvorgängen findet man eine Auflockerung des Heterochromatins (Übergang zum Euchromatin). Abzugrenzen von diesen physiologischen Vorgängen, die in Abhängigkeit vom jeweiligen Funktionszustand ein recht dynamisches Bild des Zellkerns bedingen, sind *degenerative* oder *toxische Kernschwellungen*, die durch Blockierung der Transkription, des Processing von Kern-RNS oder durch Beeinflussung der Transportprozesse an der Kernmembran

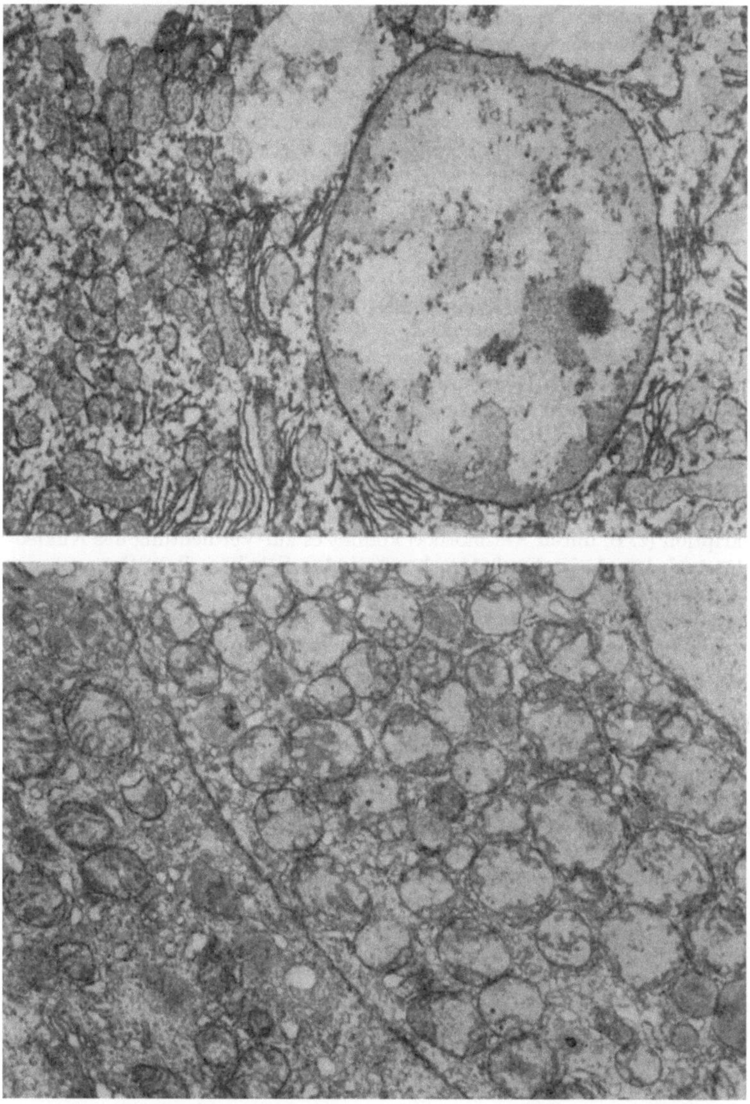

Abb. 3.1. Pathologische Veränderungen der Ultrastruktur des Zellkerns und der Mitochondrien der Leber nach Schädigung durch Thioacetamid (a) Kernwandpyknose eines Leberzellkerns (b) Cristolyse in Lebermitochondrien (Aufnahmen: Dr. FRANKE, Jena)

ausgelöst werden. Verdichtung der Kernstruktur und Verkleinerung sind oft Ausdruck einer mangelnden Stimulierung durch physiologische Effektoren. Unter pathologischen Bedingungen ist der Übergang zur irreversiblen Zellschädigung möglich.

Vervielfachung des *diploiden Chromosomenbestandes* ist entweder Ausdruck eines gesteigerten Stoffwechsels (Drüsenzellen, Regenerationsvorgänge nach Gewebsschäden, Vergrößerung der Herzmuskelfasern bei erhöhter Beanspruchung) oder Hinweis auf eine gestörte Regulation der Zellteilung (Tumorwachstum, Kernteilungsstörung durch Cytostatika). In beiden Fällen findet eine DNS-Replikation durch Überschreiten des Restriktionspunktes der G_1-Phase statt (s. 7.2.1.), ohne daß sich jedoch eine Mitose anschließt (Endomitose). ***Mehrkernigkeit*** von Zellen ist unter physiologischen und pathologischen Bedingungen anzutreffen. Letzteres dürfte für Riesenzellen bei granulomatösen Entzündungen (s. 4.2.), Tumorzellen oder nach Röntgenbestrahlung von Geweben zutreffen.

Der **Nukleolus** als Ort der Bildung von Vorstufen der in das Cytosol auszuschleusenden Ribosomen unterliegt in Abhängigkeit vom Funktionszustand sowie der Art der Zellschädigung einem erheblichen Größen- und Strukturwandel, der unter physiologischen Bedingungen Ausdruck der zellulären Proteinsyntheseaktivität ist. Infolge Hemmung der Transkription (z. B. durch Antibiotika) kommt es zur Verdichtung des Nukleolus und dem Auftreten heterochromatischer Schollen. Bei Störungen des Abtransportes der Ribosomenvorstufen beobachtet man vergrößerte Nukleolen mit dichten Strukturen. Im Gegensatz dazu manifestiert sich ein gesteigerter Abtransport derselben in Form eines aufgelockerten, schlecht abgrenzbaren Nukleolus. Lakunenbildungen in den Kernkörperchen oder ihre vollständige Dissoziation sind ebenfalls Formen einer Kernschädigung, wobei jedoch die diesen Veränderungen zugrundeliegenden biochemischen Vorgänge unbekannt sind.

Ablagerungen von Substanzen wie Glykogen, Lipide, Proteine oder Schwermetalle werden als echte Kerneinschlüsse bezeichnet. Sie weisen auf einen gestörten Stoffwechsel (z. B. Glykogenablagerungen beim Diabetes mellitus) oder eine direkte Interaktion der ursächlichen Faktoren mit chemischen Bestandteilen des Zellkerns hin. So ist anzunehmen, daß Schwermetalle zu einer Denaturierung von Kernproteinen führen, die dann als Aggregate abgelagert werden. Schließlich lassen sich bei Virusinfektionen kristalline Nukleoproteine nachweisen, deren Entstehungsmechanismus noch umstritten ist.

3.2.2. Mitochondrien

Auf Grund der Tatsache, daß in den Mitochondrien so wichtige Stoffwechselprozesse wie die oxidative Phosphorylierung, die Fettsäureoxidation und der Citratzyklus ablaufen und sie überdies entscheidenden Anteil am intrazellulären Ionentransport haben, kommt es bei Schädigung dieser Organellen sehr rasch zu schwerwiegenden Störungen im Zellmetabolismus bis hin zum Zelltod.

Die *Hemmung* des *Elektronentransportes* in der Atmungskette (z. B. durch Cyanid oder Sauerstoffmangel) zieht die vollständige Blockierung der ATP-Synthese nach sich, so daß bei Fortbestehen der Schadensursache der Zelltod infolge ATP-Mangels eintritt. Es hängt dabei von der Stoffwechselintensität des begroffenen Gewebes ab, über welchen Zeitraum durch die Glykolyse im erforderlichen Ausmaße ATP gebildet wird. Ähnliche Folgen wie die Hemmung der Atmungskette hat die *Entkopplung* von Elektronentransport und Atmungskettenphosphorylierung, die durch eine Schädigung der Mitochondrienmembran verursacht werden kann (z. B. durch Fettsäure-CoA-Ester), da die chemiosmotische Energiekonservierung (MITCHELL) eine intakte Innenmembran voraussetzt.

Der Funktionswechsel der Mitochondrien (Übergänge Status 4 → 3 → 4) ist mit Volumenänderungen verbunden, die sich ultrastrukturell als Wechsel von orthodoxer und kondensierter Konformation manifestieren. Abzugrenzen von diesen physiologischen, energieabhängigen Volumenschwankungen ist die *passive Schwellung* (high-amplitude-Schwellung), die nicht energiebedürftig ist und einen elektroneutralen Anionenaustausch, einen elektrophoretischen Transport eines Anions oder die Diffusion undissoziierter Säuren voraussetzt. In jedem Falle zieht der Salztransport den Wassereinstrom nach sich, was bis zur Ruptur der Mitochondrienmembran führen kann. Ursache für diese Form der Schwellung sind Lysolecithine oder freie Fettsäuren, die infolge Aktivierung von Phospholipasen vermehrt gebildet werden.

Die *Zahl* der *Mitochondrien* ändert sich sowohl bei regressiven Veränderungen (Verlust von Mitochondrien) als auch bei einem erhöhten Energiebedarf der Zellen (z. B. Vermehrung der Mitochondrien bei Herzhypertrophie). Häufig gehen dazu parallel Veränderungen in der *Zahl* der *Cristae*, in denen die Enzyme der Atmungskette und die protonentranslozierende ATPase lokalisiert sind. So wurden sowohl eine Erhöhung der Zahl von Cristae (proliferierende Gewebe, Herzhypertrophie) als auch eine Verminderung derselben (bei Involutionsvorgängen) beschrieben. Mitunter unterliegen die Cristae einem *Formenwandel* (z. B. Bildung von Lamellen und Myelinfiguren bei toxischen Schädigungen). Die Auflösung der Cristae-Strukturen wird als *Cristolyse* bezeichnet (Abb. 3.1.). *Riesenmitochondrien* (Megamitochondrien) kommen durch Hemmung der Teilung, Wachstum oder Fusion zustande und sind Ausdruck eines pathologischen Geschehens (Alkoholismus, Urämie, Hypercortisolismus, Kupfermangel).

Unter pathologischen Bedingungen findet man häufig *Ablagerungen* in der Mitochondrienmatrix (Glykogen, Pigmente, Proteinkristalle). Im Zusammenhang mit ihrer Fähigkeit, Calcium sehr rasch aufzunehmen, steht die Ablagerung von Calciumsalzen (Apatite), die u. a. bei Hyperparathyreoidismus und der Hypervitaminose D zu beobachten ist.

3.2.3. Endoplasmatisches Retikulum und Ribosomen

Entsprechend ihrer Differenzierung sind die Zellen unterschiedlich mit Ribosomen sowie dem rauhen und glatten endoplasmatischen Retikulum ausgestattet. Das rauhe endoplasmatische Retikulum (RER), das sich aus den endoplasmatischen Membranen und den an sie assoziierten Ribosomen zusammensetzt, sowie die zu Polysomen verknüpften Ribosomen sind für die Synthese zelleigener und der für den Export bestimmten Proteine verantwortlich. Unterschiedliche Funktionszustände und schädigende Einflüsse spiegeln sich in der mit morphologischen Methoden faßbaren Struktur der Ribosomenverbände und des RER wider.

Die *Vermehrung* des *RER* sowie der Polyribosomen kann Ausdruck einer physiologischen Steigerung der Proteinsynthese sein (z. B. bei Wachstumsvorgängen), findet sich aber auch bei zahlreichen pathologischen Prozessen, die mit gesteigerten Syntheseleistungen einhergehen (Tumorwachstum, pathologische Produktion von Exportproteinen wie λ-Ketten). Bei maximal gesteigerter Synthese finden sich häufig Proteinablagerungen im RER, die einen Hinweis auf den limitierten Sekretionsschritt darstellen (z. B. Ig-Ketten in Form der RUSSEL'schen Körper in Plasmazellen). Eine Akkumulation von Syntheseprodukten, z. T. in Form von Proteinkristallen, tritt ebenfalls nach Blockierung der Sekretionsmechanismen auf, wobei auch die GOLGI-Apparate von dieser Störung betroffen sind.

Eine *Atrophie* und *Dissoziation* des *RER* beobachtet man infolge Hemmung der Proteinsynthese durch Cytostatika, die den Transkriptions- oder Translationsprozeß beeinträchtigen, bei ATP-Mangel infolge Hemmung der mitochondrialen Energiekonservierung (Hypoxie, Atmungsgifte), nach toxischer Schädigung des RER oder bei stark gesenktem Substratangebot (z. B. Hungerzustand). Unter dem Einfluß dieser Schädigungsmechanismen dissoziieren auch die Polyribosomen, so daß man im Cytosol überwiegend einzeln gelagerte Ribosomen vorfindet.

Im glatten endoplasmatischen Retikulum (SER) finden die Synthese von Lipiden (Cholesterol, Triglyzeride, Phospholipide) und Hormonen (Steroidhormone) und eine Reihe von Biotransformationsvorgängen statt, die für die Metabolisierung sowohl körpereigener als auch körperfremder (Xenobiotika) Substanzen von großer Bedeutung sind. Toxische Verbindungen und Hypoxie führen entweder zur *Verminderung* des *SER* am Volumenanteil in der Zelle, häufig begleitet von einer *Fragmentierung* der Membranen des endoplasmatischen Retikulum. Nicht selten ist aber auch eine *Dilatation* des endoplasmatischen Retikulum die Folge derartiger Schädigungen, so daß es u. U. zur lichtmikroskopisch sichtbaren Vesikelbildung (**vakuoläre Umwandlung**) der Zellen kommt. Letztere ist Ausdruck des gestörten Ionentransportes in der Zelle, so daß ein verstärkter Wassereinstrom in die Räume des ER resultiert. Eine *Hyperplasie* des ER wird durch zahlreiche chemische Verbindungen ausgelöst, die im allgemeinen als Enzyminduktoren wirken und somit die biotransformatorische Aktivität beeinflussen. Intoxikationen und chronischer Alkoholgenuß führen zu gleichsinnigen Veränderungen des ER.

3.2.4. Lysosomen

Autophagie und **Heterophagie** sind zwei biologisch bedeutsame Phänomene, die an die Lysosomen gebunden sind. Im ersten Falle handelt es sich um den Abbau zelleigener Substrate, während der letztgenannte Prozeß die Verdauung exogenen Materials umfaßt. In beiden Fällen kommt es nach Umhüllung der abzubauenden Objekte durch eine Membran (Autophagosomen bzw. Heterophagosomen) zur Fusion mit *primären Lysosomen,* d. s. Zellorganellen, die durch ihren hohen Gehalt an hydrolytisch wirksamen Enzymen gekennzeichnet sind und zuvor noch keinen Kontakt mit Phagosomen hatten. Es muß hervorgehoben werden, daß auch durch rezeptorvermittelte Endocytose aufgenommene Verbindungen, wie beispielsweise Lipoproteine, in den Lysosomen abgebaut werden. Hieraus wird ersichtlich, daß die Rolle der Heterolysosomen nicht auf pathologische Vorgänge eingeengt werden darf.

Im allgemeinen findet ein vollständiger Abbau des Materials in den durch Fusion zwischen primären Lysosomen und den Phagosomen entstandenen *sekundären Lysosomen* statt. Dies läßt sich bei Rückbildungsvorgängen (Involution), wie sie in der Mamma nach Beendigung der Laktation, im Verlauf des Menstruationszyklus in der Uterusschleimhaut oder bei Alternsvorgängen im Herz, Gehirn und Leber vorkommen, beobachten. Allerdings ist bei übermäßigem Zerfall endogenen Materials oder bei genetischen Defekten der lysosomalen Enzyme eine Akkumulation nichtabbaubaren Materials möglich. Infolgedessen beobachtet man entweder die Bildung sogenannter *Residualkörperchen* (Postlysosomen), bei denen es sich um pigmentbeladene, von einer Membran umgebene, dichte Zellorganellen handelt, oder aber bei der lysosomalen Speicherung die Ansammlung großer, mit unterschiedlichem Material gefüllter Lysosomen. Der schwer abbaubare Inhalt von Lysosomen verbleibt nicht immer in diesen Zellorganellen. Häufig erfolgt eine Ruptur der Lysosomenmembran, so daß sich das Material im Cytosol verteilt. Andererseits ist auch eine Exocytose (umgekehrte Endocytose) möglich, was zu reaktiven Prozessen im Bindegewebe, u. U. zur Entzündung führt.

Zu den primär von den Lysosomen ausgehenden Krankheitsprozessen gehören **Speicherkrankheiten** (Thesaurismosen), deren Ursache in einem spezifischen lysosomalen Enzymdefekt zu sehen ist. Hierzu rechnen u. a. *Glykogenosen* (Speicherung von Glykogen), die *Lipidosen* (Speicherung von Lipiden) und *Mukopolysaccharidosen* (Speicherung von Glykosaminglykanen). Zahlreiche der diesen Krankheiten zugrundeliegenden genetischen Defekte wurden bereits aufgeklärt. Die bei den lysosomalen Speicherkrankheiten zu beobachtende Organbeteiligung ist sehr unterschiedlich, was auf die Lokalisation des defekten Enzyms und die Existenz organspezifischer Isoenzyme zurückzuführen ist. Lysosomale Defekte stellen mitunter auch die Ursache für rekurrierende Entzündungen dar (s. 4.7.).

Pathogenetisch von Bedeutung ist die *Labilisierung* der *Lysosomenmembran,* so daß gegebenenfalls Enzyme in das Cytosol gelangen oder eine selektive Freisetzung in den extrazellulären Raum stattfindet. Hypoxische Bedingungen, freie Radikale (s. 2.2.1.), zahlreiche Toxine, Immunkomplexe und Strahlen werden als ursächliche Faktoren für eine lysosomale Membranschädigung angesehen. Weiterhin ist es möglich, daß Kristalle aus Urat, Oxalat oder Quarz eine Ruptur von Lysosomen bewirken. Harnsäurekristalle werden beispielsweise bei Hyperurikämie im periartikulären Gewebe abgelagert. Gelangen diese durch Phagozytose in die Lysosomen von Makrophagen oder Granulozyten, kommt es nach Verdauung des sie umgebenden Proteinmantels zur Zerstörung der Lysosomenmembran, was die Zellysis zur Folge hat. Auf diese Weise werden schwere entzündliche Reaktionen ausgelöst (akuter Gichtanfall).

Lysosomen speichern sowohl endogene als auch exogene Pigmente. Zu den aus körpereigenen Stoffen gebildeten **endogenen Pigmenten** zählen vor allem Siderin und Lipofuscin. Beim **Siderin** handelt es sich um ein dem Ferritin ähnliches eisenspeicherndes Protein, das jedoch durch seinen höheren Eisengehalt gekennzeichnet ist. Bei erhöhter Hämolyse kommt es zur Bildung des *Hämosiderins,* das man vorwiegend im mononukleärphagozytären System findet (z. B. KUPFFER'sche Zellen, Alveolarmakrophagen, Makrophagen der Milz und des Knochenmarkes). Eine lokal begrenzte Hämosiderose resultiert aus örtlichen Blutungen, während bei allgemein gesteigerter Hämolyse das Pigment in Milz, Leber und Knochenmark nachzuweisen ist (allgemeine Hämosiderose). Die mit Hämosiderin beladenen Makrophagen wandern sehr bald in die regionalen Lymphknoten ab, wo es zu deren Anhäufung kommt. Als **Siderophilie** bezeichnet man eine primäre Störung im Eisenmetabolismus, die u. a. zur Akkumulation eisenhaltiger Pigmente in den Parenchymzellen der Leber oder Tubuluszellen der Niere führt.

Lipofuscin ist ein aus Proteinen und Lipiden, unter denen sich reichlich oxidierte Fettsäuren befinden, zusammengesetztes Pigment, das überwiegend durch Autophagie, weniger durch Heterophagie zustandekommt. Offensichtlich handelt es sich vorwiegend um solche Lipide, die von den sekundären Lysosomen nicht weiter abgebaut werden können, so daß sich diese allmählich in die oben erwähnten Residualkörperchen umwandeln. Die Lipofuscinanhäufung ist auch eine Begleiterscheinung des Alternsvorganges. Geht dies gleichzeitig mit einer Atrophie einher, spricht man von *brauner Atrophie.* Bevorzugte Organe der Lipofuscinablagerung sind

Ganglien-, Leber- und Herzmuskelzellen. Die chemischen Mechanismen, die zur Lipofuscinbildung führen, sind noch unbekannt.

Exogene Pigmente häufen sich in den Lysosomen an, wenn über einen längeren Zeitraum gefärbte, nichtabbaubare Partikel aufgenommen werden. Neben kohlehaltigen Partikeln sind besonders Silikate zu nennen, die nach entsprechender beruflicher Exposition zu schweren reaktiven Veränderungen führen (Lungensilikose).

3.2.5. *Peroxisomen*

Peroxisomen sind Organellen, die auf Grund ihres Flavinoxidasesystems und der Katalase in der Lage sind, Substrate wie Hydroxysäuren, Aminosäuren, Urat, Alkohol und Fettsäuren zu oxidieren. Als peroxisomale Krankheiten wurden bisher die *Acatalasämie* und das ZELLWEGER-*Syndrom* beschrieben. Der auf Grund eines genetischen Defektes entstandene Katalasemangel manifestiert sich beim Menschen ausschließlich in oralen, gangränösen Schleimhautulcerationen. Beim cerebro-hepatorenalen Syndrom (ZELLWEGER) wird angenommen, daß dieser schweren, bereits wenige Monate nach der Geburt zum Tode führenden Erkrankung ein Peroxisomenmangel zugrundeliegt. Allerdings sind auch die Mitochondrien weitgehend deformiert und das ER hypoplastisch, so daß andere Faktoren als Ursache nicht sicher auszuschließen sind.

Eine *Hypoplasie* der Peroxisomen mit entsprechend verringerter Enzymsynthese wurde bei bakteriellen und abakteriellen Entzündungen nachgewiesen. Gleiche Veränderungen werden durch Hunger, Antimetabolite und Hypothyreoidismus ausgelöst. Katalasehemmer führen dagegen zur Rarefizierung der Matrix, ohne die Zahl der Organellen zu verändern. Verschiedene hypolipidämische Pharmaka verursachen eine *Hyperplasie* der Peroxisomen, die sich u. a. in einer gesteigerten Fettsäureoxidation manifestiert.

3.2.6. *Golgi-Komplex*

Der GOLGI-Komplex ist mit der Modifizierung und dem Transport von intrazellulär synthetisierten Stoffen, die zur Sekretion gelangen, verknüpft. Demzufolge trifft man ihn in solchen Zellen gut ausgebildet an, die besonders durch die Synthese und die Sekretion von Proteinen, Glykoproteinen und Lipoproteinen gekennzeichnet sind. Es ist daher zu erwarten, daß sich Veränderungen in der Synthese- und Sekretionsleistung dieser Zellen im morphologischen Erscheinungsbild des *Golgi*-Komplexes widerspiegeln. Infolge der Bedeutung des Cytoskelets für die Abgabe der in GOLGI-Cisternen angehäuften Substrate werden sich pathologische Veränderungen an den Mikrofilamenten und Mikrotubuli ebenfalls auf die Größe und den Füllungszustand des GOLGI-Komplexes auswirken.

Hungerzustände, alternsbedingte Rückbildungsvorgänge, toxische

Schädigungen (insbesondere durch Sauerstoffradikale) führen zur *Verkleinerung* des GOLGI-Areals bei gleichzeitigem Kollaps der GOLGI-Cisternen und Verminderung der Zahl sekretorischer Vesikeln. Im Gegensatz dazu bedingen Störungen des Abtransportes des Inhaltes der GOLGI-Cisternen und sekretorischen Vesikeln (z. B. Bilirubin bei Cholostase) oder auch die gesteigerte Bildung der für die Sekretion bestimmten Syntheseprodukte der Zelle (z. B. Mukopolysaccharide bei genetischen Defekten oder IgM bei nichtsekretorischem Morbus WALDENSTRÖM) eine *Dilatation* der Cisternen und Vesikeln, die häufig mit einer *Hyperplasie* verbunden ist.

3.2.7. Plasmamembran

Pathologische Veränderungen der Plasmamembran können das Ergebnis einer unmittelbaren Einwirkung schädigender Faktoren sein oder sekundär über Reaktionen ausgelöst werden, die vom primären Schädigungsort ausgehen. So ziehen beispielsweise Störungen der Mitochondrienfunktion eine Erhöhung des cytosolischen Calciumgehaltes nach sich, was zur Aktivierung von Phospholipasen und damit zur Aufhebung der Membranintegrität führt. Die primäre Schädigung der Plasmamembran erfolgt entweder durch enzymatischen Abbau einzelner Komponenten (bakterielle Neuraminidasen oder Phospholipasen), Wechselwirkungen mit positiv geladenen Verbindungen (basische Peptide wie Crotamin und Kinine), durch oberflächenaktive Substanzen (Digitonin) oder durch Beeinflussung der Ionenpermeabilität (Inhibitoren der Na-K-ATPase, Ionophore, Komplement, s. 2.2.). Das Ausmaß der Veränderungen entscheidet über die Möglichkeit einer Kompensation der Störung durch gesteigerte Aktivität der Ionenpumpen. Ist die Aufrechterhaltung eines steady state nicht mehr möglich, folgt der irreversible Verlust der Zellintegrität.

In den letzten Jahren hat die Biopathologie von Membranrezeptoren zunehmend an Bedeutung gewonnen (s. 2.4.3., 7.3.12. und 12.2.4.)

3.2.8. Cytosol

Die nach Abtrennung der Zellorganellen zurückbleibende Matrix der Zelle (Cytosol) beinhaltet eine Vielzahl von Proteinen (z. B. Enzyme) und Metaboliten, deren Konzentration durch die epigenetischen und metabolischen Regulationsmechanismen den physiologischen Erfordernissen angepaßt wird. Da zwischen den Zellorganellen und dem Cytosol ein ständiger Stoffaustausch stattfindet, der unabdingbare Voraussetzung für die Aufrechterhaltung der Zellintegrität und die spezifischen Zelleistungen ist, können die sich im Cytosol abzeichnenden pathologischen Veränderungen nicht isoliert von den Zellorganellen und dem Stoffaustausch mit dem extrazellulären Milieu betrachtet werden. Häufig sind diese daher Ausdruck pathologischer Prozesse, die an Zellorganellen ablaufen.

Störungen des Ionentransportes (z. B. Hemmung der Transport-ATPasen) oder der energiekonservierenden Reaktionen in den Mitochondrien ziehen im allgemeinen einen starken Wassereinstrom in die Zelle nach sich, so daß es zu deren diffuser Schwellung kommt (**hydropische Schwellung**). Das Auftreten von wasserhaltigen Vakuolen im Cytoplasma wird als **vakuoläre Umwandlung** (Degeneration) bezeichnet, wobei unterschiedliche Kompartimente (z. B. Lysosomen, Mitochondrien, ER, GOLGI-Cisternen) betroffen sein können.

Störungen von Stoffwechselwegen, die das Ergebnis genetisch bedingter Enzymdefekte, einer Dysbalance im Substratangebot oder einer hormonalen Entgleisung sein können, manifestieren sich häufig dadurch, daß sich Stoffwechselprodukte anhäufen, die im Cytosol oder den Lysosomen abgelagert werden. Hierzu gehören beispielsweise die Speicherkrankheiten (Anhäufung von Glykogen, Lipiden oder Mukopolysacchariden), die pathologische Verfettung (z. B. toxische Leberverfettung, Fettleber bei Diabetes mellitus und Alkoholabusus, toxische Verfettung der Tubuluszellen der Niere und der Herzmuskelzellen) oder die Cholesterolablagerung (z. B. Schaumzellenbildung bei Hyperlipoproteinämie). Andererseits ziehen die Änderungen im Stoffwechsel bei Hyperthyreose oder infolge hypoxischer Bedingungen eine Glykogenverarmung in Leber- und Muskelzellen nach sich.

Zu den cytosolischen Bestandteilen gehören u. a. die als Cytoskelet zusammengefaßten fibrillären Proteine (Mikrofilamente, Mikrotubuli, intermediäre Filamente), die für die Kontraktilität der Zellen, Zell- und Kernteilungsvorgänge und sekretorische Prozesse verantwortlich sind. Verbindungen wie Colchicin, Vinca-Alkaloide und Cytochalasin blockieren die Funktion der Mikrotubuli bzw. Mikrofilamente, so daß es entsprechend der Zellzyklusphase zur Hemmung der Mitose und Zellteilung oder zu Motilitätsstörungen und zur Hemmung von Sekretionsvorgängen kommt.

3.3. Pathologische Veränderungen der Interzellularsubstanz

Der Interzellularsubstanz kommt als dem die Zellen verbindenden Element eine große Bedeutung zu, indem sie einerseits unter physiologischen Bedingungen Trägerin mechanischer Funktionen (z. B. Stützfunktion, Verschiebe- und Gleitschicht) sowie des Stofftransportes ist und außerdem regulatorische Funktionen im Gewebsverband (z. B. Wachstum und Differenzierung, s. 7.1.4.2.) ausübt, andererseits unter pathologischen Bedingungen darüber hinaus entscheidend zu den bei Gewebeschädigungen zu beobachtenden Reaktionen beiträgt (Entzündung s. 4., reparative Prozesse s. 7.2.).

Die Interzellularsubstanz setzt sich aus fibrillären Elementen, vorwiegend Kollagen, und der eigentlichen Grundsubstanz zusammen, deren hauptsächlichste Bausteine die Glykosaminglykane (Mukopolysaccharide) sowie die Proteoglykane (Coreprotein plus Glykosaminglykane) sind. Als wichtigen Elementen des Bindegewebes kommt diesen Komponenten eine heute noch in vieler Hinsicht nicht überschaubare Rolle bei der Pathogenese verschiedener Erkrankungen des Binde- und Stützgewebes zu.

Genetisch bedingte Störungen sind sowohl für die fibrillären Elemente als auch für die Glykosaminglykane beschrieben worden. Mit Hilfe molekularbiologischer Techniken ist es möglich geworden, bei verschiedenen genetischen Defekten die Ursachen für Veränderungen der Knochenstruktur oder des Bindegewebes aufzuklären. So ließ sich zeigen, daß das Fehlen von Allelen für Prokollagen αl(I), α2(I) und α1(III) oder deren funktionelle Insuffizienz für Störungen des Kollagenstoffwechsels bei der Osteogenesis imperfecta oder dem EHLERS-DANLOS-Syndrom verantwortlich sind. Andererseits sind Varianten dieser Krankheitsbilder beschrieben worden, die durch Unterschiede in der Kettenlänge von Prokollagen α1(I) bzw. α2(I) oder durch veränderte Strukturen im C-Peptid der Prokollagenketten bedingt sind. Die letztgenannten Änderungen in der Kollagenstruktur sowie Enzymdefekte (z. B. Lysyloxidase-Mangel) führen letztlich zu Störungen des Bindegewebsstoffwechsels mit entsprechenden klinischen Folgen wie Skelettdeformitäten, Blutungsneigung, Gefäßwandrupturen sowie Veränderungen der Haut. Genetische Defekte im Glykosaminglykanstoffwechsel sind ebenfalls bekannt. Sie basieren auf Enzymdefekten (z. B. Mangel an β-Glukuronidase, Chondroitin-6-Sulfatase, α-L-Iduronidase) und führen auf Grund des gestörten Stoffwechsels der Glykosaminglykane zu deren Speicherung (Speicher- oder Schaumzellen). Diese Defekte werden unter dem Begriff der **Mukopolysaccharidosen** zusammengefaßt.

Erworbene Störungen des Stoffwechsels der Interzellularsubstanz sind auf zahlreiche Ursachen zurückzuführen, wobei die ätiopathogenetischen Mechanismen für viele Erkrankungen noch unbekannt sind. Die Störungen treten lokal oder generalisiert auf und betreffen die Synthese und den Abbau sowohl der Faserelemente als auch der Matrixsubstanzen.

Zu den durch eine *hormonale Dysfunktion* ausgelösten Störungen zählen der Hyperthyreoidismus sowie der Hypercortisolismus (CUSHING-Syndrom) Bei der Unterfunktion der Schilddrüse kommt es zur Vermehrung von Glykosaminglykanen im Hautbindegewebe bei gleichzeitiger Veränderung der Relation der einzelnen Fraktionen, was offensichtlich mit der teigartigen Struktur der Haut (Myxödem) bei diesen Patienten im ursächlichen Zusammenhang steht. Da Glukocorticoide die Bildung bzw. den Umsatz von fibrillären Elementen und der Glykosaminglykane hemmen, kommt es bei einer Nebennierenrindenüberfunktion zur Osteoporose, infolge der vermehrten Reißbereitschaft des Coriums zur Ausbildung von Hautstriae und zur verzögerten Wundheilung. Störungen der Hypophysenvorderlappenfunktion führen zu Veränderungen im Binde- und Stützgewebe, was im wesentlichen eine Folge der gestörten STH-Sekretion ist. Der Mangel an Vitamin A, C und D löst ebenfalls pathologische Veränderungen in der Interzellularsubstanz aus. Bezüglich des Vitamin C-Mangels macht man die gestörten Hydroxylierungsreaktionen am Kollagen (z· B. Prolin- und Lysinhydroxylierung) für die mit der Hypovitaminose (Skorbut) einhergehenden klinischen Symptome (Blutungen in der Haut, Muskulatur und im subperiostalen Bindegewebe, Störungen des Knochen- und Zahnwachstums) verantwortlich.

Immunologische Mechanismen werden ebenfalls zur Erklärung von Störungen im Kollagenstoffwechsel herangezogen. Dazu zählen u. a. die rheumatiode Arthritis, das rheumatische Fieber, der Lupus erythrematodes visceralis, die Dermatomyositis und die Sklerodermie. Allerdings ist es bisher nur bei der rheumatoiden Arthritis gelungen, zirkulierende Antikörper gegen Typ I, II und III-Kollagen nachzuweisen. Es wird angenommen, daß die Bildung von Antigen-Antikörperkomplexen (s. 5.1.3.) zur Aktivierung der Komplementkaskade und damit zu entzündlichen Reaktionen führt.

Störungen des Stoffwechsels der Interzellularsubstanz werden schließlich auch durch physikalische Ursachen (UV- und ionisierende Strahlen), Pharmaka (D-Penicillamin, Glukocorticoide, Colchicin) und mikrobielle Erreger, die Kollagenase (Clostridien), Elastase (Pseudomonas) oder Hyaluronidase (Staphylo-, Strepto- und Pneumokokken) freisetzen, ausgelöst.

Als Reaktion auf schädigende Einflüsse kommt es zur Bildung von Granulationsgewebe, an dessen Entstehung sowohl die zellulären als auch die nichtzellulären Elemente des Bindegewebes beteiligt sind (s. 4.1., 4.4. und 7.2.). In den meisten Fällen handelt es sich um entzündliche Reaktionen, im Verlauf derer eine Wiederherstellung des ursprünglichen Zustandes oder eine überschießende Bindegewebsbildung (Narbe) resultiert. Sofern eine überproportionale Vermehrung kollagener Fibrillen erfolgt, spricht man von einer **Fibrose**, für den Fall der gleichzeitigen Vermehrung der kollagenen und elastischen Fasern von einer **Fibroelastose**. Davon abzugrenzen sind die **Fibromatosen**, die auf einer übermäßigen Bindegewebsproliferation beruhen und den Bindegewebstumoren (Fibromen) nahestehen.

Fibrosen treten u. a. nach chronisch entzündlichen Prozessen (z. B. Leberzirrhose, Pankreas- und Lungenfibrose, Fibrosierung des Gelenkknorpel, Myelosklerose) infolge Organisation von thrombotischem Material (z. B. bindegewebige Organisation arterieller und venöser Thromben, Intimafibrose bei Atherosklerose), bei größeren Gewebsdefekten (narbig abheilende Schleimhautgeschwüre, Endokardfibrose) oder bei der Organisation von chronischen Ödemen entzündlicher (z. B. Bildung von Pleuraschwarten) und nichtentzündlicher Genese (z. B. Stauungsinduration der Lunge) auf.

Vom pathogenetischen Mechanismus her betrachtet werden sowohl die durch eine Entzündung ausgelösten Veränderungen im Metabolitmuster (z. B. erhöhte Laktatspiegel im Gewebe, Senkung des cAMP-Gehaltes) als auch die Bildung von Sauerstoffradikalen (s. 2.2.1.) für die verstärkte Kollagenbildung verantwortlich gemacht. Allerdings darf nicht außer acht gelassen werden, daß auch strukturelle Modifizierungen der Matrixelemente sowie eine verminderte Proteolyse des Kollagens zur Entstehung einer Fibrose beitragen.

Als **mucoide Umwandlung** (mucoides Ödem) werden Veränderungen der Interzellularsubstanz bezeichnet, die vermutlich auf Störungen des Proteoglykanstoffwechsels zurückzuführen sind. Hierzu zählt beispielsweise das Intimaödem, das sich im Verlauf der Entstehung einer Atherosklerose herausbildet und durch einen vermehrten Gehalt an Proteoglykanen und Lipoproteinen in der Intima bedingt ist, wobei die durch Calcium vermittelten Ionenbindungen zwischen den Makromolekülverbänden pathogenetisch von Bedeutung sein sollen. Vermehrte Einlagerung von Proteoglykanen im Bereich der Sehnen und Sehnenscheiden ist als mucoide Degeneration bekannt, ohne daß jedoch über ihre Entstehung Klarheit herrscht.

3.3.1. Pathologische Einlagerung anorganischer und organischer Substanzen in die Interzellularsubstanz

Als pathologische Einlagerungen in der Interzellularsubstanz findet man neben Calciumsalzen Harnsäure, in seltenen Fällen auch Homogentisinsäure. Die Kristallablagerung ist entweder Ausdruck einer erhöhten Konzentration dieser Verbindungen im Plasma und in der interstitiellen Flüssigkeit oder aber Folge lokaler Schädigungsreaktionen, die mit entsprechenden Milieuveränderungen einhergehen, so daß es zur Kristallisation anorganischer oder organischer Verbindungen kommt. In Abhängigkeit vom Ausmaß der Kristallablagerung ist eine Beeinträchtigung der Gewebsfunktion mit entsprechenden klinischen Symptomen die Folge.

Als **heterotope Verkalkungen** bezeichnet man die Ablagerung von Calciumsalzen am unphysiologischen Ort. Diese treten in den meisten Fällen generalisiert bei einer Hypercalciämie (z. B. bei Hyperparathyreoidismus oder ektopischer Parathormonbildung) auf, seltener findet man sie ohne entsprechende Veränderungen der Calciumkonzentration (z. B. bei generalisierter Gefäßwandverkalkung, der Mediaverkalkung von Arterien oder bei Myositis ossificans). Nichtsystematische, durch lokale Prozesse ausgelöste („dystrophische") Verkalkungen werden unter dem

Begriff **Calcinose** zusammengefaßt (z. B. Nephrocalcinose). Bei der lokal begrenzten Verkalkung, die beispielsweise in Nekrosebezirken erfolgt, spielt gleichfalls die Übersättigung mit Calcium eine wichtige Rolle im Prozeß der Kristallisation. Ungeachtet dessen müssen aber die Phosphat- bzw. Pyrophosphatkonzentration sowie das Vorhandensein von Promotoren oder Inhibitoren der Nukleation als wichtige Regulatoren des Kristallisationsvorganges angesehen werden.

Die Ablagerung von Harnsäurekristallen in der Interzellularsubstanz führt zum Krankheitsbild der Gicht. Aus pathogenetischer Sicht spielen neben einer gesteigerten Nukleinsäurezufuhr mit der Nahrung (Genuß zellreicher Organe) Störungen des intermediären Stoffwechsels der Harnsäure sowie der erhöhte Anfall von Nukleinsäuren bei pathologischem Zellzerfall (z. B. Tumoren) eine Rolle. Die Uratkristalle werden größtenteils im Gelenk selbst oder im gelenknahen Raum (primäre Gicht), im Myokard, der Niere oder in der Gefäßwand (sekundäre Gicht) abgelagert.

Häufig sind *Lipidablagerungen* Ausdruck eines pathologischen Geschehens. Auch für diese Stoffklasse gilt, daß einerseits die Erhöhung der Lipidkonzentration im Blut und Interstitium einen wesentlichen Faktor darstellt (z. B. Hyperlipoproteinämien) und andererseits lokale Schädigungsreaktionen Voraussetzung für die Ablagerung bilden. In vielen Fällen handelt es sich dabei um Cholesterol und Cholesterolester (Einlagerung in Arterienintima, Niere oder Haut), seltener um Neutralfette und Phosopholipide.

Zu den sich im Bindegewebe unter pathologischen Bedingungen anhäufenden Proteinen gehört das Amyloid. Fibrinoid und Hyalin stellen krankhafte Bindegewebsablagerungen dar, die durch Interaktion von Proteinen mit Bestandteilen der Interzellularsustanz entstehen. Die bereits von ROKITANSKY (1842) und von VIRCHOW (1858) beschriebene **Amyloidose** basiert auf der Ablagerung von Eiweißaggregaten, die aus fibrillären Proteinen mit β-Faltblattstruktur bestehen. Man bezeichnet diese sehr heterogene Gruppe von Erkrankungen mit Amyloideinlagerungen als **β-Fibrillosen**. Charakteristisch für diese Eiweißfibrillen ist ihre Interaktion mit Kongorot, die man sich zu diagnostischen Zwecken nutzbar macht.

In den meisten Fällen handelt es sich um V-Regionen von L-Ketten der Immunoglobuline, z. T. auch um Sequenzkombinationen von $\varkappa$- und λ-Ketten (λ VI-Kette), die beim Plasmocytom, aber auch bei malignen Lymphomen unterschiedlichen Reifegrades (s. 5.4.) in vielen Organen abgelagert werden. Eine andere Gruppe von Amyloidosen, die besonders bei chronisch entzündlichen Erkrankungen und bei der rheumatoiden Arthritis zu beobachten ist, beruht auf der Ablagerung des Protein AA, als dessen Vorläufer das Akute-Phase-Protein SAA (Serum-Amyloid A) angesehen wird. Der hetrogene Charakter der Amyloidosen wird besonders deutlich durch die Tatsache hervorgehoben, daß auch Präalbumin, Prä-calcitonin oder andere Peptidhormonderivate als Hauptbestandteile des Amyloids nachgewiesen wurden.

Hinsichtlich der Pathogenese der Amyloidosen muß davon ausgegangen werden, daß sowohl die Neusynthese von anomalen Peptidsequenzen oder der gestörte Katabolismus normaler Proteine, die im verstärkten Umfange gebildet werden, zur Aggregation der durch die β-Faltblattstruktur charakterisierten Proteine führt, wobei in Abhängigkeit von der Ursache der Erkrankung *generalisierte* oder *lokalisierte* Formen möglich sind.

3.4. *Atrophie und Aplasie, Hypotrophie und Hypoplasie*

Eine Verkleinerung eines Gewebes, Organabschnittes oder Organs durch Reduktion des Zellvolumens und/oder Zellzahl wird als **Atrophie** bezeichnet. In ähnlicher, nicht so scharf definierter Weise, wird der Begriff *Hypotrophie* besonders vom Kliniker für die makroskopische Verkleinerung des Organs verwendet. Alleinige Verkleinerung eines Gewebes, Organabschnittes oder Organs wird *einfache Atrophie* genannt, bei zusätzlichem oder alleinigen Zellverlust spricht man von *numerischer Atrophie*. Das ist besonders bei metabolischen Störungen mit dem zwangsläufigen Unvermögen des physiologischen Zellersatzes zu erwarten. Trotzdem treten dabei in der Regel keine Nekrosen (s. 3.1.) auf. Die Atrophie des organspezifischen Gewebes wird äußerlich oft dadurch weniger sichtbar, daß Zwischengewebe und Bindegewebe in deutlich geringerem Maße der Atrophie unterliegen. Dadurch entsteht auch die rigidere bzw. zähere Beschaffenheit atrophischer Gewebe oder Organe.

Den Übergang zum physiologischen Bereich bildet die Inaktivitätsatrophie, die besonders an der quergestreiften Muskulatur zu beobachten ist. Hier wird die Notwendigkeit physiologischer Belastung als Voraussetzung normaler Zell- und Gewebsfunktion bewiesen. Von *physiologischer Atrophie* spricht man daher bei den vielen Vorgängen der Involution, wie besonders der senilen Atrophie, und trennt diese von der *pathologischen Atrophie* in ihrer generalisierten und lokalisierten Form. Die *generalisierte Atrophie* ist in Form der Hungeratrophie, der endokrinen Atrophie (besonders der endokrinen Organe selbst, aber auch der gesteuerten Organe) und der Knochenantrophie (allgemeine Osteoporose) bekannt. *Lokalisierte Atrophien* sind vor allem nutritiven Ursprungs. Das betrifft die vaskulären bzw. ischämischen Atrophien, wobei das Gewebe besonders sensitiv auf den zwangsläufigen Sauerstoffmangel (Hypoxie, s. 9.3.) reagiert. Die *Druckatrophie* ist im wesentlichen durch die mechanisch bedingte Minderung der Blutversorgung zu erklären. Auch die Inaktivitätsatrophie kann mehr oder weniger lokalisiert bleiben, wobei die Durchblutungsverringerung aber sekundär ist.

Als **Aplasie** wird die fehlende Organausbildung bei vorhandener Anlage bezeichnet. Betrifft dies Hohlorgane, so muß es zwangsläufig zu einer Stenose kommen, bei hochgradiger Aplasie zu einer **Atresie**, d. h. einem völligen Fehlen der Lichtung. Im Gegensatz dazu wird bei schon fehlender Organanlage von **Agenesie** gesprochen (s. 7.1. und Tab. 7.1.). Ist das Organ bereits entwickelt, aber nicht ausreichend, also zu klein, besteht eine **Hypoplasie**. Agenesie Aplasie und Hypoplasie faßt man unter dem Begriff der Hemmungsmißbildungen zusammen.

3.5. *Hypertrophie und Hyperplasie*

Hauptformen des Anpassungswachstums sind Hypertrophie und Hyperplasie. Während bei der **Hypertrophie** die Vergrößerung von Geweben, Organteilen und Organen nur durch Volumenvergrößerung der Einzelzellen erreicht wird, ist die **Hyperplasie** durch Zellvermehrung verursacht. Beide Formen des Anpassungswachstums sind durch verschiedenste exogene (z. B. physische Belastung) und endogene Stimuli (z. B. über hormonelle Reize) verursacht. Welche der beiden Formen entsteht, hängt von der verbliebenen Fähigkeit der betroffenen Zellen zur mitotischen Zellteilung ab. Gewebe mit stärkerem Wechsel seines Zellbesatzes (Wechselgewebe und wachsendes Gewebe) neigt mehr zur Hyperplasie (*intermitotischer* und *reversibel postmitotischer Zelltyp*), solches mit fehlendem (Dauergewebe) zur Hypertrophie (*postmitotisch fixierter Zelltyp*) (s. 7.2.).

Zum Beispiel ist der quergestreiften Muskulatur die Mitosefähigkeit verlorengegangen. Dort treten nur Hypertrophien auf. Dies gilt nicht völlig für den Herzmuskel, weshalb dort die aus makroskopischer Sicht getroffene Bezeichnung der Hypertrophie (s. 8.2.) nicht den gesamten Prozeß des Anpassungswachstums bezeichnet, weil in Extremfällen auch hyperplastische Vorgänge zu beobachten sind. Überhaupt wird der Begriff der Hypertrophie klinisch oft schon bei makroskopischen Vergrößerungen während Anpassungsreaktionen ohne histologische Differenzierung gebraucht.

Das Spiegelbild zur Inaktivitätshypotrophie, auch oft an der Grenze zwischen physiologischen und pathologischen Reaktionen, ist die Arbeits- oder *Aktivitätshypertrophie* (s. 8.1.; „physiologische

Hypertrophie"). Ähnliches gilt für die *kompensatorische Hypertrophie*, die mit der genannten deutliche Ähnlichkeiten in den Entstehungsursachen hat. Auch hier ist die infolge Ausfalls von Organanteilen zwangsläufige verstärkte Beanspruchung der verbliebenen Organabschnitte der Ausgangspunkt der Hypertrophie, wie z. B. bei Ausfall einer Niere. Interessant ist dabei die Hypertrophie der Nephrone, also nicht ihre Vermehrung (Hyperplasie), die aber hier auf einer Hypertrophie und Hyperplasie ihrer Gewebsstrukturen (z. B. Vergrößerung und Vermehrung der Tubulusepithelzellen) beruht. Wesentliche Beispiele für *Hyperplasien* sind solche durch endokrine Fehlsteuerungen bzw. in Phasen endokriner Belastung.

4. Entzündung

4.1. Phasen der Entzündung

Die Entzündung ist als ein Komplex von Reaktionen am Gefäßbindegewebe und deren Folgen anzusehen, die sich unter der Wirkung eines örtlichen krankhaften Reizes herausbilden und in der Regel letztlich das Erlöschen der Reizwirkung zur Folge haben (HOLLE). Die Kardinalsymptome eines entzündlichen Prozesses wurden bereits vor fast 2000 Jahren von CELSUS als *Rubor, Tumor, Calor* und *Dolor* beschrieben. GALEN fügte später die gestörte Funktion (*Functio laesa*) hinzu.

Die Entzündung stellt ein äußerst kompliziertes Geschehen dar, das durch **biologische** (Mikroorganismen, Viren) oder **unbelebte** (aktinische, mechanische, chemische) **Ursachen** ausgelöst wird. Häufig sind es auch Immunreaktionen, die das Entzündungsgeschen bedingen (s. 5.1.). Die Entzündung ist als eine aktive Reaktion des Organismus auf die genannten ätiologischen Faktoren anzusehen, deren Ablauf der Kontrolle durch eine Reihe chemischer Mediatoren und der Modifizierung durch das Nervensystem unterliegt. Damit zielt der Entzündungsprozeß auf eine effektive Eliminierung von Fremdkörpern oder auf die Beseitigung der Reizursache und eine Wiederherstellung des ursprünglichen Zustandes. Auch wenn es sich zunächst, wie die Definition aussagt, um ein örtliches Geschehen handelt, werden im allgemeinen durch die lokalen entzündlichen Vorgänge Reaktionen des Gesamtorganismus ausgelöst, die wiederum entscheidenden Einfluß auf den umschriebenen Entzündungsprozeß nehmen.

Die **erste Phase** der Entzündung (**Alteration**), die durch die unterschiedlichsten Faktoren ausgelöst werden kann, ist im wesentlichen durch Veränderungen der Gewebsdurchblutung gekennzeichnet. In den meisten Fällen zeigt sich zunächst eine Hyperämie, die durch eine vermehrte Durchblutung der Arteriolen und Venolen bedingt ist. Sowohl chemische Mediatoren wie Prostaglandine, Kinine und vasoaktive Amine als auch metabolische Veränderungen, die sich in einem Abfall des ATP-Spiegels oder einer pH-Senkung manifestieren, werden für diese Hyperämie verantwortlich gemacht. Später beobachtet man eine Dilatation der Venolen, die über einen verminderten Abfluß aus dem venösen Gebiet bei gleichzeitiger Konstriktion der Arteriolen zu einem reduzierten Druckgradienten in den Kapillaren führt, so daß sich bei entsprechend starker Reizeinwirkung eine **Stase** entwickelt (Sistieren des Blutstroms). In der Umgebung des Entzündungsherdes beobachtet man meistens eine aktive Hyperämie.

Bedingt sowohl durch den venösen Rückstau als auch durch die Freisetzung verschiedener Entzündungsmediatoren (Tab. 4.1.) kommt es zu Veränderungen am Gefäßendothel, die den Übergang in die **zweite Phase** (**Exsudation**) einleiten. Eiweißhaltige Flüssigkeit sowie partikuläre Elemente treten infolge Erweiterung von Lücken zwischen den Endothelzellen in das Interstitium. Die Erhöhung des kolloidosmotischen Druckes der interstitiellem Flüssigkeit ist neben der venösen Stase dafür verantwortlich zu machen, daß der Flüssigkeitsrückstrom in das Gefäßbett nicht mehr im normalen Umfange erfolgt, so daß sich ein für die zweite Phase der Entzündung charakteristisches **Ödem** (Tumor) herausbildet. Die damit verbundene Druckerhöhung im Gewebe führt zur lokalen Ischämie, wodurch zusätzliche Gewebsschäden entstehen.

Veränderungen am Gefäßendothel sowie an der Basalmembran sind Voraussetzung dafür, daß Zellen aus dem Blut in das umgebende Gewebe einwandern können. In der Exsudationsphase handelt es sich vor allem um polymorphkernige neutrophile Leukozyten, die sich infolge der verminderten Blutströmungsgeschwindigkeit und auf Grund von Veränderungen ihrer Membranoberfläche („*klebrige Leukozyten*“) vorrangig in der wandnahen Zone des Gefäßbettes bewegen (*Margination*). Nach Anheftung an Gefäßendothelzellen treten sie durch die im Verlauf des Entzündungsprozesses entstandenen Endothellücken auf noch unbe-

Tabelle 4.1.
Mediatoren der Entzündung

Mediator	Vorkommen	Wirkung
Proteine/Peptide		
Kinine	Plasma	Gefäßdilatation, Steigerung der Gefäßpermeabilität, Chemotaxis, Schmerzerzeugung
Komplementfaktoren	Plasma, Makrophagen	Anaphylaxie, Chemotaxis, Phagozytose, Lymphozytenaktivierung, Zellysis
Lymphokine	Lymphozyten Makrophagen	Aktivierung und Hemmung von Lymphozyten, Makrophagen, Leukozyten; Stimulierung der Proliferation, Cytotoxizität, Chemotaxis
basische Proteine	Makrophagen Leukozyten	Chemotaxis, Plättchenaggregation
HAGEMAN-Faktor	Plasma	Aktivierung des Kallikrein-Kinin-Systems und der plasmatischen Gerinnung
Enzyme		
Plasmin	Plasma	Aktivierung von Proteasen und der Fibrinolyse
Proteasen	Lysosomen der Leukozyten und Makrophagen	Aktivierung des Kallikrein-Kinin-Systems, Kollagenolyse
Phospholipasen	Leukozyten und Makrophagen	Freisetzung von Arachidonsäure als Präkursor für die Prostaglandin- und Leukotriensynthese
Fettsäurederivate		
Prostaglandine	Plättchen, Makrophagen	Gefäßdilatation und Steigerung der Gefäßpermeabilität, Chemotaxis, Proliferation, Sensibilisierung der Schmerzrezeptoren, Histamin-Freisetzung, Plättchenaggregation, Fieber

Tabelle 4.1 (Fortsetzung)

Mediator	Vorkommen	Wirkung
Leukotriene	Mastzellen	Chemotaxis, Anaphylaxie, Plättchenaggregation, Freisetzung lysosomaler Enzyme
Aminosäurederivate		
Histamin	Mastzellen, Plättchen	Gefäßdilatation, Steigerung der Gefäßpermeabilität
Serotonin	Plättchen	Gefäßkonstruktion, Steigerung der Gefäßpermeabilität

kannte Art und Weise durch die Gefäßwand in das umgebende Interstitium (**Diapedese**). Der Reiz für eine derart gerichtete Bewegung der Granulozyten ist in der Freisetzung chemotaktisch aktiver Verbindungen (s. 4.3.) zu sehen. In geringem Umfange beobachtet man auch den Durchtritt von Monozyten, in dieser Phase der Entzündung aber kaum den von Lymphozyten. Im Falle einer massiven Erythrodiapedese spricht man von einer hämorrhagischen Entzündung. Sowohl den Granulozyten als auch den später einwandernden Makrophagen kommt eine besondere Bedeutung im Rahmen der Beseitigung von Reizursachen (z. B. Mikroorganismen, unbelebte partikuläre Elemente) und von Zelltrümmern zu. Dieser als **Phagozytose** bezeichnete Vorgang wird an späterer Stelle ausführlich beschrieben (s. 4.4.1.).

Die Exsudationsphase ist weiterhin durch einen vermehrten Lymphstrom gekennzeichnet. Dabei werden Zelltrümmer, erhebliche Proteinmengen aus dem eiweißreichen Interstitium, chemische Mediatoren und Leukozyten über die Lymphgefäße in die regionalen Lymphknoten abtransportiert. In vielen Fällen hat dies eine Lymphangitis bzw. Lymphadenitis zur Folge.

In Abhängigkeit von der Einwirkungsdauer und der Stärke des entzündungsauslösenden Reizes erfolgt nach unterschiedlicher Zeitdauer der Übergang in die **dritte Phase** (**Proliferation**). Eine scharfe Trennung zwischen Exsudations- und Proliferationsphase ist nicht möglich, da bereits in jener die Vermehrung von Makrophagen/Histiozyten beobachtet wird. Letztere ist durch eine verstärkte Proliferation von Makrophagen, Fibroblasten und Lymphozyten gekennzeichnet, so daß nach Beseitigung von

Zelltrümmern und möglicherweise auch der Entzündungsursache (z. B. Mikroorganismen) die Wiederherstellung des ursprünglichen Gewebsverbandes möglich wird (s. 7.2.).

4.2. Formen der Entzündung

In Abhängigkeit von der Reizursache (belebt oder unbelebt, Art der Erreger) und der Reaktivität des Organismus (unspezifische Resistenz, spezifische Immunabwehr s. 2.4.) unterliegt der Entzündungsprozeß vielfältigen Modifizierungen, so daß Entzündungsformen bekannt sind, bei denen eine der drei genannten Phasen besonders ausgeprägt ist. Eine unzureichende Reaktion des Organismus, die sich in einem weitgehenden Fehlen aller exsudativer und proliferativer Reaktionen zeigt, führt zur **alterativen Entzündung**, die besonders dann auftritt, wenn durch die Reizursache eine massive Gewebsschädigung ausgelöst wurde oder, bedingt durch anderweitige Erkrankungen, die physiologische Reizbeantwortung ausbleibt (z. B. bei Agranulozytose). Nicht selten ist die erste Entzündungsphase durch eine besonders starke Durchblutung des Gewebes gekennzeichnet, so daß man von einer **hyperämischen Entzündung** spricht (z. B. Erytheme und Exantheme.)

Besonders vielfältig zeigen sich die Formen der Entzündung, die durch Betonung der exsudativen Phase gekennzeichnet sind. Sofern der Austritt einer eiweißreichen Flüssigkeit ohne oder mit nur geringer Zellbeteiligung im Vordergrund steht, spricht man von einer **serösen Entzündung**. In diesem Falle kommt es zur Bildung von Ergüssen in Körperhöhlen (z. B. Pleuritis, Perikarditis, Peritonitis) oder zur Entstehung mehr oder weniger ausgedehnter Ödeme (vesikuläre oder bullöse Dermatitiden, akutes Hirnödem). Findet die Abgabe der eiweißreichen Flüssigkeit an Schleimhäuten statt, handelt es sich um eine **katarrhalische Entzündung** (Bronchitis, Rhinitis, Enteritis).

Als schwerste Form der serösen Entzündung ist die schon erwähnte **hämorrhagische Entzündung** anzusehen, bei der es infolge massiver Schädigung des Gefäßendothels nicht nur zum Austritt eiweißreicher Flüssigkeit kommt, sondern eine beträchtliche Erythrodiapedese zu beobachten ist.

Häufig enthält das seröse Exsudat große Mengen Fibrin, dessen Ablagerung im Gewebe oder auf der entzündlich veränderten Schleimhaut den weiteren Verlauf des Entzündungsprozesses wesentlich mitbestimmt (**fibrinöse Entzündung**). Einerseits kann die Fibrinablagerung die Regeneration des erodierten Epithels begünstigen, andererseits findet aber in vielen Fällen eine bindegewebige Organisation der Fibrinschichten statt, so daß Narbenbildungen, möglicherweise mit Strikturen von Blut- und Lymphgefäßen, resultieren. Erfolgt die Ausscheidung des Fibrins ohne wesentlichen Austritt von Flüssigkeit, bezeichnet man dies als **trockene Entzündung**, die sich besonders häufig an serösen Häuten abspielt und im Falle einer bindegewebigen Organisation zu Verklebungen und damit zu erheblichen Einschränkungen der Organfunktion führen kann (z. B. Pleuritis, Perikarditis, Peritonitis).

Bei der klassischen Lungenentzündung (lobäre Pneumonie) steht die Ausscheidung von Fibrin in den Alveolarraum im Mittelpunkt des entzündlichen Geschehens. Beim typischen Verlauf der Lungenentzündung wird die bindegewebige Organisation nach proteolytischem Abbau der Fibrinmoleküle durch das Einwandern von Fibroblasten und Kapillarsprossen bewirkt.

Die **purulente** (eitrige) **Entzündung** ist durch die massenhafte Ansammlung von Granulozyten im Entzündungsherd gekennzeichnet. Der Eiter besteht somit im wesentlichen aus intakten bzw. geschädigten Granulozyten, wenigen Makrophagen, Zelltrümmern und Bakterien. Ursache für die eitrige Entzündung sind in den meisten Fällen pyogene Keime, wie Staphylococcen, Streptococcen, Pneumococcen, Meningococcen, Gonococcen und verschiedene gramnegative Erreger (z. B. *Pseudomonas aeruginosa, Pyocyaneus*). In seltenen Fällen handelt es sich auch um eine aseptische Eiterung, bei der eine Drucknekrose oder eine durch Fremdkörper ausgelöste Zellschädigung die massive Leukozyteninfiltration bewirkt, so daß der Eiter steril ist.

Als Sonderformen der eitrigen Entzündung sind der **Abszess**, das **Empyem** und die **Phlegmone** anzusehen. Bei ersterem kommt es durch die Bildung einer hautpsächlich aus Fibrin bestehenden Abszessmembran zur Abgrenzung des Entzündungsgeschehens vom umgebenden Gewebe. Die Art der Erreger, die Geschwindigkeit des Gewebszerfalles und die Reaktivität des Organismus sind für den Verlauf einer derartigen abszedierenden Entzündung verantwortlich. Während einerseits die Lokalisation des Entzündungsgeschehens infolge Ausbildung der Abszessmembran als vorteilhaft für den Organismus anzusehen ist, zeigt sich andererseits, daß dadurch eine Restitutio ad integrum stark behindert wird, so daß nicht selten eine Chronifizierung des Entzündungsgeschehens resultiert. Unter **Empyem** versteht man die Ansammlung von Eiter in einem präformierten Hohlraum (z. B. Pleura- oder Gelenkempyem). Die **Phlegmone** stellt sich als eine eitrige Entzündung in lockeren Gewebsspalten dar.

Sobald im Verlauf einer Entzündung epitheliale Oberflächen nekrotisieren, spricht man von **erosiver** oder **ulceröser Entzündung**. Im ersten Falle handelt es sich lediglich um die Schädigung der oberen epithelialen Abdeckung, während bei der ulcerösen Entzündung ein tiefergreifender Defekt resultiert, der nur unter Narbenbildung ausheilt (Ulcus ventriculi, Colitis ulcerosa). Die **gangränöse Entzündung** wird im allgemeinen durch anaerobe Mikroorganismen ausgelöst und ist als Ausdruck einer verminderten Resistenz des Organismus anzusehen. Sie tritt besonders bei schweren, die unspezifische Resistenz und die spezifische Immunabwehr beeinträchtigenden Erkrankungen (Tumoren, Agranulozytose, Intoxikationen) auf. Demzufolge ist das lokale Entzündungsgeschehen vor allem durch das Überwiegen von Nekrosen bei weitgehendem Fehlen der sonst üblichen zellulären Abwehrreaktionen zu beobachten.

Eine Betonung der dritten Phase gilt als charakteristisch für die **proliferativen Entzündungen**, die besonders häufig auftreten, wenn die bakteriziden oder immunologischen Abwehrmechanismen nicht zur vollständigen Eliminierung der Erreger führen. Das Granulationsgewebe ist durch den organoiden Aufbau aus Fibroblasten und Kapillarsprossen sowie durch einen hohen Gehalt an Zellen der zweiten Entzündungsphase (Granulozyten, Makrophagen, Lymphozyten) gekennzeichnet.

Von den unspezifischen proliferativen Entzündungen, wie sie besonders nach ulcerierenden und abszedierenden Prozessen auftreten, werden die sogenannten *spezifischen*, besonders determinierten *proliferativen Formen* abgegrenzt, bei denen durch die Granulombildung sowie die Anhäufung spezifischer Zellformen (z. B. Epitheloid- und LANGHANS'sche Riesenzellen bei Tuberkulose) Hinweise auf den Infektionserreger gegeben sind. Ausdruck der proliferativen Entzündung sind *Granulome*, d. s. kleine abgegrenzte Herde mit Granulationsgewebe (Tuberkolose, Lues, Lepra, Morbus BOECK, Morbus BANG) (s. 5.1.4.).

4.3. Mediatoren im Entzündungsprozeß

Im Verlauf der Phylogenese haben sich sehr unterschiedliche Abwehrsysteme entwickelt, die zelluläre und nichtzelluläre Elemente umfassen. Die nicht zellgebundenen Träger dieser Abwehrmechanismen werden als **chemische Mediatoren** der Entzündung zusammengefaßt (Tab. 4.1.). Sie stellen ein heterogenes System von Effektoren im Entzündungsgeschehen dar, die in Abhängigkeit von den ätiologischen Faktoren im unterschiedlichen Ausmaß in den Entzündungsprozeß einbezogen sind.

Chemische Mediatoren können einerseits als inaktive Vorläufer im Plasma zirkulieren (z. B. Kininogen, Plasminogen, Komplementfaktoren), so daß es entsprechender Aktivierungsmechanismen bedarf, um sie im Entzündungsgeschehen wirksam werden zu lassen. Andere Mediatoren wiederum werden in den lysosomalen Strukturen der polymorphkernigen Leukozyten, Makrophagen, Mastzellen und Plättchen gespeichert (z. B. vasoaktive Amine, Proteasen) und unter dem Einfluß verschiedener Stimuli aus den Zellen freigesetzt. Schließlich gibt es Mediatoren, die nicht gespeichert werden und deren Neusynthese erst während des Entzündungsprozesses erfolgt (Lymphokine, Protaglandine, Leukotriene).

Von entscheidender Bedeutung für den Entzündungsvorgang erweist sich somit die Aktivierung bzw. Freisetzung der chemischen Mediatoren. Letzteres erfolgt entweder im Rahmen einer nichtcytotoxischen Reaktion oder in Verbindung mit der Cytolyse der die Mediatoren speichernden Zelle (cytotoxische Freisetzung). Die **nichtcytotoxische Freisetzung** ist als ein aktiver, an die energiekonservierenden Prozesse der Zelle gekoppelter Vorgang anzusehen, der durch unterschiedliche Stimuli ausgelöst wird.

Einen adäquaten Reiz für die Freisetzung von Mediatoren aus Granulozyten, Makrophagen, Lymphozyten und Mastzellen stellen die Immunreaktionen vom Typ I—IV dar (s. 5.1.). Voraussetzung hierfür sind Reaktionen von Antigenen mit cytophilen IgE-Antikörpern auf Mastzellen (atopische Reaktion), die Bindung von Antigen-Antikörperkomplexen an Phagozyten mit Fc- bzw. C3b-Rezeptoren oder die Einwirkung von Lymphokinen, die durch Antigenstimulierung sensibilisierter T-Lymphozyten freigesetzt werden. Weiterhin spielen proteolytische Enzyme sowie niedermolekulare Peptide (basische Proteine, Komplementfaktoren C3a oder C5a) bei der Freisetzung von Mediatoren eine wichtige Rolle. In gleicher Weise stellt auch der Zell-Zell-Kontakt, etwa durch Adhäsion von Bakterien, einen derartigen Stimulus dar. Die Exozytose von Mediatoren der Entzündung erfolgt auch unter dem Einfluß von α- und β-Agonisten sowie von Prostaglandinen und Leukotrienen. Schließlich können auch sehr unspezifische Interaktionen mit Fremdpartikeln (z. B. Latex) oder mit Kristallen (Uratkristalle) zur Ausschleusung von Entzündungsmediatoren führen.

Von einer **cytotoxischen Freisetzung** der Entzündungsmediatoren spricht man, wenn diese mit dem Zelluntergang einhergeht. Die Aufhebung der Zellintegrität kann das Ergebnis der Einwirkung bakterieller Toxine (s. 2.2.) sein oder wie es bei Granulozyten der Fall ist, aus der Aufnahme und Verdauung von Fremdpartikeln resultieren. Beispielhaft sei hier die

Gicht genannt, bei der die phagozytierten Uratkristalle zur Ruptur der Lysosomen und damit zum Zelluntergang führen, so daß die auf diese Weise freigesetzten Mediatoren den Entzündungsprozeß unterhalten.

4.3.1. Kallikrein-Kinin-System

Das Kallikrein-Kinin-System setzt sich aus spezifischen Proteasen (Kallikrein oder Kininogenase und Kininasen) und den wirksamen Mediatoren (Kinine) einschließlich ihrer inaktiven Vorstufen (Kininogene) zusammen. Unter *Kininogenen* versteht man Proteine, die unter dem Einfluß einer Protease ein *Kinin* (Bradykinin, Kallidin) freisetzen. Kininogene stellen saure Glykoproteine dar, die offensichtlich in multiplen Formen existieren. Aus dem hochmolekularen Kininogen werden durch Kallikrein die Oligopeptide **Bradykinin** (Nonapeptid), **Kallidin** (Lysyl-Bradykinin) und **Methionyl-Kallidin** freigesetzt. Dabei zeigt sich, daß die Plasmakininogenase vorrangig Bradykinin bildet, während das in der Submaxillardrüse, im Pankreas und in der Niere nachweisbare Kallikrein hauptsächlich zur Bildung von Kallidin führt.

Um eine ständige Kininbildung zu verhindern, müssen die Kininogenasen in einer inaktiven Form vorliegen (Präkallikrein). Für deren Aktivierung ist der HAGEMAN-Faktor (Faktor XII des Gerinnungssystems) unerläßlich. Durch Oberflächenkatalyse kommt es zu dessen Aktivierung, wobei eine 28 kd-Untereinheit, der sogenannte Präkallikreinaktivator, gebildet wird. Auf diese Weise entsteht eine sehr enge Verflechtung zwischen der Gerinnungskaskade und den durch die Mediatoren der Entzündung vermittelten Vorgängen der Phagozytose und Chemotaxis. Die Kontrolle der Plasmakallikreinaktivität erfolgt auch durch Inhibitoren wie das α_2-Makroglobulin, den C_1-Esteraseinhibitor und α_1-Antitrypsin. Neben dem Plasmakallikrein sind andere Proteasen ebenfalls in der Lage, das Kininsystem zu aktivieren. Hierzu gehören die C_1-Esterase, das Plasmin sowie Trypsin. Es ist auch anzunehmen, daß die lokal aus Granulozyten und Makrophagen freigesetzten Proteasen zu einer Kininfreisetzung befähigt sind.

Das Gleichgewicht zwischen Bildung und Abbau der Kinine wird durch *Kininasen* gewährleistet, die sich in zirkulierenden Blutzellen, im Gewebe, verschiedenen Körperflüssigkeiten und in Mikroorganismen nachweisen lassen und die Kinine in kleinere Peptide spalten.

In Abhängigkeit von den entzündungsauslösenden Faktoren werden die Kinine vermehrt im Plasma oder in einem umschriebenen Gewebsareal gebildet. Während jener Vorgang vor allem für die Pathogenese des Schocks von Bedeutung ist, sind die lokal gebildeten Kinine in die pathogenetischen Mechanismen der Entzündung einbezogen. In kleinsten Konzentrationen bewirken sie eine Vasodilatation, die sich vor allem an den Arteriolen bemerkbar macht. Sie gehören außerdem hinsichtlich der Steigerung der Gefäßpermeabilität zu den wirksamsten Faktoren, die sich bisher nachweisen ließen. Unmittelbare Folge dieser Einwirkung sind die für den Entzündungsprozeß charakteristischen Ödeme. Unter dem Einfluß von Kininen beobachtet man auch eine verstärkte Wanderung von Leukozyten in den Entzündungsherd. Die Kinine werden schließlich für die Reizung von Chemorezeptoren verantwortlich gemacht, über die die Schmerzauslösung erfolgt. Eine besondere Funktion wird den Kininen bei der Pathogenese des Bronchialasthmas zugeschrieben, da sie bei anaphylaktischen Reaktionen verstärkt in der Lunge gebildet werden und zu einer Konstriktion der glatten Bronchialwandmuskulatur führen.

4.3.2. Prostaglandine

Bei den Prostaglandinen handelt es sich um Derivate der Prostanonsäure, die in allen Säugetiergeweben nachgewiesen werden konnten (Abb. 4.1.). Sie sind in vielen Prozessen als Bioregulatoren wirksam und spielen sowohl in der Ortho- als auch in der Pathologie eine bedeutsame Rolle. Charakteristisch für sie ist, daß

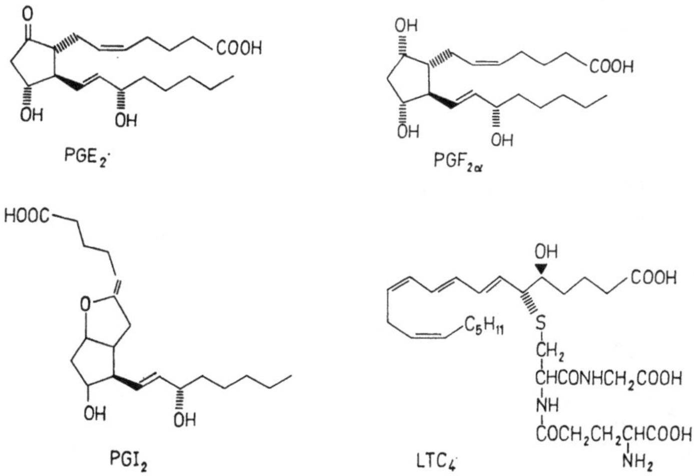

Abb. 4.1. Chemische Struktur entzündungsaktiver Prostaglandine und des Leukotriens LTC_4

keine Prostaglandindepots existieren, so daß bei Bedarf eine rasche Neusynthese erfolgen muß, wofür die Arachidonsäure den wichtigsten Präkursor darstellt (Abb. 4.2.). Die enzymatische Umwandlung dieser ungesättigten Fettsäure in die Prostaglandine erfolgt durch die Cyclooxygenase, die in Isoformen im Organismus vorliegt. Damit wird den Bedürfnissen der verschiedenen Gewebe im Hinblick auf die unterschiedlichen Prostaglandine Rechnung getragen. Die Isoenzyme differieren auch bezüglich ihrer Affinität zu verschiedenen Hemmstoffen, was besonders aus pharmakologischer Sicht von Interesse ist. Für die Neubildung dieser Gewebshormone ist somit die aktuelle Konzentration an freier Arachidonsäure entscheidend. Die Stimulierung der Prostaglandinsynthese ist über eine Aktivierung der Phospholipasen A_2 oder C (in Verbindung mit einer Diglyzeridlipase) möglich. Zahlreiche, die Prostaglandinsynthese stimulierende Faktoren wie Hormone (Catecholamine), Mediatoren der Entzündung, UV-Licht, die membranwirksame Komponente des Bienengiftes, Melittin, sowie Immunfaktoren greifen auf diese Weise in den Entzündungsmechanismus ein.

In Abhängigkeit vom Prostaglandinderivat und dem jeweiligen Wirkort vermögen die Prostaglandine sowohl eine Vasokonstriktion als auch eine Vasodilatation auszulösen (Tab. 4.2.). Die Prostaglandine E und I rufen eine Dilatation der Arteriolen und Venolen hervor, die weder durch Antihistaminika noch durch Catecholamine aufzuheben ist. Gleichzeitig bewirken die Prosta-

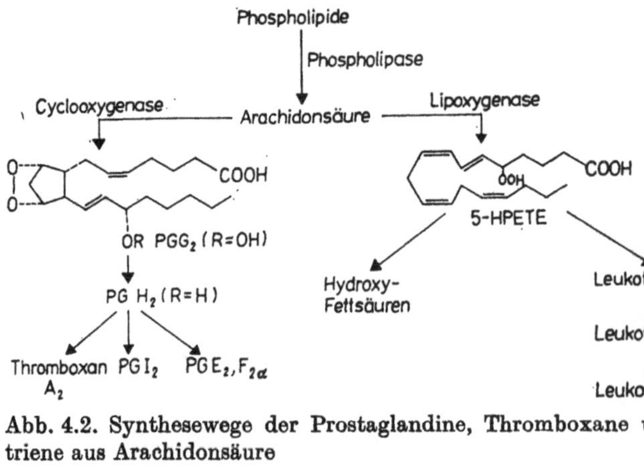

Abb. 4.2. Synthesewege der Prostaglandine, Thromboxane und Leukotriene aus Arachidonsäure

glandine E und A im postkapillären Bereich eine Steigerung der Permeabilität. Der auf diese Weise begünstigte Flüssigkeitsstrom in das Gewebe führt allerdings nur zu mäßigen Ödemen. Prostaglandin E bewirkt außerdem eine Migration von Leukozyten in den Entzündungsherd. Da die Prostaglandinsynthese unter anderem in den neutrophilen Granulozyten erfolgt, steigert ihre phagozytotische Aktivität die lokalen Prostaglandinkonzentrationen, so daß es auf diese Weise zu einer Potenzierung des chemotaktischen Effektes kommt. Schließlich sensibilisieren die Prostaglandine gegenüber mechanischen oder chemischen Reizen, so daß die lokale Konzentrationserhöhung eine gesteigerte Schmerzempfindlichkeit (*Hyperalgesie*) nach sich zieht. Eine direkte Erregung der Schmerzfasern durch Prostaglandine wird erst bei wesentlich höheren Konzentrationen, als sie im Entzündungsbereich vorkommen, beobachtet. Viele Befunde sprechen dafür, daß die bei der Prostaglandinsynthese anfallenden Intermediate PGG_2 und H_2 wesentlich effektivere Mediatoren der Entzündung als die Prostaglandine E und F darstellen.

Tabelle 4.2.

Prostaglandine und entzündliche Reaktionen

Mediator	Effekt
E	Vasodilatation, Steigerung der Gefäßpermeabilität Sensibilisierung von Schmerzrezeptoren Chemotaktische Eigenschaften Steigerung der cAMP-Produktion Histaminfreisetzung Steigerung der Kollagenbiosynthese Fieber
F	Vasokonstriktion Senkung der Gefäßpermeabilität Steigerung der cGMP-Produktion
G_2 und H_2	Steigerung der Gefäßpermeabilität Vasokonstriktion/Vasodilatation
I_2	Vasodilatation Steigerung der Gefäßpermeabilität Sensibilisierung von Schmerzrezeptoren Hemmung der Plättchenaggregation Hemmung der Leukozytenmotilität

4.3.3. Leukotriene

Unter dem Begriff Leukotriene (LT) faßt man eine Gruppe von Abkömmlingen der Arachidonsäure zusammen, die früher unter dem Sammelbegriff slow-reactant-substance A geführt wurden. Unter ihnen befinden sich sowohl hochwirksame Anaphylatoxine (s. 5.1.1.) als auch chemotaktisch aktive Verbindungen. Ebenso wie bei der Synthese der Prostaglandine ist die Freisetzung der Arachidonsäure Voraussetzung für die Bildung der Leukotriene (Abb. 4.2.). Unter dem Einfluß einer 5-Lipoxygenase entsteht 5-Hydroperoxyeikosatetraensäure (5-HPETE), die durch Wasserabspaltung in das hochreaktive Epoxid LTA_4 überführt wird. Aus diesem Leukotrienderivat entsteht durch enzymatische Hydrolyse LTB_4, der stärkste der heute bekannten chemotaktisch und chemokinetisch aktiven Mediatoren für neutrophile Granulozyten. Letzteres löst auch die Aggregation von Plättchen aus. Durch Konjugation mit Glutathion in Position 5 entsteht aus LTA_4 das Leukotrienderivat LTC_4 (Abb. 4.1.), aus dem durch sequentielle Abspaltung des Glutamyl- und Glycylrestes die Mediatoren LTD_4 und LTE_4 gebildet werden. Letztere stellen äußerst wirksame Anaphylatoxine dar, die die Leukozytenadhäsion im postkapillären Bereich steigern und zur Plasmadiapedese führen. Die Leukotriene werden auch in Zusammenhang mit der gezielten Freisetzung lysosomaler Enzyme und der Steigerung der T-Suppressorzellaktivität gebracht.

4.3.4. Komplementsystem

Das Komplementsystem setzt sich aus mindestens 20 Serumproteinen zusammen, die in zahlreiche Abwehrreaktionen des Organismus gegen Schädigungsreize einbezogen sind. Sie spielen sowohl bei der Entzündung als auch für die spezifische Immunabwehr eine bedeutende Rolle. Die hauptsächlichsten Funktionen des Komplementsystems sind in der Vermittlung der **Immunadhärenz** (C3b) und **Chemotaxis** (C3a, C5a), in der Freisetzung von **Anaphylatoxinen** (C3a, C5a) und in der Auslösung der **Zellysis** (C5b9) zu sehen (Abb. 4.3.). Analog dem Gerinnungs- oder Kininsystem bedarf es gleichfalls einer präzise ablaufenden limitierten Proteolyse, um das Komplementsystem wirksam werden zu lassen. Für die Aktivierung der Faktoren ist die Gegenwart von Zellen erforderlich, an deren Oberfläche einzelne Schritte der Proteolyse

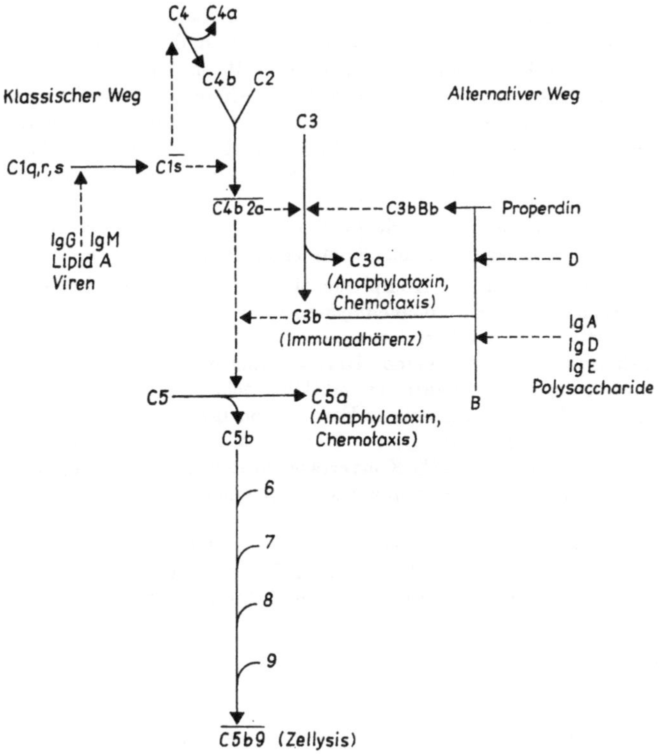

Abb. 4.3. Aktivierung des Komplementsystems
⟶ Umwandlungsreaktionen,
- - -→ Aktivierungsmechanismen

bzw. der Komplexierung mit wesentlich höherer Effektivität als im Serum ablaufen.

Zwei Wege der Aktivierung des Komplementsystems sind bekannt (Abb. 4.3.). Der klassische Weg der Aktivierung setzt die Interaktion von Immunkomplexen des IgG oder IgM mit dem Serumfaktor C1 voraus. Letzterer besteht aus 3 Subeinheiten, C1q, C1r und C1s. Erstere trägt mehrere Bindungsorte für das Fc-Fragment der Immunoglobuline, deren Anheftung zu einer Konformationsänderung im C1q Molekül mit Aktivierung von C1r und C1s führt. Auf diese Weise wird die aktive Esterase $\overline{C1s}$ gebildet, die das Serumprotein C4 in die beiden Fragmente C4a und C4b spaltet. Letzteres stellt einen essentiellen Cofaktor für die Proteolyse des Serumfaktors C2 durch die Esterase C1s dar. Im Ergebnis dieser Proteolysereaktionen entsteht die aktive Konvertase $\overline{\text{C42}}$. Letztere vermag den Komplementfaktor C3 zu spalten. Während C3a in die flüssige Phase abgegeben wird, verbleibt ein großer Teil von C3b an der aktivierenden Oberfläche des Immunkomplexes, wo es durch Bindung an die C3-Konvertase deren Substratspezifität verändert und damit die Spaltung des Komplementfaktors C5 ermöglicht. Im Verlauf der C5-Konvertasereaktion entstehen die Faktoren C5a und C5b, von denen letzterer die Komplementaktivierungskaskade fortführt. C5b besitzt einen Bindungsort für den in aktivierter Form vorliegenden Faktor C6. Schließlich erfolgt nacheinander die Anlagerung der Komplementfaktoren C7, 8 und 9. Nach Dimerisierung stellt der Komplementkomplex $\overline{\text{C5b9}}$ die cytotoxisch aktive Komponente des Komplementsystems dar.

Der alternative Weg der Aktivierung, dessen physiologische Bedeutung noch ungeklärt ist, besteht in einer Umwandlung des Faktors B in Bb, was nur in Gegenwart von Faktor D und C3b geschehen kann. Bakterien, ionisierende Strahlen und aggregierte Formen von IgE und IgA vermögen den alternativen Weg zu aktivieren. Der durch Properdin stabilisierte Komplex C3bBb fungiert als C3-Konvertase, so daß in seiner Gegenwart die übrigen Schritte der Aktivierung des Komplementsystems in Analogie zum klassischen Weg ablaufen.

Die Bereitstellung der als Mediatoren der Entzündung wirksamen Komplementfaktoren wird nicht nur durch die proteolytischen Reaktionen, sondern auch durch eine Reihe von Inhibitoren kontrolliert.

4.3.5. Proteasen

Eine besondere Stellung im Entzündungsgeschehen nehmen die lysosomalen Proteasen von Granulozyten und Makrophagen ein. Hierbei handelt es sich sowohl um saure als auch neutrale Proteasen. Ihre Freisetzung kann das Ergebnis einer Wechselwirkung der Phagozyten mit Immunkomplexen, Komponenten des Komplementsystems oder weiteren chemischen Mediatoren wie Prostaglandinen und Leukotrienen sein, wobei es nach Fusion der Lysosomen mit der Plasmamembran im allgemeinen nicht zu einer Ausschüttung aller in den Zellorganellen vorhandenen Hydrolasen kommt, vielmehr durch einen spezifischen Vorgang einzelne Enzyme freigesetzt werden. Es ist jedoch auch möglich, daß durch eine cytotoxische Reaktion, ausgelöst durch bakterielle Toxine oder hypoxische Schädigungsmechanismen, eine Ruptur der Lysosomenmembran mit Freisetzung aller in den Organellen befindlichen Enzyme erfolgt.

Neutrale Proteasen (Kollagenase, Elastase) sind für eine Reihe von Erkrankungen pathogenetisch von Bedeutung, da sie infolge ständiger Stimulierung ihrer Freisetzung durch Immunkomplexe zum Abbau fibrillärer Elemente des Bindegewebes führen. Hierzu zählen Arteriitiden, Arthritiden, die Glomerulonephritis und das Lungenemphysem.

In diesem Zusammenhang spielen auch die natürlichen **Protease-inhibitoren** wie das α_1-Antitrypsin, der Inter-α-Trypsininhibitor bzw. α_2-Makroglobulin eine wichtige Rolle, da sie eine überschießende Reaktion der aktivierten Proteasen verhindern. Beim Fehlen eines dieser Inhibitoren infolge genetischer Defekte resultiert bei entzündlichen Prozessen beliebiger Genese ein verstärkter Abbau von Bindegewebsfasern, so daß es bereits im Kindesalter im Bereich der Alveolarsepten zu destruktiven Vorgängen kommt, die sehr frühzeitig zum Lungenemphysem führen.

Eine weitere Protease, die in das Entzündungsgeschehen eingreift, ist *Plasmin*, das in seiner inaktiven Vorstufe, Plasminogen, vorliegt und aus dieser durch limitierte Proteolyse entsteht. Verschiedene Mediatoren aus Makrophagen und Plättchen sind ebenso in der Lage, Plasminogen zu aktivieren, wie etwa der aus verschiedenen Organen (Lunge, Uterus, Nebennieren) isolierte Gewebsaktivator. Der aktivierte Faktor XII sowie Kallikrein (s. 4.3.1.) vermögen ebenfalls die Umwandlung von Plaminogen in Plasmin herbeizuführen. Plasmin, dessen wichtigste Funktion in der hydrolytischen Spaltung des Fibrinnetzes gesehen wird, greift nicht nur über die dabei freigesetzten Fibrinpeptide (chemotaktisch aktive Verbindungen), sondern auch durch Aktivierung des Kallikrein-Kinin-Systems in das Entzündungsgeschehen ein.

4.3.6. Lymphokine

Hierbei handelt es sich um eine heterogene Gruppe lymphozytärer Faktoren, denen eine Bedeutung für die immunologsichen Abwehrmechanismen zugeschrieben wird. Die Beteiligung von Lymphokinen an Entzündungsreaktionen kann als gesichert gelten. Die Bildung und Freisetzung der Lymphokine setzt eine konzertierte Reaktion zwischen T-Lymphozyten und Makrophagen unter Einbeziehung des Antigens voraus. Die Lymphokine werden für die Infiltration des Entzündungsherdes durch mononukleäre Zellen, für die verstärkte Plasmadiapedese mit lokaler Ödembildung, für die Ablagerung von Fibrin sowie für die Granulombildung verantwortlich gemacht. Sie sind offensichtlich besonders stark an der Immunreaktion Typ IV (z. B. Tuberkulinreaktion) und bei chronisch-entzündlichen Erkrankungen, die mit der Bildung von Granulomen einhergehen, beteiligt (s. 5.1.4.).

Lymphokine beeinflussen die am Entzündungsprozeß beteiligten Zellen in sehr unterschiedlicher Weise, wobei völlig offen bleiben muß, ob es sich um Gemische verschiedener Faktoren mit hoher Spezifität handelt, oder ob nicht die Wirkung im hohen Grade durch den Zellrezeptor mitbestimmt wird. Neben einem die Makrophagenmigration hemmenden Faktor (MIF) wurde ein solcher beschrieben, der die Phagozytosebereitschaft und die bakterizide Wirkung der Makrophagen steigert (MAF). Andere Lymphokine werden für die gerichtete Migration von Monozyten und deren Differenzierung in komplementbildende Makrophagen verantwortlich gemacht. Der leukozyteninhibierende Faktor (LIF) hemmt die Migration neutrophiler Granulozyten. Schließlich bewirken Lymphokine auch die Proliferation von B- und T-Zellen.

In den letzten Jahren wurden die Interleukine-1 und 2 umfassend charakterisiert. *Interleukin-1* stellt einen vorwiegend von Makrophagen gebildeten Mediator dar, der die T-Helferzellen zur Produktion von Interleukin-2 veranlaßt. Es ist nicht ausgeschlossen, daß Interleukin-1 auf Grund seiner proliferationsstimulierenden Wirkung eine Rolle für das Wachstumsverhalten maligner T-Zellen spielt. Interleukin-1 zählt zur Gruppe der Monokine, das sind Faktoren, die aus aktivierten Makrophagen freigesetzt werden und einerseits cytotoxisch wirken, während sie andererseits einen proliferationsstimulierenden Effekt ausüben. *Interleukin-2* wird von T-Helferzellen unter dem Einfluß des von Makrophagen gebildeten Interleukin-1 freigesetzt und dient der mitogenen Stimulierung cytotoxischer T-Lymphozyten. Voraussetzung für diesen Effekt ist jedoch die Existenz von Interleukin-2-Rezeptoren an der Lymphozytenoberfläche, die unter dem Einfluß eines Antigens an den entsprechenden Vorläuferzellen exprimiert werden. Die differenzierten cytotoxischen Zellen sind über einen langen Zeitraum durch Interleukin-2 stimulierbar.

4.3.7. *Vasoaktive Amine*

Histamin ist der erste chemische Mediator der Entzündung, der als solcher identifiziert wurde und durch den die Kardinalsymptome einer Entzündung ausgelöst werden konnten (LEWIS 1927). Unter der Einwirkung von Histidindecarboxylase entsteht dieses vasoaktive Amin aus L-Histidin. Mastzellen, basophile Leukozyten und Plättchen weisen einen relativ hohen Histamingehalt auf. Die *prophlogistischen Wirkungen* des Histamins umfassen die Dilatation der Arteriolen und die durch Endothelzellkontraktion ausgelöste Steigerung der Permeabilität der Venolen, woraus die nach Histamin zu beobachtenden lokalen Ödeme resultieren. Histamin soll außerdem für eosinophile Granulozyten chemotaktisch wirksam sein. Histamin übt gleichzeitig *antiinflammatorische Wirkungen* aus, die im wesentlichen über H_2-Rezeptoren erfolgen. So wird beispielsweise die antigeninduzierte Freisetzung von Histamin aus Mastzellen und basophilen Granulozyten gehemmt. Ebenso vermindert es den Einfluß bakterieller, chemotaktisch aktiver Mediatoren und moduliert die cytotoxische Aktivität von T-Lymphozyten. Da diese genannten Reaktionen höhere Histaminkonzentrationen erfordern, interpretiert man sie im Sinne einer feedback-Regulation, die einen wirksamen Schutz vor einer zu starken Histaminfreisetzung bietet.

Die Rolle, die **Serotonin** (5-Hydroxytryptamin) im menschlichen Organismus als Mediator der Entzündung spielt, ist noch nicht endgültig abzuschätzen. Es findet sich vor allem in den Plättchen, in den enterochromaffinen Zellen des Darms sowie im ZNS. Neben der bronchokonstriktorischen Wirkung wird ihm besonders ein Einfluß auf die Kapillarpermeabilität zugeschrieben, wobei es durch Kontraktion der postkapillären Venolen die Durchlässigkeit der vorgeschalteten Kapillaren steigert.

4.4. Zelluläre Reaktionen im Entzündungsprozeß

Verschiedene zelluläre Elemente haben entscheidenden Anteil an den sich im Entzündungsherd abspielenden Vorgängen. Wie schon METSCHNIKOW 1887 aufzeigen konnte, handelt es sich dabei um einen aktiven Prozeß, der durch eine gezielte Migration dieser Zellen (**Chemotaxis**) und die Aufnahme von Mikroorganismen sowie anderer Fremdpartikel (**Phagozytose**) gekennzeichnet ist. Wie wir heute wissen, wird dieser Vorgang bereits in der Phase der Alteration durch die Änderungen der Mikrozirkulation sowie die Freisetzung von Mediatoren der Entzündung ausgelöst. Zu den Zellen, die auf Grund ihrer Fähigkeit zur Phagozytose, ihrer bakteriziden Wirkung und wegen ihrer Aktivität hinsichtlich der Bildung und Freisetzung von Mediatoren am Entzündungsprozeß beteiligt sind, gehören die Granulozyten, die Zellen des mononukleär- phagozytären Systems (Makrophagen) sowie Mastzellen, Plättchen und Lymphozyten.

4.4.1. Phagozytose

Die Phagozytose ist ein im Tier- und Pflanzenreich weit verbreitetes Phänomen, das dem Organismus zur Abwehr sowie der Nahrungsaufnahme dient. Sowohl polymorphkernige neutrophile Granulozyten als auch Makrophagen sind zur Aufnahme von Fremdpartikeln in der Lage.

Die Phagozytose ist ein aktiver Prozeß, an dem die Plasmamembran und das Cytoskelett wesentlichen Anteil haben und der in drei Phasen abläuft, wobei die molekularen Mechanismen dieser Vorgänge noch ungeklärt sind. Zunächst erfolgt die Anheftung der Partikel an die Plasmamembran. Hierbei kann es sich um einen rezeptorabhängigen Prozeß handeln, indem beispielsweise an Immunkomplexe gebundenes C3b als Ligand fungiert. Die Bindung von Latexpartikeln an Phagozyten macht deutlich, daß auch weniger spezifische Interaktionen zur Internalisierung führen können. Die Ligand-Rezeptorwechselwirkung bewirkt nicht nur die nachfolgende Endozytose, sondern auch die intrazelluläre Bewegung von Granula bzw. Vakuolen sowie eine gesteigerte Migration der Zellen, wodurch insgesamt verschiedene Stoffwechselwege aktiviert werden. Nach Einschließung der Partikeln und Abschnürung eines Membranareals (*Phagosom*) kommt es zur Verschmelzung mit primären Lysosomen. Letztere verlieren dabei ihre histologisch nachweisbaren Granula (*Degranulierung*). In den auf diese Weise entstandenen Phagolysosomen erfolgt normalerweise der Abbau der Fremdpartikeln.

Als ein für die Phagozytose wichtiger Vorgang ist die **Opsonierung** von Bakterien anzusehen. Bereits 1904 stellten Wright und Douglas fest, daß Bakterien, die Kontakt mit Serum immunisierter Tiere gehabt hatten, besser phagozytiert wurden. Die Opsonierung dient dazu, die Oberfläche von Bakterien hydrophob zu machen, wodurch die Phagozytose begünstigt wird. Als wirksamstes Opsonin ist der Komplementfaktor C1423 (s. 4.3.4.) anzusehen. Aber auch IgG_1 und IgG_3 fungieren als Opsonine, wobei das Zellwandprotein A von *Staphylococcus aureus* den Rezeptor für das Fc-Fragment darstellt. In Gegenwart von Komplementfaktoren ist IgM ebenfalls wirksam (s. 5.4.1.).

In nicht wenigen Fällen verhindern Bakterien auf Grund spezifischer Wechselwirkungen oder infolge der chemischen Struktur ihrer Kapsel die lytische Wirkung der lysosomalen Enzyme, so daß u. U. in den Phagolysosomen eine Vermehrung erfolgen kann. So hemmen Membransulfolipide von *Mycobakterium tuberculosis* die Fusion von Phagosomen und Lysosomen. Die Mucopeptide von Chlamydien und von *Mycobakterium lepraemurium* wiederum widerstehen dem Angriff lysosomaler Enzyme.

4.4.2 Chemotaxis

Von grundlegender Bedeutung für den Entzündungsprozeß ist die **Chemotaxis**, unter der man die gerichtete Bewegung von Zellen auf einen chemischen Reiz zu bzw. in entgegengesetzter Richtung versteht. Abzugrenzen von dieser zielorientierten Bewegung ist die **Chemokinese**, die ungerichtete Bewegung von Zellen (Tab. 7.4., S. 155). Die Befähigung zur Chemotaxis beobachtet man bei Leukozyten, Fibroblasten, Monozyten und Lymphozyten; in Zusammenhang mit anderen biologischen Prozessen ist auch die chemotaktische Motilität von Tumorzellen sowie von neuronalen und primordialen Zellen von Bedeutung.

Zu der umfangreichen Gruppe chemotaktisch aktiver Verbindungen zählen Proteine (Komplementfaktoren C3a, C5a, C567, Kallikrein, Fibrinopeptide, IgM-Produkte, Formylmethionylpeptide, Kollagen und dessen Abbauprodukte), Aminosäurederivate (Histamin und -metabolite), Lipide (Arachidonsäurederivate wie Leukotriene, verschiedene Hydroxyeicosatetraensäuren und Hydroperoxyeicosatetraensäuren sowie Lipopolysaccharide) und Lektine, Proteasen sowie Lymphokine. Die chemotaktisch aktiven Verbindungen sind einerseits zellulären Ursprungs und werden unter dem Einfluß unterschiedlichster Reize aus Leukozyten, Makrophagen und Lymphozyten sowie aus Bakterien freigesetzt. Andererseits stellen sie auch plasmatische Faktoren dar, die durch Proteasen oder Immunkomplexe aus ihrer inaktiven Form in die chemotaktisch aktive Verbindung überführt werden.

Voraussetzung für die Chemotaxis ist die Bindung der chemotaktisch aktiven Substanzen an Rezeptoren der Plasmamembran. So wurden beispielsweise an der Leukozytenmembran stereospezifische Rezeptoren für Formylmethionylpeptide nachgewiesen, an die sich konkurrierend chemotaktisch inaktive Peptide binden. Die Hydrolyse der an die Membranoberfläche gebundenen Peptide durch eine Membranserinesterase korreliert mit der chemotaktischen Wirksamkeit der Liganden. Neben der genannten Serinesterase spielen der Kalium- und Calciumtransport eine entscheidende Rolle für die Signalübertragung zwischen dem Rezeptor der Plasmamembran und dem Cytosol. An Leukozyten und Monozyten führt die Bindung chemotaktisch aktiver Substanzen zur Methylierung von Proteinen, wobei vor allem γ-Carboxylgruppen des Glutamats modifiziert werden. Die Entfernung der chemotaktisch aktiven Verbindungen löst wiederum die Abspaltung der Methylgruppen mittels einer Demethylase aus.

Bevor die orientierte Bewegung von Leukozyten und Makrophagen einsetzt, finden ausgeprägte strukturelle Veränderungen dieser Zellen statt. Nach Bindung chemotaktisch aktiver Substanzen beobachtet man die Kappenbildung der Rezeptor-Ligand-Komplexe und deren Wanderung zu der dem Entzündungsherd abgewandten Zellseite, wo ein Shedding oder die Endozytose derselben stattfindet. Auch die Zellkerne orientieren sich zur Rückseite der Phagozyten, während sich die Granula besonders im vorderen Teil der Zelle anreichern. Insgesamt nehmen die Zellen eine asymmetrische Form an, bevor die Bewegung in Richtung des Entzündungsherdes erfolgt. In diesem Zustand zeigen die Zellen eine erhöhte Adhäsibilität („klebrige Leukozyten"), die eine notwendige Voraussetzung für die Zelldiapedese darstellt und auf einer vermehrten Ablagerung von Fibronectin auf der Zelloberfläche beruhen soll. Während die Chemokinese von Veränderungen im Assoziations-Dissoziationsverhalten des Actins und Myosins abhängt, sollen die Mikrotubuli für die orientierte Zellbewegung verantwortlich sein.

Durch die chemotaktisch aktiven Verbindungen wird nicht nur die gerichtete Zellbewegung ausgelöst, sondern gleichzeitig die Phagozytoseaktivität von Leukozyten und Makrophagen gesteigert. Beide Prozesse benötigen Energie, so daß ein erhöhter Sauerstoffverbrauch dieser Zellen resultiert.

Zahlreiche bakterielle und plasmatische Faktoren vermögen die chemotaktische Bewegung von Phagozyten zu modifizieren. Dies kann sowohl durch den Abbau chemotaktisch aktiver Verbindungen als auch unmittelbar durch die Beeinträchtigung der Zellmotilität von Leukozyten oder Makrophagen erfolgen. Von Glukocorticoiden ist bekannt, daß sie die chemotaktische Bewegung von Phagozyten senken. Zu den die Chemotaxis besonders stark stimulierenden Bakterien gehören *Streptococcus pyogenes*, *Diplococcus pneumoniae*, *Bacillus anthracis*, *Salmonella typhi*, *Escherichia coli* und *Corynebacterium diphtheriae*.

4.4.3. Bakterizide Mechanismen

Der Entzündungsprozeß ist auf die Beseitigung der Reizursache gerichtet. Für den Fall einer Infektion bedeutet das die Abtötung der Mikroorganismen. Zu den im extrazellulären Milieu wirksamen bakteriziden Faktoren, die von Phagozyten produziert und sezerniert werden, zählen Enzyme (Lysozym), Sauerstoffradikale (Superoxidanion) und kationische Proteine, die durch Wechselwirkungen mit der Bakterienmembran zu deren Destruktion führen. Im Hinblick auf die Abtötung der Erreger sollen die verstärkte Milchsäurebildung der Phagozyten und der damit verbundene pH-Abfall im Interstitium eine begünstigende Wirkung haben.

Im intrazellulären Raum unterscheidet man sauerstoffabhängige von sauerstoffunabhängigen bakteriziden Mechanismen. Die letzteren basieren im wesentlichen auf der Aktivierung hydrolytisch wirksamer Enzyme, die zum überwiegenden Teil den Lysosomen entstammen, sowie der Bildung kationischer Proteine, die innerhalb der Phagolysosomen zur Wirkung gelangen.

Die **sauerstoffabhängigen bakteriziden Vorgänge** gehen mit einer gesteigerten Atmungsaktivität der Phagozyten einher. Darunter versteht man die erhöhte Sauerstoffaufnahme, eine verstärkte Bildung von Superoxidanionen und von Hydroperoxid sowie eine gesteigerte Aktivität des Hexosemonophosphat-shunts. Als Faktoren, die zur Atmungsstimulierung führen, gelten opsonierte Bakterien, Endotoxine, die Komplementfaktoren C5a, C567 und C3b, Immunkomplexe, Fremdpartikel wie Latex, Fettsäuren und ionophore Antibiotika, die den transmembranalen Calciumtransport modifizieren. Weder die Phagozytose noch die Degranulierung der Phagozyten ist Voraussetzung für die gesteigerte Atmungsaktivität; ausreichend ist der Kontakt der genannten Liganden mit einem Membranrezeptor.

Die sauerstoffabhängigen bakteriziden Mechanismen setzen die Bildung von $O_2^{\bar{}}$ (Superoxidanionen) und von H_2O_2 voraus. Weder das Superoxidanion noch das Hydroperoxid selbst hat eine unmittelbar bakterizide Wirkung; sie sind jedoch erforderlich, um im Verlauf weiterer chemischer Reaktionen die toxischen Sauerstoffverbindungen, das **Hydroxylradikal** ($OH^{\cdot}$) und den **Singulett-Sauerstoff** ($^1O_2$) bilden zu können. Wichtigstes Enzym für die Bildung des Superoxidanions ist eine membrangebundene $NADPH_2$-Oxidase, deren Aktivität in phagozytierenden polymorphkernigen Neutrophilen höher als in ruhenden ist. Es katalysiert folgende Reaktionen:

$$NADPH_2 + 2O_2 \rightarrow NADP^+ + 2O_2^{\bar{}} + 2H^+ \qquad (4.1.)$$

Die Abgabe des gebildeten $O_2^{\bar{}}$ erfolgt in den Extrazellularraum, in dem die Superoxiddismutase-Aktivität äußerst gering ist, so daß das Superoxidanion bzw. mögliche Folgeprodukte zur Destruktion von Zellen zu führen vermögen. Auf diese Weise ist die Freisetzung weiterer Mediatoren der Entzündung gesichert, die zu einer Potenzierung des Phagozytosemechanismus führen. Ein Teil der gebildeten Superoxidanionen wird gemeinsam mit den Erregern internalisiert, so daß auf diese Weise intrazellulär ein Kompartiment mit niedriger Superoxiddismutaseaktivität existiert und eine vorherige Verminderung der Konzentration an O_2^- vermieden wird.

Für die Entstehung von Hydroperoxid sind neben dem Elektronentransport in der mitochondrialen Atmungskette die Oxidation von Eisen-Schwefelproteinen, der Elektronentransport in den Membranen des endoplasmatischen Retikulum sowie die Superoxiddismutasereaktion verantwortlich.

Das Hydroxylradikal stellt einen bakteriziden Effektor dar, der sowohl im Verlauf der HABER-WEISS-Reaktion als auch durch die Reduktion von Hydroperoxid mittels Eisen (FENTON-Reaktion) entsteht (s. 2.2.1.). Hydroxylradikale sind als äußerst reaktive Verbindungen bekannt, die insbesondere eine Peroxidation der Bakterienmembranlipide und damit deren Destruktion bewirken. Als hochreaktiv hat sich auch der Singulett-Sauerstoff erwiesen, bei dem es sich um eine besonders energiereiche Form des Sauerstoffs handelt.

Die in den azurophilen Granula der polymorphkernigen Neutrophilen vorhandene **Myeloperoxidase** katalysiert die Halogenierung von Bakterienmembranbestandteilen, was den Verlust der Zellintegrität nach sich zieht. Durch Reaktion von Chlorid bzw. Jodid mit Hydroperoxid entsteht die reaktionsfreudige unterhalogenige Säure, durch die es zu einer chemischen Modifizierung der Makromoleküle in Bakterienmembranen kommt. Die Myeloperoxidase bewirkt aber auch eine oxidative Decarboxylierung von Aminosäuren. Die im Verlauf dieser Reaktion entstandenen Aldehyde stellen alkylierende Agentien dar, die zur Quervernetzung zwischen Proteinen führen. Schließlich katalysiert die Myeloperoxidase die Bildung von Singulett-Sauerstoff nach folgender Reaktion:

$$Cl^- + H_2O_2 \xrightarrow[\searrow H_2O]{MPO} ClO^- + H_2O_2 \xrightarrow{spontan} {}^1O_2 + Cl^- + H_2O \quad (4.2.)$$

Die Bildung und Freisetzung hochtoxischer Sauerstoffradikale erweist sich als notwendig für den Schutz des Organismus vor bakteriellen Infektionen (s. 4.7.1.2.). Dabei muß jedoch gewährleistet sein, daß nicht die körpereigenen Zellen durch die toxischen Sauerstoffradikale bzw. ihre Vorläufer geschädigt werden. Dies setzt eine Ausgewogenheit zwischen Bildung und Abbau bakterizider Verbindungen voraus, die einerseits durch eine Kompartimentierung der cytotoxisch wirksamen Intermediate und andererseits durch eine strenge Kontrolle ihrer jeweiligen Konzentration gegeben ist. Bzüglich der Superoxidanionen erfolgt diese durch die Superoxiddismutase, deren Isoenzyme in verschiedenen Zellkompartimenten vorliegen.

In gleicher Weise wird auch die Konzentration von H_2O_2 durch entsprechende Kontrollmechanismen innerhalb bestimmter Grenzen konstant gehalten. Von Bedeutung sind hierfür vor allem die Glutathionperoxidase, die gemeinsam mit der Glutathionreduktase die Reduktion von Hydroperoxiden katalysiert (s. 2.2.1.) und die Katalase, die erst bei relativ hohen H_2O_2-Konzentrationen dessen Spaltung bewirkt.

4.4.4. Granulozyten

Bereits in der Phase der Alteration kommt es infolge der verlangsamten Blutströmungsgeschwindigkeit zur Margination der Leukozyten (s. 4.1.) und damit zu ihrer Adhäsion an der Gefäßwand. Letzteres ist Voraussetzung für die Penetration des Endothels und ihre Migration in das extravasale Gewebe.

Neben den in den Leukozyten synthetisierten Prostaglandinen, Kininen (Leukokininogen) und Leukotrienen haben vor allem die in den Lysosomen befindlichen Enzyme sowie kationische Proteine Bedeutung für den Entzündungsablauf. Letztere weisen gegenüber Bakterien eine hohe Cytotoxizität auf, sind chemotaktisch aktiv, erhöhen die Gefäßpermeabilität und greifen in das Gerinnungsgeschehen ein. Als Pyrogene werden sie auch für die Erhöhung der Körpertemperatur verantwortlich gemacht. Man findet sie mit dem Lysozym und der alkalischen Phosphatase in den spezifischen Granula der Leukozyten. Zu den lysosomalen Enzymen, die entscheidend in das Entzündungsgeschehen eingreifen, gehören die neutralen Proteasen (Kollagenase, Elastase), deren Wirkung bereits beschrieben wurde (s. 4.3.5.).

4.4.5. Mononukleär-phagozytäres System

Zum mononukleär-phagozytären System zählen die Makrophagen mit ihren Vorläufern, den Monoblasten, Promonozyten und Monozyten, die aus der Knochenmarkstammzelle hervorgehen. Durch Differenzierung entstehen aus den Monozyten einerseits die **sessilen Makrophagen**, wie sie in der Lunge (Alveolarmakrophagen), in der Leber (KUPFFER'sche Zellen) und im ZNS (Mikroglia) vorliegen und andererseits nach der durch chemische Mediatoren ausgelösten Einwanderung in den Entzündungsherd die **freien Makrophagen**, die auf Grund ihrer Fähigkeit zur Phagozytose und ihrer bakteriziden Mechanismen vielfältige Funktionen im Entzündungsprozeß ausüben. Von den Lymphozyten und Fibroblasten sind sie durch ihren Lysozymgehalt und die Peroxidaseaktivität zu unterscheiden. Neben spezifischen Oberflächenantigenen des HLA-Systems tragen sie Membranrezeptoren für Fc-Fragmente und C3b, deren Zahl mit der Reifung von Monozyten zum Makrophagen deutlich zunimmt und die eine wichtige Voraussetzung für ihre Stimulierung durch Immunreaktionen darstellen. Auch nach Einwanderung in das Gewebe behalten sie ihre Fähigkeit zur Proliferation bei, so daß sie insbesondere bei chronischen Entzündungen entscheidenden Anteil an der Granulombildung haben. Im Gegenatz zu den Granulozyten gehen sie auch nicht nach erfolgter Phagozytose zugrunde, so daß die Aufnahme von Fremdpartikeln ein wiederholbarer Prozeß ist. Durch Lymphokine erfolgt eine Aktivierung der Makrophagen, die an ihrer morphologischen Transformation sichtbar wird und mit einer deutlichen Erhöhung der Zahl der Lysosomen einhergeht.

Neben Lysozym beinhalten ihre Lysosomen sowohl saure (Kathepsin B, C und D) als auch neutrale Proteasen (Kollagenase, Elastase und Plasminogenaktivator). Sofern es sich nicht um eine cytotoxische Reaktion handelt, werden die lysosomalen Enzyme selektiv freigesetzt, wobei saure Hydrolasen insbesondere bei akuten Entzündungen, neutrale Proteasen vorwiegend bei chronischen Prozessen sezerniert werden. Letztere fördern durch Bildung von Fibrin- und Kollagenabbauprodukten die ständige Freisetzung neuer Mediatoren. Neben Prostaglandinen und mehreren Komplementfaktoren setzen die Makrophagen auch Mediatoren frei, die die Lymphozytentransformation bzw. die Zellproliferation stimulieren (Monokine).

4.4.6. Mastzellen

Bei den Mastzellen handelt es sich um ein Zellelement, das bei höheren Vertebraten vor allem im Gefäßbindegewebe, zwischen Fettzellen, im Peritoneum sowie in der Lunge zu finden ist. Während ihre Zahl bei akuten Entzündungen häufig vermindert ist, findet man besonders bei chronischen Entzündungen eine erhöhte Anzahl von Mastzellen. Dies trifft vor allem für die Infektion mit Parasiten, den wiederholten Kontakt mit Fremdeiweißen, aber auch für die Transplantatabstoßung und das Auftreten von Tumoren zu. Neben reichlich Histamin findet man in den Granula der Mastzellen Kallikrein, Heparin, Leukotriene sowie chemotaktisch aktive Faktoren, die besonders die Attraktion von eosinophilen und neutrophilen Granulozyten bewirken. Voraussetzung für die Freisetzung dieser Mediatoren ist die Bindung homocytotroper Antikörper (z. B. IgE) an entsprechende Membranrezeptoren (s. 5.1.1.). Die Reakion mit einem Antigen, das sich an die Paratope des IgE anlagert, führt zur Degranulierung der Mastzellen. Die Stimulierung der Sekretion von Mediatoren ist ebenfalls durch die Anaphylatoxine C3a und C5a sowie durch neutrophile kationische Proteine möglich.

4.4.7. Plättchen

Sobald durch den Entzündungsvorgang die Gefäßwand oder partikuläre Elemente des Blutes geschädigt werden bzw. eine Aktivierung von Plasmamediatoren erfolgt, werden die Plättchen in sehr vielfältiger Weise in das Geschehen einbezogen. Je nach Art des Stimulus werden die dichten Körperchen (dense bodies), die vor allem Serotonin und Calcium beinhalten, allein (Freisetzungsreaktion 1) oder gemeinsam mit den α-Granula, die im wesentlichen saure und neutrale Proteasen sowie Phospholipasen enthalten (Freisetzungsreaktion 2), freigesetzt. Zu den von den Plättchen abgegebenen Mediatoren zählen auch die Prostaglandine E_2, D_2 sowie Thromboxan A_1 und B_2. Letzteres ist durch seine hohe chemotaktische Aktivität gekennzeichnet. Die Vielzahl der in den Plättchen gespeicherten Mediatoren macht verständlich, daß ihre durch Aggregation der Blutzellen ausgelöste Abgabe sehr rasch zu Veränderungen der Gefäßpermeabilität und zur Einwanderung von Phagozyten in das umgebende Gewebe führt.

4.5. Reaktionen des Gesamtorganismus

Die Entzündung kann nicht ausschließlich als ein lokales Geschehen im Organismus angesehen werden. In Abhängigkeit von der Stärke des entzündungsauslösenden Reizes und der Reaktionsabwehr des Organismus werden über nervale und humorale Regulationsmechanismen **zentrale Reaktionen** bewirkt, die mitunter im Vordergrund des Krankheitsprozesses stehen. Dafür sind einerseits die von der Erregung der Schmerzfasern ausgehenden Impulse zum Zentralnervensystem verantwortlich, indem über Mitbeteiligung des Hypothalamus und der Hypophyse sowie über Zentren des autonomen Nervensystems die peripheren Prozesse modifiziert werden. Andererseits spielen im Entzündungsverlauf freigesetzte chemische Mediatoren sowie dabei anfallende Abbauprodukte des Gewebes eine entscheidende Rolle bei der Auslösung zentraler Reaktionen. Schließlich darf auch die unmittelbare Wirkung von Bakterien nicht übersehen werden, die im wesentlichen auf der Existenz von Endo- und Exotoxinen beruht. So ist bekannt, daß der Polysaccharidanteil der Endotoxine gramnegativer Erreger Reaktionen des Gesamtorganismus auszulösen vermag, als deren Ergebnis Fieber, Hypotension, Störungen im intermediären Stoffwechsel und möglicherweise auch eine Septicämie anzusehen sind.

Das bei vielen entzündlichen Prozessen auftretende Fieber wird auf eine Änderung des Temperatursollwertes in den thermoregulatorischen Zentren des Hypothalamus zurückgeführt. Die dafür ursächlichen Faktoren werden als **Pyrogene** bezeichnet. Zu den exogenen Pyrogenen zählt man das Endotoxin und verschiedene virale Produkte. Fieber auslösende Mediatoren werden auch im Organismus selbst freigesetzt; dabei handelt es sich vor allem um leukozytäre und monozytäre Pyrogene, deren chemische Struktur noch unbekannt ist.

Das lokale Entzündungsgeschehen wirkt sich auf die im Knochenmark erfolgende Granulo- und Monozytopoese aus. Bedingt durch die Margination der Leukozyten und die Einwanderung derselben in den Entzündungsherd kommt es in den meisten Fällen zu einem vorübergehenden, mehr oder weniger starken Absinken der Leukozytenzahl im Blut (**Leukopenie**), die infolge Stimulierung der Granulopoese von einer Steigerung der Leukozytenzahl (**Leukozytose**) gefolgt ist. Das Differentialblutbild weist außerdem Verschiebungen im Anteil der verschiedenen Leukozytensubpopulationen auf, die durch das verstärkte Auftreten jüngerer Zellen (stabkernige Leukozyten) gekennzeichnet sind. Bei Immunreaktionen des Typs I (s. 5.1.1.) kann es auch zur Erhöhung des Anteils eosinophiler Granulozyten kommen. Schließlich ist in den meisten Fällen eine Vermehrung der Blutmonozyten zu beobachten (**Monozytose**), die infolge der chemotaktischen Reize verstärkt in den Entzündungsherd abwandern.

Als eine weitere Reaktion des Organismus auf einen lokalen Entzündungsvorgang ist die vorrangig in der Leber erfolgende Synthese von Glykoproteinen anzusehen, die unter dem Begriff „**Akute Phaseproteine**" (APP) zusammengefaßt werden. Die APP werden auch nach thermischen oder mechanischen Noxen, bei bakteriellen Infektionen oder bei neoplastischem Wachstum gebildet. Keines der Proteine ist daher pathognomonisch von Bedeutung; vielmehr spiegeln sie unspezifisch die Abwehrmechanismen des Körpers wider.

Die APP stellen einerseits normale Plasmabestandteile dar, die unter den angegebenen Bedingungen in erhöhten Konzentrationen vorliegen (α_1-saures Glykoprotein, α_1-Antitrypsin, Coeruloplasmin, Haptoglobin, Fibrinogen); andererseits werden sie nur als Antwort des Organismus auf eine Noxe synthetisiert (C-reaktives Protein). Ihre Bildung in der Leber soll unter dem Einfluß humoraler Faktoren, die im Entzündungsherd freigesetzt werden, erfolgen. Insgesamt wird den APP eine Schutzfunktion zugeschrieben, die sich als Hemmung von Proteasen (α_1-Antitrypsin), Reduktion hochreaktiver Sauerstoffradikale (Coeruloplasmin, Haptoglobin-Hämoglobinkomplex) oder in der lokalen Kontrolle des Gerinnungsgeschehens (Fibrinogen) manifestiert.

Bei ausgedehnten Entzündungsprozessen erfolgen neuroendokrine Reaktionen, die nach SELYE als **Streßreaktionen** zusammengefaßt werden (s. 1.2.2.). Die erste Phase, die als Alarmreaktion bezeichnet wird, ist durch einen erhöhten Sympathikotonus, Fieber und die Ausschüttung hypophysärer Hormone (ACTH, TSH) gekennzeichnet. Ausdruck dieser Veränderungen der neurohormonalen Kontrolle ist eine Steigerung des Gesamtstoffwechsels. Nach Abklingen des Entzündungsreizes schließt sich die Erholungsphase an, die durch eine parasympathikotone Reaktion gekennzeichnet ist und mit der Normalisierung der Veränderungen im Stoffwechsel und im Blutbild einhergeht.

4.6. Chronische Entzündung

In zahlreichen Fällen ist die Beseitigung der Reizursache nicht möglich, so daß eine chronische Entzündung die Folge ist. Die Ursachen für den Übergang in einen chronisch-entzündlichen Prozeß können vielfältiger Natur sein. Auf Grund mangelhafter Abwehrmechanismen, bedingt beispielsweise durch primäre oder sekundäre Störungen im Entzündungsablauf (s. 4.7.), kann es zur Persistenz der belebten Krankheitsursachen kommen, so daß die Bakterien selbst bzw. ihre Stoffwechselprodukte (Toxine) eine ständige Freisetzung von Entzündungsmediatoren bedingen. Ebenso kann die Resistenz der Erreger gegenüber den körpereigenen Abwehrmechanismen die Ursache für die intralysosomale Existenz von Mikroorganismen und deren intrazelluläre Vermehrung sein (z. B. *Mycobakterium tuberculosis*). Häufig sind es auch unbelebte Reizursachen wie Fremdkörper, die durch das Entzündungsgeschehen nicht beseitigt werden, oder im Organismus entstandene Partikel (z. B. Uratkristalle), die Anlaß zu einer ständigen Neubildung von Mediatoren geben.

Nicht selten stellen Immunreaktionen die Ursache für eine chronische Entzündung dar (s. 5.1. und 5.3.1.). Bei der Ablagerung von Immunkomplexen in der Basalmembran der Glomerula oder in der Gelenksynovia sind eine chronische Glomerulonephritis bzw. eine chronische Arthritis die Folge. Mitunter bewirkt die primäre Schädigung eine Antigenmodifizierung, so daß gegen diese neuen, im Organismus verbleibenden Antigendeterminanten Autoantikörper gebildet werden (Autoimmunerkrankungen). Auch die ständige Auslösung atopischer Reaktionen kann im umgebenden Gewebe Veränderungen sekundärer Art auslösen, die infolge Einwanderung von Makrophagen und kontinuierlicher Freisetzung von Mediatoren zur chronischen Entzündung führen.

4.7. Anomaler Entzündungsablauf

Aus der ungeheuren Komplexität des Entzündungsprozesses mit seinen vielfältigen, an chemische Mediatoren oder Zellen gebundenen Reaktionen, ist erklärlich, daß zahlreiche Abweichungen vorkommen können. Bei **primären Störungen** handelt es sich um genetisch bedingte Defekte, die auf dem Mangel eines Enzyms oder chemischer Mediatoren bzw. ihrer Präkursoren beruhen. Unter **sekundären Störungen** faßt man solche zusammen, die durch eine andere Grundkrankheit (z. B. Tumoren, Schockzustände, Intoxikationen, Endokrinopathien u. a.) oder durch den Entzündungsprozeß selbst bedingt sein können. Ungeachtet der Ätiologie dieser Anomalien kommt es zu Veränderungen im normalen Ablauf einer Entzündung, so daß in vielen Fällen die Reizbeseitigung nicht mehr möglich ist. Dies kann eine Chronifizierung der Entzündung zur Folge haben oder aber eine Generalisierung mit einer Septicämie nach sich ziehen. Derartige Störungen des Entzündungsprozesses manifestieren sich häufig in Form rezidivierender und purulenter Infektionen.

4.7.1. Störungen zellulärer Funktionen

Voraussetzung für den ungestörten Entzündungsablauf ist eine Mindestzahl von Phagozyten. Für die Granulozyten wird diese Zahl mit 1—2 Gp/l Blut angegeben. Eine Verminderung der Leukozytenzahl unter diesen Wert (**Leukopenie**) oder ein vollständiges Fehlen der Granulozyten (**Agranulozytose**) ist mit erheblichen Störungen des Entzündungsprozesses verbunden. Gleiches trifft auch hinsichtlich der Monozyten zu. Eine drastische Senkung der Phagozytenzahl wird vor allem bei Verminderung aller Formelemente des Blutes (**Panzytopenie**) beobachtet, wie sie bei Tumoren des Knochenmarkes, bei Vitamin B_{12}- bzw. Folsäuremangel, nach intensiver Ganzkörperbestrahlung mit ionisierenden Strahlen und nach Cytostatikatherapie auftritt. Akute Infektionskrankheiten, Streßsituationen, Schock, Neoplasien und die Therapie mit Corticosteroiden oder Phenylbutazon lösen Funktionsstörungen der Phagozyten aus, die sich in einer verminderten Adhäsivität, einer herabgesetzten Chemotaxis, der Senkung der Phagozytoseaktivität und in einer deutlichen Verminderung der Bakterizidie bemerkbar machen.

4.7.1.1. Störungen der Chemotaxis

Bei einer Reihe von Patienten mit schweren rekurrierenden Infektionserkrankungen ließen sich Störungen der Chemotaxis von Granulozyten feststellen. Diese können sowohl primärer als auch sekundärer Natur sein. Bei den zuletzt genannten Formen sind die Ursachen, die zu einer verminderten chemotaktischen Aktivität dieser Zellen führen, äußerst vielfältig. Einerseits mangelt es an chemotaktischen Verbindungen wie C5a, Leukotrienen oder Lymphokinen, andererseits ist mit dem Auftreten von Hemmstoffen der Chemotaxis zu rechnen, die von den Infektionserregern freigesetzt (z. B. Proteasen von *Pseudomonas aeruginosa*) oder im Rahmen einer Leberzirrhose, eines Morbus HODGKIN oder der Lepra endogen gebildet werden.

Um primäre Störungen der Chemotaxis handelt es sich beim immobilen Ziliensyndrom (Kartagener-Trias) sowie beim SCHWACHMAN-Syndrom. Im ersten Fall liegt ein genetischer Defekt mit einer Reduktion der für die Zellbewegungen erforderlichen Mikrotubuli vor. Hinsichtlich des SCHWACHMAN-Syndroms wird vermutet, daß das Fehlen eines in normalen Granulozytenmembranen lokalisierten Glykoproteins Ursache für die gehäuften Infektionen ist.

4.7.1.2. Störungen bakterizider Mechanismen

Die von den Makrophagen und Leukozyten getragenen bakteriziden Mechanismen können Störungen vielfältiger Art aufweisen, die im allgemeinen auf veränderte Enzymaktivitäten zurückzuführen sind und sich in mehr oder weniger gut faßbaren Veränderungen im Entzündungsablauf manifestieren. Es ist anzunehmen, daß die unterschiedliche Infektanfälligkeit der Menschen partiell durch die Existenz von Isoformen der an den bakteriziden Abwehrmechanismen beteiligten Enzyme bedingt ist.

Die zentrale Stellung der NADPH-Oxidase im sauerstoffabhängigen bakteriziden Mechanismus macht verständlich, daß ein Defekt dieses Enzyms, wie er für die *chronische Granulomatose* beschrieben wurde, zu erheblichen Störungen im Entzündungsablauf führt. Klinisch geht die Erkrankung mit rezidivierenden Infektionen einher. Bei chronischem Verlauf der entzündlichen Prozesse beobachtet man gehäuft Granulome. Während die Zellmotilität, die Phagozytose und der Degranulierungsprozeß normal verlaufen, erfolgt bei den Granulozyten der Defektträger nach entsprechender Stimulierung keine Steigerung der Atmungsaktivität. Die fehlende Bildung von H_2O_2 und O_2 erklärt, warum innerhalb der Phagolysosomen keine Abtötung der Bakterien erfolgt, sondern diese sich sogar intrazellulär vermehren.

Eine erhöhte Infektanfälligkeit beobachtet man auch beim *Myeloperoxidasemangel*. Die Auswirkungen dieses genetischen Defektes erweisen sich als nicht so gravierend, da nur eine Teilstrecke des sauerstoffabhängigen bakteriziden Systems gestört ist.

Eine verminderte Bildung von H_2O_2 und O_2^- kann weiterhin das Ergebnis eines *Glukose-6-Phosphatdehydrogenase-Mangels* sein. Die membrangebundene NADPH-Oxidase benötigt $NADPH_2$ als Substrat, das im wesentlichen aus dem Hexosemonophosphatshunt stammt. Für den Fall eines Enzymdefektes bleibt somit die Bildung von H_2O_2 und O_2^- aus. Da jedoch normalerweise 10% der physiologischen Aktivität des Enzyms ausreichen, um genügend O_2^- zu bilden, ist verständlich, daß beim Vorliegen geringer Restaktivitäten dieses Enzyms die Infektabwehr nur mäßig eingeschränkt ist. Die Phagozytoseaktivität, die Degranulierung und die Freisetzung lysosomaler Enzyme erweisen sich auch bei diesem Krankheitsbild als normal.

Beim *Glutathionperoxidasemangel* kommt es infolge unkontrollierter Steigerung der intrazellulären H_2O_2-Konzentration zu einer Schädigung der Phagozyten, so daß innerhalb kurzer Zeit die für die bakterizide Wirkung notwendige O_2^-- und H_2O_2-Bildung sistiert.

Eine völlig andersartige Störung liegt beim CHEDIAK-HIGASHI-*Syndrom* vor, das autosomal rezessiv vererbt wird. Klinisch geht dieses Krankheitsbild mit rezidivierenden bakteriellen Infektionen durch grampositive Erreger einher, wobei es zu Lymphadenopathien, Hepatosplenomegalie und Panzytopenie mit massiven Hämorrhagien kommt. Während die Phagozytoseaktivität und der oxidative Stoffwechsel der Phagozyten gesteigert sind, findet man eine unzureichende Degranulierung, deren Ursache in einer Störung der Fusion von Phagosomen und Lysosomen zu sehen ist. Störungen im cGMP-Metabolismus werden hierfür verantwortlich gemacht.

Eine *erhöhte Superoxiddismutaseaktivität* ist bei Trisomie 21-Patienten (s. 6.5.1.) Ursache für die verminderte O_2^--Konzentration. Die daraus resultierende Störung in der Bildung von Hydroxylradikalen und Singulett-Sauerstoff bedingt eine erhöhte Infektanfälligkeit.

4.7.2. Störungen humoraler Mechanismen

Krankhafte Störungen der unspezifischen Abwehrmechanismen resultieren vor allem aus einem Mangel an Mediatoren der Entzündung. Derartige Veränderungen wurden für nahezu alle Komplementfaktoren einschließlich des Properdins beschrieben. Im Hinblick auf den gestörten Ablauf einer Entzündung wird dem Mangel an Proteaseinhibitoren eine besondere Bedeutung zugeschrieben.

Die unkontrollierte Aktivierung von Proteasen kann zur Veränderung der Gefäßwandpermeabilität führen, so daß beim C1-Inhibitormangel rezidivierend Ödeme auftreten (hereditäres angioneurotisches Ödem). Der Mangel an Inter-α-Trypsininhibitor wird bei Frühgeborenen und Neugeborenen mit Atemnotsyndrom für rekurrierende Infektionen des Respirations- und Gastrointestinaltraktes, der Leber und der Meningen verantwortlich gemacht.

Häufig zeigt sich die Beseitigung der Infektionserreger als gestört, wenn pathologische Veränderungen in der spezifischen Immunabwehr zu beobachten sind. Das Ausbleiben spezifischer Immunreaktionen, das möglicherweise zur Resistenz der Infektionserreger führt, läßt sich bei pathologischer Immuntoleranz, bei einer gesteigerten Immunsuppression infolge Schädigung von Makrophagen oder Lymphozyten durch virale und bakterielle Infektionen und infolge Unzugänglichkeit des Antigens bei intrazellulärer Vermehrung von Parasiten nachweisen.

5. Immunpathomechanismen

5.1. Pathogene Immunreaktionen

Als pathogene Immunreaktionen faßt man **Überempfindlichkeitsreaktionen** zusammen, die durch humorale oder zelluläre Immunmechanismen ausgelöst werden. Häufig bezeichnet man diese Vorgänge als allergische Reaktionen im weitesten Sinne, obwohl dieser Begriff vielfach ausschließlich für die Typ-I-Reaktionen (s. u.) verwendet wird. Voraussetzung für das Auftreten derartiger Überempfindlichkeitsreaktionen ist ein vorausgegangener primärer Kontakt des Organismus mit einem beliebigen Antigen. Die pathogenen Immunreaktionen werden in die Typen I bis IV unterteilt, von denen die Reaktionen Typ I und II dem **Soforttyp** und die übrigen beiden dem **Nichtsoforttyp** angehören. Obwohl diese Einteilung pathogener Immunreaktionen durchaus ein besseres Verständnis pathologischer Prozesse erlaubt, ist nicht immer bei der Betrachtung einzelner Krankheitsbilder eine derart scharfg Trennung der verschiedenen Reaktionstypen möglich, da häufie zelluläre und humorale Reaktionen nebeneinander ablaufen.

Die verschiedenen Überempfindlichkeitsreaktionen können sowohl lokal als auch generalisiert auftreten. Zahlreiche Mediatoren sowie die verschiedenen Zellen des Immunsystems bestimmen den jeweiligen Ablauf der Immunreaktion. Dabei hängt es von den ätiologischen Faktoren und von der Reaktionsweise des Organismus ab, welche der Überempfindlichkeitsreaktionen im Vordergrund steht.

Humorale und zelluläre Immunreaktionen sind als normale, spezifische Abwehrmechanismen des Körpers anzusehen, die die Präsenz eines Antigens voraussetzen und sich damit von den unspezifischen Vorgängen der Abwehr (Resistenz) unterscheiden (s. 2.4.). Sie dienen der Abwehr von Fremdantigenen, die beispielsweise als mikrobielle Erreger oder in der Form von Allotransplantaten auftreten. Pathologischen Charakter erhalten diese physiologischen Abwehrvorgänge durch Veränderungen in der Quantität, indem etwa das Verhältnis Antigen: Antikörper extreme Werte annimmt. Andererseits bilden sehr häufig Modifizierungen endogener Antigenstrukturen, bedingt etwa durch die Bindung von Haptenen an Zelloberflächen oder durch das Auftreten modifizierter Antigene bei maligner Transformation von Zellen (s. 7.3.11.1.), den Ausgangspunkt für derartige Überempfindlichkeitsreaktionen. Ferner ist die Möglichkeit gegeben, daß Antikörper, deren Bildung durch mikrobielle Erreger ausgelöst wurde, infolge Kreuzreaktivität mit körpereigenen Strukturen lokalisierte oder generalisierte Schädigungsreaktionen hervorrufen.

5.1.1. Anaphylaktische Reaktion (Typ I)

Aus ätiopathogenetischer Sicht handelt es sich hierbei um sehr heterogene Reaktionen, von denen die bedeutsamste die **cytotrope Anaphylaxie** ist. Voraussetzung dafür ist die Wechselwirkung von Antigenen mit cytophilen Antikörpern. Zu den letzteren zählen verschiedene Subklassen der IgE, deren vermehrte Bildung durch den primären Kontakt eines Antigens mit dem Organismus ausgelöst wird. Solche Anomalien in der IgE-Produktion werden als atopische Reaktion bezeichnet. Die IgE stellen cytophile Antikörper dar, die besonders an der Oberfläche von Mastzellen und basophilen Granulozyten fixiert werden. Für die Anheftung dieser Antikörper sind vor allem die C_H3-Domänen des Fc-Fragmentes wichtig. Nach ihrer Bindung an Zellen ist eine Komplementfixierung nicht mehr möglich. Sobald in einer anamnestischen Reaktion ein erneuter Antigenkontakt erfolgt, löst die Vernetzung von zwei IgE-Antikörpern durch das Antigen eine Freisetzungsreaktion aus (s. 4.3.). Die Ursache für die gesteigerte Bildung cytophiler Antikörper nach Präsentierung normaler Antigendosen ist heute noch unbekannt. Ein Zusammenhang mit einer bestimmten HLA-Antigenkonstellation, z. B. A7 (s. 2.4.3.), ist nicht ausgeschlossen.

Antigene, die eine anaphylaktische Reaktion auslösen, werden als **Allergene** zusammengefaßt. Dabei handelt es sich häufig um Makromoleküle (Proteine, Polysaccharide), die in Form von Nahrungseiweißen, Pollen, Haaren von Haustieren oder Bakterienhüllen präsentiert werden. Nicht selten sind niedermolekulare Verbindungen wie Antibiotika, Lokalanaesthetika oder Salizylsäurederivate bzw. jodhaltige Kontrastmittel als Allergene wirksam, wobei die Bindung dieser Haptene an Makromolekülstrukturen des Organismus, d. h. ihre Komplettierung zum Vollantigen, Voraussetzung für die Auslösung einer anaphylaktischen Reaktion ist.

Die anaphylaktische Reaktion ist die Folge der Freisetzung von Mediatoren aus den Mastzellen und basophilen Granulozyten, die durch den Kontakt des Antigens mit cytophilen Antikörpern provoziert wird. Morphologisch fällt eine Degranulierung der beteiligten Zellen auf, die als Ausdruck einer nichtcytotoxischen Freisetzung gespeicherter Mediatoren anzusehen ist. Vorrangig handelt es sich dabei um Histamin; außerdem werden Kinine und chemotaktisch aktive Verbindungen wie der eosinophile chemotaktische Faktor A (ECF-A) und der neutrophile chemotaktische Faktor der Anaphylaxie von Mastzellen und Granulozyten freigesetzt. Neben der raschen Entleerung der Speichergranula spielt auch die Neusynthese von Mediatoren, die durch den Antigen-Antikörperkontakt ausgelöst wird, eine große Rolle für die anaphylaktische Reaktion. Besonderes Gewicht hat dabei die Synthese der Leukotriene, die wegen ihrer hohen anaphylatoxischen und chemotaktischen Aktivität bekannt sind (s. 4.3.3.). Ergebnis dieser sehr komplexen Freisetzungsreaktion ist eine seröse Entzündung, die spätestens 10—20 Minuten nach Bindung der Antigene an die cytophilen Antikörper nachweisbar ist. Klinisch manifestiert sich die lokale anaphylaktische Reaktion in der Frühphase als massive Sekretabsonderung (z. B. Bronchien, Darm) oder als interstitielles Ödem (z. B. Glottis, Haut). In der Spätphase beobachtet man zelluläre Reaktionen mit vorrangiger Beteiligung von neutrophilen und eosinophilen Granulozyten.

Als generalisierte Typ I-Reaktion ist der **anaphylaktische Schock** anzusehen. Erste klinische Zeichen desselben sind Unwohlsein, Erbrechen, Diarrhoe und eine gesteigerte Sekretabsonderung im Respirationstrakt. Weitere Folgen stellen die Dyspnoe, eine arterielle Hypertonie und Bradykardie sowie häufig eine Hyperkoagulabilität dar. Nicht selten führt ein Kreislaufkollaps begleitet von einem Temperaturabfall innerhalb von 1—2 Stunden zum Tode. Ursachen für einen anaphylaktischen Schock stellen die heterologe Seruminjektion, Pharmaka, Insektenstiche und mitunter auch Desensibilisierungsmaßnahmen dar.

5.1.2. Cytotoxische Reaktion (Typ II)

Der cytotoxischen oder auch histotoxischen Reaktion liegt die Interaktion von Antikörpern mit zellgebundenen Antigenen zugrunde. Sowohl komplementfixierende als auch nichtkomplementbindende Antikörper vermögen dabei eine cytotoxische Reaktion auszulösen. Jedoch muß berücksichtigt werden, daß nicht jede Anheftung von Antikörpern an Zelloberflächen zu einer Zellschädigung führt.

Der blockierende Effekt von Antikörpern, der im Zusammenhang mit der immunologischen Tumorabwehr beobachtet wird, belegt deutlich, daß die Bindung von Antikörpern sogar eine protektive Wirkung haben kann, indem die Tumorzellen durch die Maskierung der Antigene einem weiteren Angriff durch das Immunsystem entzogen werden (s. 7.3.13.). In gleicher Weise ist die Tatsache zu interpretieren, daß die Bindung von Antikörpern zu einer Stimulierung oder Hemmung des Zellstoffwechsels führen kann, ohne daß gleichzeitig eine Zellschädigung auftritt. Aus derartigen Beobachtungen ist abzuleiten, daß die Menge der angebotenen Antigene, die Dichte der Determinanten auf dem Träger (Epitopdichte), die Art der Antikörper (IgG bzw. IgM) sowie die mögliche Einbeziehung des Komplementsystems über die Folgen einer Interaktion von Antikörpern mit zellgebundenen Antigenen entscheiden. Ferner ist die Beteiligung von Zellen mit Fc- oder C3b-Rezeptoren (Makrophagen, Lymphozyten, Natural-Killer-Zellen) für den Ablauf einer Typ II-Reaktion von Bedeutung.

Im Falle einer Beteiligung von IgG_1, IgG_3 und IgM, die als **komplementfixierende Antikörper** fungieren, folgt die Aktivierung des klassischen Weges des Komplementsystems, was die Bildung der Anaphylatoxine C3a und C5a sowie des cytolytischen Komplexes $\overline{C5b9}$ nach sich zieht (s. 4.3.4.). Über den Komplementfaktor C3b werden Phagozyten mit ihren bakteriziden Mechanismen einbezogen, so daß sich ein lokales Entzündungsgeschehen ausbildet (s. 4.4.3.). Auf diese Weise ist die Möglichkeit zur Aktivierung der Gerinnungskaskade gegeben, wie sich an Hand der im Entzündungsgebiet erfolgten Ablagerung von Fibrin nachweisen läßt.

Oberflächenantigene können auch **nichtkomplementbindende Antikörper** fixieren. Auch wenn in diesem Falle die Aktivierung des Komplementsystems bzw. die Anheftung cytotoxischer Zellen unterbleibt, kann die durch den Antikörper bewirkte Veränderung der Membrankonfiguration (z. B. Ladungsstruktur) nachteilige Folgen für die betroffenen Zellen haben. Erythrozyten werden beispielsweise unter den genannten Bedingungen vorzeitig in der Milz aus dem Blutstrom eliminiert und abgebaut. Zu den nichtkomplementbindenden Reaktionen zählt sehr wahrscheinlich auch die antikörperabhängige zellvermittelte Cytotoxizität (s. 7.3.12.), die auch als Typ VI-Reaktion von der hier besprochenen abgegrenzt wird und bei der Fixierung des Antikörpers an das Oberflächenantigen Voraussetzung für den cytotoxischen Effekt von T-Killer-Zellen ist. Die Stimulierung von Plasmamembranrezeptoren durch zellspezifische Antikörper gehört ebenfalls in die Gruppe der nichtkomplementbindenden Reaktionen. Am Beispiel der Wechselwirkung mit thyreoideastimulierenden Immunoglobulinen (TSI) wird deutlich, daß die Bindung von Antikörpern nicht zwangsläufig zur Zellschädigung führen muß (s. 12.2.4.3.).

Ausgangspunkt für eine Typ II-Reaktion können sehr unterschiedliche **Antigenstrukturen** sein. Häufig sind es Alloantigene, die nach entsprechender Sensibilisierung des Organismus zur Antigen-Antikörperreaktion führen. Hierzu rechnen die Transplantatrejektion und die Transfusionsreaktion, die bei Vorliegen inkompatibler Antigenstrukturen auftreten. Die Abstoßung von Transplantaten ist auf die Existenz von HLA-Antigenen zurückzuführen (s. 2.4.3.).

Beim Vorliegen von HLA-Antigenen im Spendergewebe, die dem Empfänger fehlen, kommt es in Abhängigkeit davon, ob eine vorherige Sensibilisierung gegen die körperfremden Antigene bereits stattgefunden hat, zu einer mehr oder weniger raschen Abstoßung des Transplantates. Diese ist Ausdruck sowohl einer zellulären Reaktion (s. Typ IV-Reaktion) als auch einer unmittelbaren Stimulierung der Antikörperbildung. Die Zellschädigung ist dann die Folge einer durch die Antikörperfixierung ausgelösten Komplementaktivierung oder der oben besprochenen antikörperabhängigen zellulär vermittelten Cytotoxizität. Eine Imkompatibilität im HLA-System muß jedoch nicht zwangsläufig zur Transplantatabstoßung führen, da die Existenz blockierender Antikörper (s. o. und 7.3.13.) bzw. die Ausprägung einer Immuntoleranz das Angehen von Allotransplantaten mit unterschiedlichen Antigenmustern ermöglichen kann. Das Ausmaß der Histoinkompatibilität zwischen Transplantat und Empfängerorganismus sowie die Reaktionslage des Organismus, die durch exogene und endogene Faktoren wesentlich beeinflußt wird, entscheiden somit über das Schicksal des transplantierten Gewebes.

Eine größere Rolle spielen organspezifische Antigene, die Anlaß zu einer Sensibilisierung sein sollen und zu Autoimmunkrankheiten führen (s. 5.3.1.). In zahlreichen Fällen sind es Haptene, die durch ihre Bindung an Makromolekülstrukturen von Plasmamembranen die körpereigenen Antigene modifizieren und damit die Antikörperproduktion auslösen. Besondere Bedeutung kommt hierbei den Pharmaka zu, die auf diese Weise eine vorzeitige Eliminierung von Blutzellen bedingen.

Unter der Behandlung mit Phenazetin, Phenothiazinen und verschiedenen Antibiotika (Penicillin, Streptomycin) treten häufig immunhämolytische Anämien auf, bei denen die Bindung von IgG, seltener von IgM, Ursache für die vorzeitige Hämolyse ist. Auf Grund eines analogen Schädigungsmechanismus beobachtet man auch hämorrhagische Diathesen, die sich in Form flächenhafter Hautblutungen manifestieren und durch eine Verminderung der Plättchenzahl gekennzeichnet sind (thrombozytopenische Purpura).

Eine Modifizierung zellulärer Antigenstrukturen, die Anlaß zur Antikörperbildung sein kann, erfolgt auch durch Viren. So heftet sich das Hepatitis B-Oberflächenantigen an die Leberzellen und löst auf diese Weise Immunreaktionen aus, die je nach Reaktionsbereitschaft des Organismus zu mehr oder weniger ausgedehnten Zellnekrosen führen. Schließlich muß man annehmen, daß es sich bei den tumorassoziierten Antigenen (s. 7.3.11.4.) um modifizierte Oberflächenantigene handelt, deren Antigenität jedoch in den meisten Fällen nicht sehr stark ausgeprägt ist.

Zu den Typ II-Reaktionen sind auch jene zu zählen, bei denen die Bindung von Antikörpern an Rezeptoren zu einer Stimulierung oder Blockierung spezifischer Funktionen der Zelle führt. Verschiedentlich werden diese Antigen-Antikörperreaktionen als eigenständige Gruppe (Typ V-Reaktion) geführt. Auf Grund experimenteller Untersuchungen ist anzunehmen, daß es sich in den meisten Fällen um kreuzreagierende Antikörper handelt; es ist jedoch nicht vollkommen auszuschließen, daß eine geringe Strukturänderung der originären Oberflächenantigene Anlaß für die Antikörperbildung war.

Bei dem mit den Zeichen einer Hyperthyreose einhergehenden Morbus Basedow konnte ein die Thyreoidea stimulierender Faktor, LATS, nachgewiesen werden, der ein Immunoglobulin darstellt und zu den oben erwähnten TSI zählt. Die Bildung von Antirezeptor-Antikörpern ließ sich auch beim Typ B Diabetes mellitus nachweisen, bei dem die Insulinresistenz Folge einer Blockierung der Insulinrezeptoren der Plasmamembranen durch IgG ist (s. 12.2.4.3.).

Beim rheumatischen Fieber existieren kreuzreagierende Antikörper, die gegen Streptococcen der Gruppe A gerichtet und gleichzeitig durch ihre hohe Affinität zu verschiedenen Gewebekomponenten aus Herzmuskelfasern und Knorpelgewebe gekennzeichnet sind. Die für das rheumatische Fieber charakteristische Polyarthritis sowie die in vielen Fällen begleitende Pankarditis werden daher als Ausdruck der Wechselwirkung zwischen Antistreptococcen A-Antikörpern und verschiedenen zellulären und interstitiellen Strukturen gewertet, die zu multifokalen entzündlichen Reaktionen Anlaß geben.

5.1.3. Immunkomplexkrankheiten (Typ III-Reaktion)

Im Verlauf einer normalen Antigen-Antikörperreaktion werden große Molekülverbände, bestehend aus äquimolaren Konzentrationen von Antigen und Antikörper gebildet, die zur Präzipitation neigen und in dieser Aggregatform sehr rasch von Granulozyten und Makrophagen phagozytiert werden. Sobald jedoch Antigen oder Antikörper im Überschuß vorliegen, bleibt der Immunkomplex löslich und wird dadurch der Eliminierung durch die Phagozytose entzogen. Die im Blut zirkulierenden Immunkomplexe aktivieren einerseits Plasmakomponenten (Komplementsystem s. 4.3.4.) und andererseits Zellen wie die Granulozyten, Makrophagen, Lymphozyten und Plättchen, was zu entsprechenden entzündlichen Reaktionen führt.

Grundmodell der Typ III-Reaktion ist das **Arthus-Phänomen.** Dies besagt, daß nach Hyperimmunisierung mit einem Antigen nach dessen lokaler Injektion eine entzündliche Reaktion am Applikationsort entsteht, die durch Ödeme, Hämorrhagien und Nekrosen gekennzeichnet ist. Der als **Arthus-Reaktion** bezeichnete Vorgang beruht auf der Präzipitation lokal verbliebener Antigene durch einen Überschuß von Antikörpern, wobei die Immunkomplexe am Ort ihrer Bildung entzündliche Veränderungen bis hin zur Nekrose bedingen. Die ARTHUS-Reaktion ist auch durch lokale Applikation von Antigen und Antikörpern auszulösen (lokales passives ARTHUS-Phänomen), während beim aktiven ARTHUS-Phänomen über die Immunpräzipitation hinaus weitere Immunreaktionen, wie etwa solche vom zellgebundenen Typ, pathogenetisch von Bedeutung sind.

Während beim ARTHUS-Phänomen der Antikörperüberschuß die Immunreaktionen auslöst, beobachtet man beim Auftreten von Immunkomplexen mit Antigenüberschuß generalisierte Reaktionen des Organismus, die als **Serumkrankheit** bezeichnet werden.

Als Antigene fungieren neben Mikroorganismen (Bakterien, Viren, Pilze), auch Plasmamembranantigene von Tumorzellen (tumorassoziierte Antigene) sowie in vielen Fällen Haptene (Pharmaka), die nach Bindung an körpereigene Makromoleküle immunogen sind. Beim Lupus erythematodes disseminatus ist es lösliche DNS, gegen die die Antikörperbildung erfolgt. Häufig richten sich die Antikörper auch gegen Immunoglobuline, so daß der lösliche Immunkomplex aus IgG und Anti-IgG-Antikörpern besteht. Bei der primär chronischen Polyarthritis gelingt es beispielsweise, Antikörper der IgM-Klasse gegen IgG (Rheumafaktor) nachzuweisen.

Die Anlagerung eines Immunkomplexes an Membranen bzw. das Eindringen in Endothelspalten hat in den meisten Fällen eine Komplementaktivierung zur Folge. Beim Vorliegen von IgG bzw. IgM findet nach Bindung von C1q die Aktivierung über den klassischen Weg statt (s. 4.3.4.). Komplexe von IgA, IgE oder IgG_4 lösen auch den alternativen Weg aus. In jedem Falle kommt es zur Freisetzung von Anaphylatoxinen, chemotaktisch aktiven Verbindungen, Cytolysinen und vermittels der Anheftung Fc- bzw. C3b-rezeptortragender Zellen (Makrophagen, Leukozyten, Lymphozyten) zu dem für die Entzündung typischen Veränderungen des Gefäßbindegewebes. Nicht in jedem Falle ist das Komplementsystem beteiligt, so daß offensichtlich das entzündliche Geschehen unmittelbar durch Einbeziehung der zellulären Elemente ausgelöst wird.

Die Bildung löslicher Immunkomplexe kann sich einerseits als lokales Geschehen manifestieren (Pneumonitis, Glomerulonephritis, HASHIMOTO-Thyreoditis, lokale Vasculitiden) und andererseits zu Allgemeinreaktionen führen, wie es für die Serumkrankheit oder generalisierte Vasculitiden (Periarteriitis nodosa) bekannt ist. Letzteres ist besonders bei massiver Konfrontation mit Antigenen zu beobachten. Neben den akuten Immunkomplexkrankheiten kennt man auch chronische Formen, die die Folge eines chronischen Antigennachschubes bei ständigem Antikörperverbrauch oder aber einer schwachen Antikörperbildung sein können. Letzteres beruht entweder auf genetischen Ursachen oder resultiert auf einer Immunsuppression, wie sie therapeutisch bei Tumoren oder Viruskrankheiten vorgenommen wird.

5.1.4. Zellvermittelte Überempfindlichkeitsreaktion (Typ IV)

Die zellvermittelte Überempfindlichkeitsreaktion basiert auf zellulären Immunmechanismen und ist durch das verzögerte Einsetzen sichtbarer Reaktionen gekennzeichnet. Sowohl die von Jenner bereits 1798 durchgeführte Immunisierung mit Vaccine-Virus gegen Pocken als auch die von Koch (1890) untersuchte Tuberkulinreaktion entsprechen dem Typ IV der Immunreaktionen. Diese ist durch ein Erythem sowie eine Schwellung des Gewebes gekennzeichnet, wobei letztere weniger durch das Ödem als vielmehr durch eine Verquellung des Kollagens hervorgerufen wird. Die Typ IV-Reaktion hat ca. 24—48 Stunden nach Antigenapplikation ihre höchste Intensität erreicht. Während in der frühen Phase zunächst Infiltrate von polymorphkernigen Neutrophilen auftreten, überwiegen später die Monozyten und Lymphozyten. Bei besonders stark ausgeprägten Reaktionen können auch Nekrosen die Folge sein. Das Auftreten einer zellvermittelten Überempfindlichkeitsreaktion ist Hinweis dafür, daß der Organismus bereits gegenüber dem Antigen sensibilisiert war. Im Gegensatz zu den Reaktionen vom Typ I bis III ist sie nicht an das Vorhandensein von Antikörpern gebunden, sondern beruht auf Reaktionen, die von sensibilisierten, immunkompetenten Zellen ausgeht. Eine derartige Überempfindlichkeitsreaktion muß nicht unbedingt mit für den Träger negativen Konsequenzen gekoppelt sein. Im Falle einer überschießenden Reaktion können jedoch zellvermittelte Überempfindlichkeitsreaktion Ausgangspunkt für pathologische Prozesse sein.

Als Antigene fungieren Proteine, bakterielle Antigene, Autoantigene und in vielen Fällen an Carrier gebundene, niedermolekulare Verbindungen (z. B. Pharmaka). Die Auslösung einer zellvermittelten Überempfindlichkeitsreaktion ist nicht nur vom Hapten, sondern auch von der Struktur des jeweiligen Carriers abhängig. Die Kopplung eines bestimmten Haptens an einen anderen hochmolekularen Carrier kann zur Folge haben, daß der Organismus gegen dieses veränderte Vollantigen keine Reaktivität im Hinblick auf zelluläre Mechanismen mehr zeigt.

Die Typ IV-Reaktion wird von T-Lymphozyten getragen und setzt ihre Sensibilisierung voraus. Nach entsprechender Antigeneinwirkung zeigen T-Lymphozyten in den paracortikalen Regionen der Lymphknoten eine Blastentransformation und Proliferation. Ca. fünf Tage nach Applikation des Antigens ist die Sensibilisierung nachweisbar, die durch Zellen, nicht aber durch Serum auf andere Organismen übertragbar ist (**adoptive Immunität**). Bereits in der Sensibilisierungsphase ist die Abgabe von Lymphokinen (s. 4.3.6.) aus bestimmten T-Zell-Subpopulationen nachweisbar. Sensibilisierte T-Lymphozyten weisen Membranrezeptoren für die Antigene auf. Diese Bindungsorte sollen Ähnlichkeit mit F(ab)-Fragmenten besitzen. Im Falle einer anamnestischen Reaktion kommt es 6—8 Stunden nach intrakutaner Applikation des Antigens infolge dessen Bindung an sensibilisierte T-Lymphozyten zu ersten cytotoxischen Reaktionen.

Beispiele für Typ IV-Reaktionen stellen insbesondere die granulomatösen Formen von Entzündungen dar. Bei diesen entzündlichen Erkrankungen imponieren besonders die häufig mehrkernigen und teilweise durch Fusion entstandenen Epitheloidzellen (z. B. Tuberkulose), die als aktivierte Makrophagen anzusehen sind und besonders bei solchen Mikroorganismen auftreten, die durch eine intrazelluläre Keimvermehrung gekennzeichnet sind. Zu den zellvermittelten Überempfindlichkeitsreaktionen zählen neben Kontaktallergien insbesondere Autoimmunkrankheiten mit Organspezifität. Es ist jedoch zu berücksichtigen, daß in der Mehrzahl der Fälle diese zellvermittelten Prozesse mit humoralen Mechanismen Typ II- bzw. Typ III-Reaktion) gekoppelt sind. Letzteres gilt im gleichen Maße für die Transplantatabstoßung, die partiell als zellvermittelt angesehen werden muß.

5.2. Immunmangelzustände

Immunmangelzustände umfassen alle diejenigen pathologischen Veränderungen, die auf eine Störung der spezifischen Immunantwort zurückzuführen sind (s. 2.4.2.). Man unterscheidet zwischen primären, genetisch bedingten Formen und den sekundären Immunmangelzuständen, die bei den verschiedensten Grundkrankheiten auftreten können.

Die wesentlichsten Folgen eines Immunmangelsyndroms sind gehäufte Infektionen. Bei Defekten der humoralen Abwehr sind dies vor allem Entzündungen im Nasen-Rachenraum und Bronchialtrakt, wobei die Besiedlung durch pyogene Keime vorherrscht. Ähnlich wie bei Störungen der Granulozytenfunktion unterbleibt hier infolge mangelnder Komplementaktivierung die zum Entzündungsherd gerichtete Migration der Phagozyten. Dagegen wird keine wesentliche Beeinträchtigung der Abwehr viraler Infektionen festgestellt, die offensichtlich unter verstärkter Einbeziehung zellulärer Immunmechanismen ablaufen. Dahingehend läßt sich auch die Tatsache interpretieren, daß vorrangig Virus- und Pilzinfektionen auftreten, wenn Defekte der zellulären Immunabwehr vorliegen. Neben der erhöhten Suszeptibilität des Organismus gegenüber Infektionen beobachtet man bei chronischen Immunmangelzuständen gehäuft das Auftreten von Autoimmunerkrankungen sowie eine erhöhte Inzidenz lymphoproliferativer Erkrankungen.

5.2.1. *Primäre Immunmangelzustände*

Primäre Immunmangelzustände stellen genetische Defekte dar, die mit einer gestörten Antikörperbildung und/oder einer unzureichenden zellulären Immunantwort einhergehen. Neben schweren kombinierten Immunmangelzuständen, bei denen beide Zelllinien vor ihrer Differenzierung in T- bzw. B-Lymphozyten betroffen sind, existieren verschiedene Krankheitsbilder, bei denen sich die Störung zunächst in einer der Lymphozytenhauptklassen manifestiert (Abb. 5.1.). Trotz bemerkenswerter Fortschritte in der Aufklärung der pathogenetischen Mechanismen gibt es noch eine Reihe von Immunmangelzuständen, für die es bisher nicht möglich war, den Ort der Stoffwechselschädigung oder den Zeitpunkt im Reifungsprozeß zu erfassen, an dem die fehlerhafte Reifung der Lymphozyten einsetzt. Die grundlegenden, einen Immunmangel auslösenden pathogenetischen Mechanismen sind in Tab. 5.1. zusammengfaßt. Von den unmittelbar das Immunsystem betreffenden Formen genetischer Defekte abzugrenzen sind solche, die bei gleichzeitigem Vorliegen anderer Anomalien in Erscheinung treten Dies gilt beispielsweise für das WISKOTT-ALDRICH-Syndrom, bei

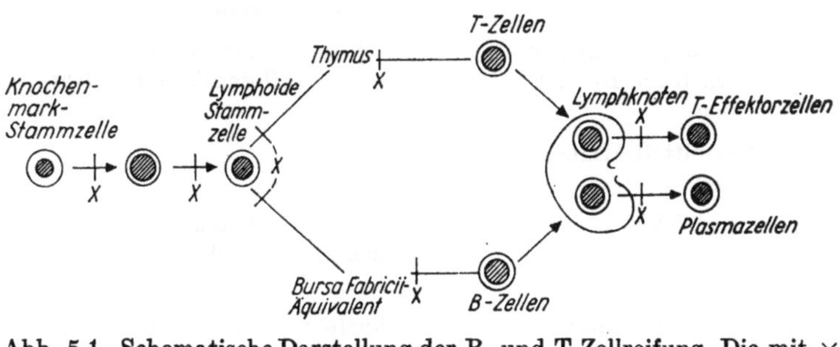

Abb. 5.1. Schematische Darstellung der B- und T-Zellreifung. Die mit × markierten Linien kennzeichnen pathologische Vorgänge, durch die zu unterschiedlichen Zeitpunkten eine Störung in der Zellreifung ausgelöst wird.

Tabelle 5.1.
Pathogenetische Mechanismen von primären Immunmangelzuständen

Defekt	Pathogenetische Mechanismen
1. Störungen der Antikörperbildung	
1.1. Agammaglobulinämie	Intrinsische Störung der Prä-B-Zell-Differenzierung, (mindestens 3 Formen)
1.2. Immunglobulinmangel	Selektiver Ig-Isotypenmangel infolge defekter Reifung von B-Zellen
1.3. $\varkappa$-Kettenmangel	unbekannt
1.4. Antikörper mit normaler oder gesteigerter γ-Globulinkonzentration	Störung der B-Zell-Differenzierung infolge T-Zelldefektes
1.5. Immunmangelsyndrom mit Thymom	unbekannter Defekt der Reifung von Präkursorzellen zu Prä-B-Zellen
1.6. Transiente Hypogammaglobulinämie des Kindes	Defekt der Differenzierung von B-Zellen zu Plasmazellen
2. Kombinierte variable Immundefizienz	
2.1. Immunmangel bei vorrangigem B-Zelldefekt	Verschiedene Defekte, die die Reifung von Prä-B-Zellen oder die Differenzierung von B-Zellen betreffen
2.3. Immunmangel bei vorrangigem T-Zelldefekt	Störungen der T-zellvermittelten Immunregulation infolge fehlender Reifung von Thymozyten
2.4. Immunmangel mit Antikörpern gegen B- oder T-Zellen	unterschiedliche Mechanismen, jedoch kein Differenzierungsdefekt
3. Zellvermittelte Immundefekte	
3.1. Enzymdefekte	Schädigung durch toxische Metabolite bei Purinnukleosidphosphorylase- oder Adenosindesaminasemangel
3.2. Schwere kombinierte Immundefizienz	Verschiedene Formen (z. B. Retikuläre Dysgenesie oder Nackte-Lymphozyten-Syndrom) infolge defekter lymphoider oder lymphomyeloider Reifung

dem die hämopoetische Stammzelle von einem Membrandefekt betroffen ist, so daß sich über das Immunsystem hinausgehende Störungen in der Zellreifung ergeben.

5.2.2. Sekundäre Immunmangelzustände

Sekundäre Immundefizienzen werden durch verschiedene Ursachen ausgelöst. Sie verlaufen im allgemeinen weniger dramatisch als die primären Formen, obwohl sie eine entscheidende Rolle beim Fortschreiten des ursächlichen Krankheitsbildes spielen können. Im Rahmen erworbener Immunmangelzustände sind häufiger die zellulären als die humoralen Immunreaktionen betroffen.

Im fortgeschrittenen Stadium einer Tumorerkrankung werden sehr häufig Symptome eines Immunmangels manifest. Dies gilt nicht nur für lymphoproliferative Tumoren wie multiple Myelome und chronische Leukämien, sondern auch für verschiedene Carcinome, unter deren Einfluß man eine verminderte zelluläre und humorale Immunität feststellen kann. Oft sind es Infektionskrankheiten wie Typhus abdominalis, Malaria, Miliartuberkulose oder Lepra, die mit einem ausgeprägten Immunmangelsyndrom einhergehen. Auch von Viren ist bekannt, daß sie einen über mehrere Wochen anhaltenden immunsuppressiven Effekt auslösen können. Dabei sind zelluläre und humorale Mechanismen in sehr unterschiedlicher Weise betroffen. Während das Epstein-Barr-Virus insbesondere die humoralen Mechanismen unterdrückt, hat das Masernvirus vorwiegend einen suppressiven Effekt auf die T-Lymphozyten. Der vermutlich durch HTLV Typ III ausgelöste erworbene Immunmangel (AIDS) (s. 7.3.5.2.) ist durch eine drastische Senkung der Zahl der T-Helfer-Zellen und eine verminderte zellvermittelte Immunantwort gekennzeichnet. Zu den Stoffwechselstörungen, die mit Immunmangelerscheinungen einhergehen, zählen der Diabetes mellitus, die Proteinmalnutrition, die alkoholische Leberzirrhose, Enteropathien und das nephrotische Syndrom. Bei den beiden zuletzt genannten Erkrankungen liegt die Annahme nahe, daß besonders der Verlust von IgA, das auch in der Darmmukosa gebildet wird, zu der Immundefizienz beiträgt.

Immunmangelzustände treten häufig als Ergebnis oder als Begleiterscheinung einer Pharmakotherapie auf. Besonders empfindlich reagieren lymphoide Zellen in der S-Phase, in der sie durch Immunsuppressiva in wesentlich niedrigeren Konzentrationen zerstört werden als Monozyten und Granulozyten. Die Immundefizienz kann aber auch als folgenschwere Begleiterscheinung einer cytostatischen Therapie auftreten. Ionisierende Strahlen haben ebenfalls einen schädigenden Effekt auf die proliferierenden Zellen des Immunsystems, wobei die für die primäre Immunantwort verantwortlichen Zellsysteme wesentlich empfindlicher als die für die anamnestischen Reaktionen sind. Schließlich darf nicht übersehen werden, daß auch die chirurgische Entfernung lymphoretikulärer Organe (Milz, Tonsillen, Appendix) im unterschiedlichen Ausmaß die Immunabwehr des Organismus beeinträchtigt.

Als passagerer Effekt ist die Verminderung der zellulären Immunität (Typ IV-Reaktion) während der Schwangerschaft anzusehen, für die u. a. das Choriongonadotropin verantwortlich gemacht wird.

5.3. Pathologische Immuntoleranz

Immuntoleranz bedeutet das **Ausbleiben** oder eine starke **Reduktion spezifischer Immunreaktionen** gegenüber einem Antigen, zu dem bereits ein Kontakt des Organismus stattgefunden hat. Verglichen mit der Immunsuppression handelt es sich demzufolge bei der Immuntoleranz um einen spezifischen Effekt. In den meisten Fällen liegen partielle Formen einer Immuntoleranz vor, da nur die gegen einige wenige Antigene gerichtete Immunabwehr fehlt. Die Immuntoleranz ist zunächst als ein physiologisch äußerst bedeutsames Phänomen anzusehen, das der Erkennung körpereigener Antigenstrukturen dient und damit wiederum eine unabdingbare Voraussetzung für die Identifizierung von Fremdantigenen darstellt. Sobald dieses Prinzip der **Selbst- und Fremderkennung** durch Störungen der Immuntoleranz durchbrochen wird, kommt es zu pathologischen Veränderungen mit z. T. erheblichem Krankheitswert. So resultieren aus dem Unvermögen zur Differenzierung körpereigener und -fremder Antigenstrukturen **Autoimmunkrankheiten**, bei denen auf Grund dieser Störung Antikörper gegen körpereigene Antigene (Autoantikörper) gebildet werden.

Die Tatsache, daß sich im Organismus das Wachstum von Tumoren vollzieht, ist zumindest partiell auf eine Störung der Immuntoleranz zurückzuführen, die letztlich als Ausdruck einer verminderten immunologischen Kontrolle (s. 7.3.12.) anzusehen ist. Auch im Hinblick auf chronische Infektionen wird davon ausgegangen, daß diese durch eine veränderte Immuntoleranz begünstigt werden. Wie flexibel jedoch das System der Immuntoleranz ist, belegen die erfolgreichen Versuche zur Übertragung von histoinkompatiblen Allotransplantaten. Sofern nicht allzu große Unterschiede in den HLA-Antigenen zwischen Spender und Empfänger vorliegen, beobachtet man häufig nach Überwinden der ersten Abstoßungsreaktionen ein Anwachsen des Transplantates, was z. T. durch Veränderungen der Immuntoleranz bedingt ist. Andererseits darf nicht übersehen werden, daß bei allen diesen Prozessen (Tumorwachstum, chronische Infektionen, Allotransplantate) andere Vorgänge, wie die

Maskierung von Antigenen durch blockierende Antikörper oder das Auftreten von Immundefekten eine heute noch nicht klar abzuschätzende Rolle spielen. Antigene, die zur Ausbildung der Immuntoleranz führen, werden als **Tolerogene** bezeichnet. Diese Eigenschaft ist jedoch nicht als strukturelles Merkmal anzusehen; vielmehr hängt seine Ausprägung von zahlreichen Bedingungen ab. So bestimmt die zeitliche Präsentation des Antigens, ob eine Toleranz gegen das entsprechende Antigen erworben wird oder nicht. Antigene, die in der spätembryonalen oder fetalen Entwicklung von der Mutter auf den Fet übergehen, lösen eine spezifische Immuntoleranz aus. In späteren Entwicklungsphasen würde bei primärer Konfrontation mit den gleichen Antigenen eine Immunantwort erfolgen. Für die Entstehung von Autoimmunkrankheiten ist wichtig, daß hohe Antigendosen ebenfalls zur Immuntoleranz führen (high-dose-Toleranz). Dabei geht man von der Vorstellung aus, daß die Bindung großer Antigenmengen an die Lymphozytenrezeptoren zu deren down-Regulation führt, so daß diese Lymphozytenklone eliminiert werden. Zusätzlich kommt es zu einer Stimulierung von T-Suppressorzellen. Aber auch die Verabfolgung kleinerer Antigendosen in kürzeren Zeitabständen schwächt erheblich die Immunreaktionen ab, was therapeutisch zur Desensibilisierung genutzt wird. Von nicht geringer Bedeutung ist die Antigenpersistenz (z. B. Tumorantigene, Viren, Fremdlymphozyten bei Allotransplantaten), die die Immuntoleranz begünstigt. Ferner ist seit langem bekannt, daß lösliche Proteine bessere Tolerogene sind als aggregierte Antigene. Letztlich darf nicht außer acht gelassen werden, daß Makrophagen zur Präsentation der Antigene erforderlich sind, so daß eine Verminderung ihrer Zahl (z. B. bei chronisch entzündlichen Erkrankungen oder malignen Tumoren) einen günstigen Effekt auf die Ausprägung der Immuntoleranz hat.

5.3.1. Autoimmunerkrankungen

Den Autoimmunkrankheiten liegen humorale oder zelluläre Immunreaktionen zugrunde, die sich gegen körpereigene Antigenstrukturen richten. Ausgeklammert hiervon werden die antiidiotypischen Antikörper, die gegen die variable Region autologer Antikörper gerichtet sind und denen man eine große Bedeutung für die Kontrolle der Antikörperaktivität zuschreibt. Neben den nativen Antigendeterminanten, die auf Grund ihrer Exposition an Zelloberflächen, zahlreichen anderen Membranen und Makromolekülen im interstitiellen Gewebe dem Immunsystem zugänglich sind, sind häufig modifizierte Antigenstrukturen Ausgangspunkt für die Bildung von Autoantikörpern. Schließlich ist anhand verschiedener Krankheitsbilder zu belegen, daß auch die Demaskierung solcher Antigendeterminanten, die durch ihre natürliche

Lokalisation der Erkennung durch das Immunsystem entzogen sind (z. B. intrazelluläre Antigenstrukturen), infolge Zerstörung von Zellen Autoimmunreaktionen auszulösen vermag.

5.3.1.1. Klassifizierung der Autoimmunkrankheiten

In Tab. 5.2. sind die wichtigsten Autoimmunkrankheiten nach dem Zielantigen zusammengefaßt. Die Übersicht macht deutlich, daß es bisher nur zum Teil gelungen ist, dieses hinsichtlich seiner Struktur zu identifizieren.

In den beiden zuerst genannten Gruppen sind es Membranstrukturen' an denen sich die Antikörper fixieren und damit Antigen-Antikörperreaktionen auslösen, die in den meisten Fällen komplementabhängig sind und zur Schädigung der Membranstrukturen führen (s. 5.1.2.). Beim Morbus Basedow, der Myasthenia gravis und dem Diabetes mellitus Typ B identifizierte man Hormonrezeptoren als Autoantigene (Gruppe 3). Nachgewiesenermaßen stellen in einer Reihe von Autoimmunkrankheiten verschiedene Zellorganellen das Autoantigen dar, von denen jedoch angenommen wird, daß es erst nach seiner Demaskierung durch Zellschädigung immunogen werden kann. Während man bei der Rheumatoidarthritis, dem systemischen Lupus erythematodes, der Sklerodermie sowie der Hepatitis einsträngige oder doppelsträngige DNS bzw. RNS als Antigen hat nachweisen können, gibt es bei der primär biliären Cirrhose bzw. bei der Thyreoiditis noch keine klaren Vorstellungen hinsichtlich der Identität des in den Mitochondrien oder Mikrosomen lokalisierten Antigens. Bei einigen wenigen Autoimmunkrankheiten (Gruppe 5) konnten spezifische Proteine nachgewiesen werden, deren Reaktion mit den Autoantikörpern pathogenetisch von Bedeutung sein soll. Hierzu gehören das hochmolekulare Thyreoglobulin, der für die Resorption des Vitamin B_{12} erforderliche Intrinsic-Faktor und das in Mikrofilamenten nachgewiesene Aktin.

Autoimmunkrankheiten werden in systemische und organorientierte Formen untergliedert. Bei der organspezifischen Autoimmunkrankheit wird die Symptomatologie vorrangig durch die Interaktion von Antikörpern mit den Antigendeterminanten eines Organs bedingt (z. B. Morbus Addison, Morbus Basedow, Thyreoiditis, biliäre Cirrhose, Glomerulonephritis). Bei den systemischen Formen bestimmt die strukturelle Verwandtschaft der Antikörper mit den in verschiedenen Organen oder Geweben lokalisierten Makromolekülstrukturen den Ablauf einer Autoimmunkrankheit (z. B. rheumatisches Fieber, Rheumatoidarthritis, systemischer Lupus erythematodes, Goodpasture-Syndrom). Mitunter wird auch eine Untergliederung vorgenommen, die von der Immunogenese ausgeht und damit den Anteil berücksichtigt, den die zellulären (T-Lymphozyten) bzw. humoralen (B-Lympho-

Tabelle 5.2.
Autoimmunkrankheiten

Antigen	Erkrankung
Basalmembranen	
Basalmembranen der Haut	Pemphigoid
BOWMANN'sche Membran	Glomerulonephristis
Pulmonale Basalmembranen	GOODPASTURE Syndrom
Plasmamembranen	
Nebennierenzellen	Mb ADDISON
Parietalzellen des Magens	Perniciöse Anämie
Erythrozyten	autoimmunhämolytische Anämien
Blutplättchen	thrombozytopenische Purpura
LANGERHANS'sche Inselzellen	Diabetes mellitus (Typ I)
Rezeptoren	
TSH-Rezeptoren	Mb BASEDOW
Acetylcholinrezeptoren	Myasthenia gravis
Insulinrezeptoren	Diabetes mellitus Typ B
Zellorganellen	
Kerne	Rheumatoidarthritis Systemischer Lupus erythematodes Sklerodermie
Mitochondrien (Leber)	Primär Biliäre Cirrhose
Mikrosomen	Thyreoiditis
spezifische Proteine	
Thyreoglobulin	Thyreoiditis
Intrinsic Faktor	Perniciöse Anämie
Aktin	Chronisch-aggressive Hepatitis Biliäre Zirrhose
Glykoproteine (?) des epidermalen Interstitium	Pemphigus
Glykoproteine des cardialen Interstitium	Rheumatisches Fieber
basische Myelinproteine	akute disseminierte Enzephalomyelitiden

zyten) Abwehrmechanismen an der Pathogenese der Autoimmunkrankheit haben. Oft ist jedoch eine scharfe Trennung zwischen diesen beiden Reaktionen nicht möglich, da bei vielen der heute bekannten Autoimmunkrankheiten sowohl zelluläre als auch humorale Prozesse beteiligt sind.

5.3.1.2. Pathogenese der Autoimmunkrankheiten

Zur Erklärung der Pathogenese von Autoimmunkrankheiten werden verschiedene Mechanismen herangezogen. Für den Fall, daß es sich um natürliche Antigendeterminanten handelt, gegen die die Autoantikörper gerichtet sind, soll die Aufhebung eines T-Suppressorzelleffektes die Autoantikörperbildung bedingen. Aus dem Tierexperiment ist bekannt, daß eine Thymektomie Autoimmunreaktionen begünstigt. Normalerweise werden gegen verschiedene körpereigene Antigene kleinste Mengen von Antikörpern gebildet, so daß in diesem Falle die Autoimmunkrankheit lediglich eine Abweichung in quantitativer Hinsicht darstellen würde, die durch eine Hemmung von T-Suppressorzellen zustandekäme. Aber auch die Stimulierung von T-Helferzellen, die B-Lymphozyten zur Blastentransformation anregen, wird für Autoimmunkrankheiten als ursächlich angesehen. Derartige Vorgänge werden im Rahmen von graft-versus-host-Reaktionen[1]) beobachtet. Ferner bedingt die Kreuzreaktivität von Antikörpern mit verschiedenen Antigendeterminanten die Entstehung von Autoimmunkrankheiten, wie es das Beispiel des rheumatischen Fiebers beweist. Hier sind es die gegen den Polysaccharidanteil von Streptococcen der Gruppe A gerichteten Antikörper, die mit Glykoproteinen verschiedener Gewebe zu reagieren vermögen, wodurch multilokuläre Schädigungsreaktionen ausgelöst werden. Schließlich sind es auch demaskierte Antigene, mit denen sich das Immunsystem nach einer initialen Zellschädigung (z. B. Pankreatitis, Hepatitis, Thyreoditis) auseinanderzusetzen hat. Sofern es nicht unter diesen Bedingungen zur Immuntoleranz kommt, ist die Ausbildung von Autoantikörpern die Folge, wobei ihre Rolle im pathogenetischen Geschehen noch ungeklärt ist, da sie im intakten Gewebsverband nicht an den Antigenort vorzudringen vermögen.

---

[1]) Graft-versus host-Reaktion bedeutet die Schädigung des Empfängers durch immunkompetente Zellen, die im Zusammenhang mit einer allogenen oder syngenen Transplantation auf einen Wirtsorganismus übertragen wurden und die von diesem nicht eliminiert werden können.

Es ist bekannt, daß die Bereitschaft des Organismus zu Autoimmunreaktionen im Alter zunimmt. Dies wird auf eine stärkere Demaskierung von Antigenen infolge verstärkten Zellabbaues, auf die Hemmung der Suppressorfunktion von T-Zellen infolge Verminderung der Aktivität des Thymus sowie auf eine verstärkte Anfälligkeit gegenüber Virusinfektionen zurückgeführt. Aber auch genetische Faktoren haben in einem heute noch nicht vollkommen zu überschauenden Umfange Bedeutung für die Entstehung von Autoimmunkrankheiten. Einerseits sollen die Immunantwortgene über die Funktion der T-Helfer- und Effektorzellen Einfluß nehmen, andererseits weist auch die Kopplung bestimmter HLA-Antigenkonstellationen (s. 2.4.3.) mit dem Auftreten von Autoimmunkrankheiten (z. B. Morbus Addison, Morbus Basedow, Diabetes mellitus Typ I, Myasthenia gravis, Rheumatoidarthritis, perniziöse Anämie, Pemphigus, Goodpasture-Syndrom) darauf hin, daß zwischen der spezifischen Antigenstruktur von Zelloberflächen und der Entstehung von Autoimmunkrankheiten ein genetisch fixierter Zusammenhang besteht.

Auch wenn der Nachweis von Autoantikörpern zur Bestätigung einer Autoimmunkrankheit als Voraussetzung gilt, ist damit nicht gesagt, daß ihre Existenz in einem ursächlichen Zusammenhang mit deren Entstehung steht. Andererseits kann als unbestritten gelten, daß die Pathogenese von Autoimmunkrankheiten durch die Reaktion der Autoantigene mit Autoantikörpern wesentlich mitbestimmt wird. In vielen Fällen führt dies zur Aktivierung des Komplementsystems, wobei sowohl der klassische als auch der alternative Weg (IgA, IgE) einbezogen sind (s. 4.3.4.). Über die Fixierung von Zellen mit Fc-Rezeptoren (Makrophagen, Leukozyten) sowie über die Bindung von C3b kommt es zur Freisetzung von Mediatoren der Entzündung, die als chemotaktisch aktive Verbindungen, Anaphylatoxine und Cytolysine wirksam sind und in Verbindung mit spezifischen Immunmechanismen (cytotoxische Effekte von T-Lymphozyten) zu ausgedehnten Zellschädigungen führen (s. 4.4.). Nicht selten ist eine Chronifizierung des Entzündungsgeschehens die Folge, bei der die durch Makrophagen bedingten proliferativen Vorgänge die Bildung von Granulomen veranlassen (z. B. Rheumatismus nodosus, Polyarteriitis nodosa). Teilweise steht der massive Untergang der Zellen im Vordergrund des Krankheitsbildes, so daß es zu organspezifischen Funktionsstörungen (z. B. Morbus Addison, Thyreoiditis) kommt. Im Falle der Bildung von Autoantikörpern gegen Erythrozyten oder Plättchen sind autoimmunhämolytische Anämien oder Thrombozytopenien mit entsprechenden Störungen der Hämostase die Folge.

Nicht immer bestimmen jedoch die komplementabhängigen

cytotoxischen Immunreaktionen das Krankheitsgeschehen. So kann die Bildung der gegen Plasmamembranrezeptoren gerichteten Autoantikörper deren Stimulierung oder Hemmung zur Folge haben (s. 5.1.2.). Weitere Beispiele für den nichtcytotoxischen Charakter von Autoimmunreaktionen sind solche Krankheitsbilder, bei denen der Autoantikörper durch Bindung an ein spezifisches Protein dessen Funktion verhindert. Auto-Intrinsic-Factor-Antikörper hemmen die Bindung von Kobalamin an das von den Belegzellen sezernierter Glykoprotein und führen damit zu einer Vitamin B_{12}-Mangelanämie (perniziöse Anämie). In einigen wenigen Fällen von Diabetes mellitus ließ sich zeigen, daß die Bindung von Autoantikörpern an Insulin einen relativen Insulinmangel zur Folge hat.

5.4. Immunproliferative Erkrankungen

Die lymphoretikulären Neoplasien, häufig auch als maligne Lymphome bezeichnet, gehören neben den myeloproliferativen Erkrankungen zu den *malignen Systemerkrankungen*. Jene Störungen umschließen alle diejenigen immunproliferativen Erkrankungen, an denen Zellen der lymphoiden Reihe, die in humorale oder zelluläre Immunreaktionen einbezogen sind, beteiligt sind. Die Gruppe der immunproliferativen Erkrankungen umfaßt extrem unterschiedliche Krankheitsbilder, was letztlich Ausdruck der Tatsache ist, daß eine maligne Transformation des lymphatischen Systems auf den verschiedensten Differenzierungsstufen (Abb. 5.1.) erfolgen kann und damit zu einer Vielfalt der zu beobachtenden Tumorzellen führt. Das erklärt auch, warum mitunter die Grenzen zwischen einzelnen Formen der lymphoretikulären Neoplasien schlecht absteckbar sind. Die ätiopathogenetischen Aspekte sind in 7.3. ausführlich abgehandelt.

Innerhalb der Gruppe der lymphoretikulären Neoplasien grenzt man die HODGKIN'sche Krankheit von den Non-HODGKIN-Lymphomen (NHL) ab. Beim Morbus HODGKIN handelt es sich um ein relativ einheitliches Krankheitsbild, das durch die Proliferation von Lymphozyten, Granulozyten und Histiozyten gekennzeichnet ist und im allgemeinen regional beginnend zur starken Generalisation neigt. Als charakteristisch sind die mehrkernigen STERNBERG-REED-Zellen anzusehen. Es ist nicht ausgeschlossen, daß es sich beim Morbus HODGKIN primär um eine maligne Transformation von histiozytären Zellelementen handelt, die Veränderungen in den Lymphozytenhauptklassen mit entsprechenden Störungen der Immunreaktionen nach sich zieht.

5.4.1. Non-Hodgkin-Lymphome (NHL)

Die NHL sind als Erkrankungen des Immunsystems anzusehen, die nach der KIEL-Klassifikation in Lymphome mit geringer Malignität und solche mit hohem Malignitätsgrad unterteilt werden (Tab. 5.3.).

Entsprechend den unterschiedlichen Reifungsstufen der transformierten Zellen des Immunsystems treten hinsichtlich Zellmorphologie, Symptomatologie und Prognose sehr heterogene Formen dieser proliferativen Störungen auf, so daß beim Fehlen entsprechender Zell-Marker eine Zuordnung äußerst schwierig sein kann. So beobachtet man neben reifzelligen *B-* oder *T-Zell-Lymphomen Immunoblastensarkome,* früher als Retothelsarkom bezeichnet, oder *Lymphoblastenleukämien,* die durch weitgehend undifferenzierte Zellen und eine rasche Progredienz gekennzeichnet sind. Selbst innerhalb der Gruppe immunproliferativer Erkrankungen, bei denen differenzierte Formen der B- oder T-Lymphozyten auftreten, lassen sich Tumorzellen unterschiedlichen Reifungsgrades nachweisen. Bei B-Zell-Lymphomen beispielsweise, deren monoklonaler Charakter mittels Isoenzymmustern nachgewiesen werden konnte, gelangen die Antikörper in unterschiedlichem Maße zur Expression. Während einerseits Zellen auftreten, die lediglich zur Ausbildung von IgM und IgD an der Zelloberfläche, nicht aber zur Produktion von Antikörpern befähigt sind, findet man andererseits proliferierende B-Zellen, die komplette Antikörper synthetisieren und sezernieren. Im letztgenannten Falle spricht man auch von *monoklonalen Gammopathien.* Häufig vermögen die transformierten Zellen jedoch nur noch Teilleistungen zu vollbringen, indem sie beispielsweise ausschließlich leichte oder schwere Ketten produzieren.

Tabelle 5.3.
Kiel-Klassifikation der Non-HODGKIN-Lymphome

Malignitätsgrad der Lymphome	
niedrig	hoch
lymphocytisch lymphoplasmozytisch/zytoid plasmozytisch zentrozytisch zentroblastisch/zentrozytisch	zentroblastisch lymphoblastisch immunoblastisch

Ungeachtet der primär transformierten Zellinien entwickeln sich in den meisten Fällen dieser immunproliferativen Erkrankungen massive *Störungen der Immunreaktion.* Dazu gehören u. a. Immunmangelerscheinungen, die sowohl die humoralen als auch die zellulären Abwehrleistungen betreffen. Eine häufig beobachtete Erscheinung ist das Auftreten von Autoimmunmanifestationen, die bis hin zu klinischen Symptomen einer Autoimmunkrankheit reichen können. Hierzu tragen die bei verschiedenen lymphoretikulären Neoplasien auftretenden Kryoglobuline bei, die häufig als Anti-IgG-Antikörper auftreten und intravasal zur Immunpräzipitation führen. Schließlich kommt es bei verschiedenen Formen immunproliferativer Erkrankungen (multiples Myelom, Makroglobulinämie WALDENSTRÖM) zur Ablagerung von Amyloid in Gefäßwänden, im Herzmuskel bzw. an Orten mit kollagenem Bindegewebe. Bei dieser als Amyloid B gekennzeichneten Form der Ablagerung handelt es sich um inkomplette L-Ketten von Immunoglobulinen.

Die chronische lymphatische Leukämie zählt zu den lymphozytischen Formen der NHL und ist in den meisten Fällen als ein monoklonaler Tumor von B-Zellen anzusehen. Zu den lymphoplasmozytischen Lymphomen gehört die Makroglobulinämie WALDENSTRÖM, die durch die massive Sekretion monoklonaler IgM (Plasmakonzentration 100 g/l und mehr) gekennzeichnet ist und Zellen unterschiedlichen Reifungsstadiums zwischen B-Zellen und Plasmazellen aufweist. Plasmozytischer Herkunft sind die Zellen des multiplen Myeloms (Plasmozytom), bei dem es sich um die Proliferation der reifsten Form der B-Zellinie handelt. Ein Teil dieser Tumoren sezerniert intakte Immunoglobuline (vorrangig IgG), während andere außerdem noch leichte Ketten (BENCE-JONES-Protein) bilden.

6. Änderungen der genetischen Information und Krankheitsentstehung

Zur gleichen Zeit, als SUTTON und BOVERI (1902) die Chromosomentheorie auf der Basis der wiederentdeckten MENDEL'schen Vererbungsregeln aufstellten, legte GARROD mit seiner Arbeit über das Vorkommen der Alkaptonurie den Grundstein für das Verständnis genetisch bedingter Stoffwechselstörungen. Damit war erstmals der Versuch unternommen worden, die MENDEL'schen Vererbungsregeln am Beispiel pathologischer Veränderungen auf den Menschen anzuwenden. GARRODS Monographie „Inborn error of metabolism" (1909), in der die Ergebnisse seiner biochemischen und genetischen Untersuchungen verallgemeinert wurden, muß somit als ein wichtiger Meilenstein auf dem Weg zu unseren gegenwärtigen Vorstellungen über die Biopathologie der Vererbung angesehen werden. Zunächst blieben jedoch diese für die Medizin so relevanten Erkenntnisse weitgehend unbeachtet, bis die „Ein Gen — ein Enzym"-Hypothese (Beadle und Tatum, 1941), der experimentelle Beweis für die Tatsache, daß die Nukleinsäuren als Träger der genetischen Information anzusehen sind (Avery, 1943) und die im Zusammenhang mit der Aufklärung der DNS-Struktur (Watson und Crick, 1953) stehende Entschlüsselung des genetischen Codes die Bedeutung der Garrod'schen Arbeiten offenkundig machten.

Der bereits von Garrod geäußerte Gedanke der chemischen Individualität findet seine Entsprechung in der molekularen Struktur des Genoms, d. h. der Basensequenz der Gene. Die Erkennung ätiopathogenetischer Mechanismen genetischer Erkrankungen macht es erforderlich, auf die Ebene des genetischen Informationsträgers vorzudringen und die dem pathologischen Prozeß zugrundeliegenden molekularen Veränderungen zu analysieren. Eine solche Betrachtungsweise ist die Basis der **Molekularpathologie.** Phänotypischer Ausdruck von Veränderungen der genetischen Information sind Abweichungen in der Primärstruktur der Proteine mit entsprechenden funktionellen Auswirkungen (s. 6.5.3.). Zu berücksichtigen ist jedoch, daß die Erfassung phänotypischer Merkmale (z. B. Enzym- und Carrieraktivitäten, elektrophoretische Mobilität von Proteinen, abnorme Substratanhäufung bei Speicherkrankheiten oder Rezeptordefekten) oft nicht geeignet ist, Einblick in die auf der Ebene des Genoms erfolgten Störungen zu gewähren, da ihnen unterschiedliche Defekte (**Heterogenie**) zugrundeliegen können oder gegebenenfalls mehrere Gene an der Ausprägung eines Merkmals beteiligt sind (**Polygenie**). Letzteres trifft insbesondere für solche funktionellen Parameter zu, die durch ein komplexes System von Regulationsmechanismen kontrolliert werden.

Störungen der Genexpression sind jedoch nicht ausschließlich auf Veränderungen in den Strukturgenen zurückzuführen. Defekte in der Aktivität regulatorischer Gene sind ebenso wie Abweichungen in der Chromosomenstruktur und -zahl Ausgangspunkt für genetisch bedingte Erkrankungen, so daß den etwa 3300 bekannten genetischen Defekten unterschiedliche pathogenetische Mechanismen, die sich auf unterschiedlichen Strukturebenen manifestieren, zugrundeliegen (s. 6.5.).

6.1. Mutation als dialektisch determinierter Prozeß

Eine sprunghaft auftretende stabile Veränderung der genetischen Information wird als **Mutation** bezeichnet. Da die Erhaltung der Arten eine hohe Konstanz der genetischen Information voraussetzt, bedeutet die Mutation eine Durchbrechung dieses Prinzips. Andererseits ermöglichen Mutationen infolge der damit verbundenen Veränderlichkeit der genetischen Information eine Weiterentwicklung der Arten. Letztlich beruht die biologische Evolution auf der *dialektischen Einheit von Konstanz und Variabilität der genetischen Information.* Es ist unschwer einzusehen, daß eine hohe Mutabilität der Erhaltung der Arten entgegenwirkt, während eine absolute Konstanz der genetischen Information keine Evolution erlauben würde. Grundlage für die erstmals von DARWIN (1859) aufgestellte Selektionstheorie ist die molekulare Selbstreproduktion. Die Weiterentwicklung der Arten setzt eine fehlerhafte Replikation der Nukleinsäuren voraus, da nur auf diese Weise eine Adaptation an Umweltbedingungen möglich ist. Daraus läßt sich schlußfolgern, daß eine *optimale Fehlerrate im Reproduktionsprozeß* existieren muß, die einem biologischen System einen selektiven Vorteil gegenüber solchen geben würde, die durch eine höhere oder niedrigere Zahl von Fehlablesungen gekennzeichnet sind. Die auf dem Ereignis einer Mutation beruhende fehlerhafte Selbstreproduktion ist somit ein dialektisch determinierter Prozeß, der dem Kausalitätsgesetz folgt. Daran ändert auch die Tatsache nichts, daß der Ort der Mutation nicht vorhersagbar ist und sich das Mutationsereignis nach statistischen Gesetzmäßigkeiten über das gesamte Genom verteilt.

6.1.1. Mutationsfrequenz

Die Mutationsrate wird für das menschliche Genom mit etwa 10^{-8} Mutationen pro replizierter Base angenommen. Aus biochemischer Sicht stellt dieses äußerst seltene Ereignis hohe Anforderungen an die Zuverlässigkeit der molekularen Prozesse bei der identischen Replikation der DNS. Gewährleistet wird diese im wesentlichen durch die hohe Substratspezifität der DNS-Polymerasen und das Korrekturlesen durch die Polymerasen I und III, die auf Grund ihrer exonukleolytischen Aktivität in der Lage sind, eine falsch eingebaute Base zu erkennen und sie vor Anheftung einer weiteren zu eliminieren. Ausgehend von der Tatsache, daß das haploide Genom des Menschen 3×10^9 Basenpaare aufweist, werden 5–20 Mutationen pro haploidem Genom und Generation kalkuliert. Die Mutationsrate scheint somit sehr hoch zu sein; man muß jedoch berücksichtigen, daß in den meisten Fällen ein rezessiver Erbgang resultiert, so daß sich eine Merkmalsänderung in der nächsten Generation sehr selten manifestiert. Es darf auch nicht übersehen werden, daß viele der biochemisch faßbaren Veränderungen der genetischen Information keine Nachteile für die Funktionstüchtigkeit des Genproduktes (Protein) mit sich bringen, auch wenn letzteres in seiner Primärstruktur verändert erscheint (s. 6.5.3.). In derartigen Mutationen, die auch beim homozygoten Merkmalsträger ohne Krankheitswert wären, ist die Ursache für die **multiple Allelie** zu sehen.

Eine Aussage zur Häufigkeit von Mutationen (Mutationsfrequenz[1]) beim Menschen ist aus der Beobachtung neu auftretender dominanter und X-chromosomal rezessiver Phänotypen möglich (Tab. 6.1.). Dabei ist der sichere Ausschluß einer bereits bestehenden familiären Belastung notwendige Voraussetzung.

Tabelle 6.1.

Mutationsfrequenzen für menschliche Gene (nach VOGEL 1970)

Mutation	Mutationsfrequenz	Zahl der Mutation pro 10^6 Gameten
Dominante Mutationen		
Retinoblastom	$6-8 \cdot 10^{-6}$	6–8
Neurofibromatose	10^{-4}	100
Polyposis intestini	$1,3 \cdot 10^{-5}$	10–30
Osteogenesis imperfecta	$0,7-1,3 \cdot 10^{-5}$	
X-chromosomal rezessive Mutationen		
Hämophilie A	$3,2-5,7 \cdot 10^{-5}$	32–57
Hämophilie B	$2-3 \cdot 10^{-6}$	2–3
Muskeldystrophie v. Typ DUCHENNE	$4,3-9,5 \cdot 10^{-5}$	43–95

Die Mutationshäufigkeit ist nicht als konstant anzusehen. Aus cytologischen und genetischen Daten kann geschlossen werden, daß die Zahl der Mutationen mit dem Zeugungsalter zunimmt. Inwieweit beim Men-

[1]) Die Mutationsfrequenz ergibt sich aus der Anzahl der spezifischen Mutanten, bezogen auf die Gesamtzahl der Individuen einer Population.

schen weitere endogene Faktoren eine Rolle spielen, läßt sich heute nicht mit Sicherheit abschätzen.

Sowohl bei Prokaryoten als auch bei Eukaryoten gibt es zahlreiche Beispiele genetisch determinierter hoher Mutationsraten, die auf die Existenz eines Mutator-Gens zurückgeführt werden. Diese Gene, die besonders Einfluß auf die Polymerasen und die verschiedenen Formen der Reparaturprozesse nehmen, konnten jedoch bisher für den Menschen nicht nachgewiesen werden. Von Bakterien weiß man, daß sie die Mutationshäufigkeit an veränderte Umweltbedingungen anpassen können. Bei den SOS-Mutationen, die bei einer Verschlechterung der Existenzbedingungen auftreten, beobachtet man im Hinblick auf die identische Selbstreplikation eine verminderte Zuverlässigkeit der Polymerasen.

6.1.2. Somatische und Keimbahnmutationen

Mutationen können sowohl in der Keimbahn als auch in somatischen Zellen stattfinden. Im ersten Falle erfolgt die Übertragung der veränderten genetischen Information auf die nächste Generation, so daß bei Vorhandensein eines entsprechenden genetischen Markers der Erbgang leicht zu verfolgen ist. Aus den obengenannten Gründen hat nur eine begrenzte Anzahl dieser Mutationen für den Träger Krankheitswert. Bemerkenswert ist, daß sich auch nicht jede Mutation im Phänotyp bemerkbar machen muß, da der genetische Code eine gewisse Redundanz aufweist (s. 6.5.3.) und außerdem im Genom ein hoher Anteil nichtcodierender Sequenzen vorliegt. Während Genmutationen auf die genannte Weise zum Auftreten verschiedener Normalallele führen können, sind Chromosomen- und Genommutationen in den meisten Fällen von mehr oder weniger schweren pathologischen Veränderungen begleitet (s. 6.5.).

Somatische Mutationen treten in beliebigen, nicht der Keimbahn angehörenden Körperzellen auf und können sowohl endogen als auch exogen bedingt sein. Im Falle einer schweren Schädigung des Genoms stirbt eine derartige Körperzelle ab; anderenfalls bildet sich ein Zellclon mit entsprechend phänotypischer Ausprägung heraus. Gemäß unseren heutigen Vorstellungen zur Carcinogenese (s. 7.3.2.) ist anzunehmen, daß Mutationen somatischer Zellen den Ausgangspunkt für das unkontrollierte Tumorwachstum bilden können. Beim Retinoblastom, das nur in 15–20% der Fälle autosomal dominant vererbt wird und in 80–85% nicht familiär gehäuft auftritt, liegt die Vermutung einer somatischen Mutation als Initialprozeß nahe. Die Tatsache, daß bei Menschen im Alter über 40 Jahre vermehrt aneuploide Zellen beobachtet werden, hat zu dem Schluß geführt, daß die Zahl somatischer Mutationen mit dem Lebensalter zunimmt, was möglicherweise mit dem Alternsprozeß im ursächlichen Zusammenhang steht.

6.2. *Genetischer Polymorphismus und seine pathogenetische Bedeutung*

Bedingt durch die Tatsache, daß im Verlauf der Evolution zahlreiche Mutationen stattfanden, existieren für viele Genorte mehrere Allele, die in einer Population mit unterschiedlicher Häufigkeit auftreten. Mitunter manifestiert sich diese **multiple Allelie** nur in wenigen alternativen Formen, die verglichen mit dem Wildtypallel äußerst selten auftreten. Je nachdem, ob das neumutierte Allel selektionsneutral ist oder im Hinblick auf die Arterhaltung Vor- bzw. Nachteile mit sich bringt, werden die Allele unterschiedlich häufig in einer Population nachweisbar sein. Sofern die Häufigkeit dieser vom Wildtyp abweichenden Allele 1% überschreitet, spricht man vom **genetischen Polymorphismus.** Auf Grund von Selektionsvorteilen kann es in einer Population auch zur Anhäufung solcher Gene kommen, die für den Merkmalsträger Krankheitswert besitzen. Im Falle der Sichelzellanämie, bei der das Vorkommen einer Hämoglobinvariante, dem HbS (Basenaustausch im β-Globingen), den Vermehrungszyklus von Malariaplasmodien in den affizierten Erythrozyten verhindert, können die Träger dieser Hb-Variante in malariagefährdeten Gegenden Afrikas bis zu 45% der Bevölkerung ausmachen.

Die Suche nach genetischen Polymorphismen war stets mit der Frage nach einem möglichen Zusammenhang zwischen der genetischen Variabilität von Oberflächenantigenen sowie der Existenz bestimmter Isoenzyme oder nichtenzymatisch aktiver Serumproteine und der Krankheitsentstehung verknüpft. Eine solche Beziehung besteht zwischen dem *HLA-System* und verschiedenen Krankheiten (s. 2.4.3.). Für die ankylosierende Spondylitis findet man ein bis zu 300fach erhöhtes Risiko, wenn das HLA-B27-Antigen vorliegt. Ähnliches trifft für die Zöliakie zu, wenn das Individuum Träger des Merkmals HLA-DR3 ist (Tab. 2.4.).

Hinsichtlich des Mechanismus, über den eine Kopplung von Oberflächenantigenen vom HLA-Typ und bestimmten Krankheiten zustande kommt, gibt es mehrere, noch nicht gesicherte Vorstellungen. Eine Möglichkeit besteht darin, daß die HLA-Antigene als Rezeptoren von Viren oder anderer pathogenetischer Faktoren dienen und damit für das Eindringen des Agens in die Zellen verantwortlich sind. Andererseits ist nicht auszuschließen, daß auf Grund der Kreuzreaktivität zwischen Antigenen des HLA-Systems und denen von Bakterien oder Viren eine Immuntoleranz besteht, die den pathogenen Prozeß begünstigt. Schließlich kann der erwähnte Zusammenhang lediglich Ausdruck einer sehr engen Nachbarschaft zwischen dem HLA-Locus und einem weiteren Gen sein, das für den pathogenetischen Mechanismus die entscheidende Rolle spielt.

Eine Kopplung von Krankheiten mit dem Vorkommen spezifischer Antigene wurde auch für das *ABO-Blutgruppensystem* nachgewiesen. So treten beim Träger der Blutgruppe A verglichen mit dem der Gruppe 0 bis zu zweifach häufiger Ulcera und Carcinome des Magen-Darmtraktes sowie thromboembolische und rheumatische Erkrankungen auf.

Bezüglich des genetischen Polymorphismus von Enzymen und nichtenzymatisch aktiven Serumproteinen lassen sich in vielen Fällen pathogenetische Mechanismen aus der Funktion des betreffenden Proteins ableiten. Beispielhaft sei das α_1-*Antitrypsin* genannt, von dem genetische Varianten (Z und S) existieren, die eine verminderte proteasehemmende Aktivität aufweisen. Demzufolge treten bei homozygoten Merkmalsträgern (ZZ oder SS) gehäuft chronisch obstruktive Lungenerkrankungen auf.

6.3. *Rezessiver und dominanter Erbgang und Krankheitsentstehung*

Bei seinen Kreuzungsversuchen stellte Mendel fest, daß heterozygote Merkmalsträger häufig einem der beiden Homozygoten weitgehend ähneln, woraus er den Schluß zog, daß eines der Allele den Phänotyp bestimmte. Dieser **dominanten** Merkmalsausbildung stellte er den **rezessiven** Phänotyp gegenüber, der ausschließlich bei dem für dieses Merkmal homozygoten Träger in Erscheinung tritt. Im Gegensatz dazu findet bei zahlreichen Merkmalen (z. B. ABO-Blutgruppensystem, Isoenzyme, Apolipoproteine) eine **codominante** Vererbung statt, bei der beide Allele ihren phänotypischen Ausdruck erlangen. In Übereinstimmung mit den von Mendel geprägten Begriffen lassen sich die genetischen Defekte dominanten und rezessiven Erbgängen zuordnen. Die Ergebnisse molekularbiologischer Forschung haben jedoch gezeigt, daß auf der Ebene des Genotyps eine derartige Abgrenzung nicht durchgängig aufrechtzuerhalten ist. Der Erbgang vieler durch Genmutationen bedingter Erkrankungen wird wesentlich durch die möglichen

Kombinationen zwischen multiplen Wildtypallelen und verschiedenen pathologischen Mutanten bestimmt, so daß Übergänge zwischen Dominanz und Rezessivität zu beobachten sind (Abb. 6.1.).

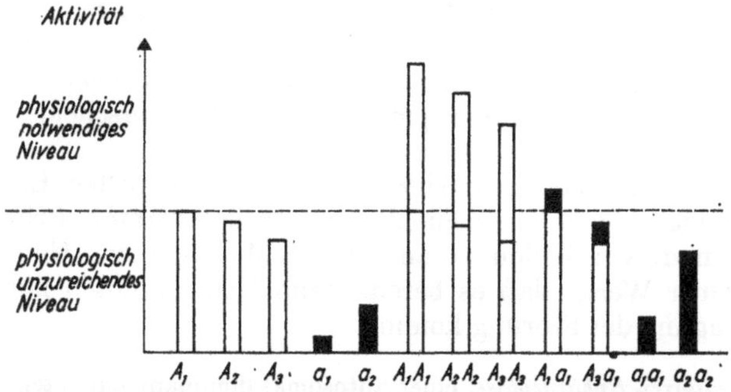

Abb. 6.1. Aktivitäten der Genprodukte homozygoter und heterozygoter Merkmalsträger beim Vorliegen verschiedener Wildtypallele (A_1 bis A_3) und von Mutanten (a_1, a_2).

Für viele Genorte existieren zahlreiche Allele, die ebenso wie das ursprüngliche Wildtypallel als normal anzusehen sind, wenn sie für den Träger keinen Krankheitswert besitzen. Ungeachtet dessen ist es möglich, daß zwischen diesen Wildtypallelen geringe funktionelle Unterschiede (z. B. Aktivität von Enzymen und Carrierproteinen, Affinität von Rezeptorproteinen) bestehen (Abb. 6.1.). Die Genaktivität der Allele A_1, A_2 oder A_3 würde im Homozygoten jederzeit ausreichend sein, um die physiologische Funktion zu gewährleisten. Findet die Kombination mit einem Allel statt, dessen Genprodukt eine wesentlich geringere funktionelle Kompetenz aufweist, dann hängt es vom jeweiligen Wildtypallel ab, ob sich eine Krankheit manifestiert oder nicht. Die Allelkombination A_1 a_1 entspräche einem rezessiven Merkmalsträger, bei dem keine klinischen Symptome nachweisbar sind, obwohl die Aktivität des modifizierten Genproduktes von a_1 deutlich unter dem physiologischen Wert liegt. Auf dieser Beobachtung beruht letzlich die Möglichkeit, rezessive Merkmalsträger mittels des Heterozygotentests von denjenigen Individuen zu differenzieren, die zwei normale Allele tragen. Das gleiche Allel a_1 führt jedoch zur Dominanz, wenn es mit dem Allel A_3 kombiniert wird, da jetzt bereits beim Heterozygoten die physiologisch notwendige Aktivitätsschwelle unterschritten wird und diese Kombination Krankheitswert besitzt.

Die unterschiedliche **Penetranz** von Merkmalen, wie sie bei verschiedenen Krankheitsbildern beobachtet wird, ist Ausdruck der strukturellen und damit auch funktionellen Mikroheterogenität der Genprodukte, die sich nur mit diffizilen biochemischen und molekularbiologischen Methoden erfassen läßt. Schließlich ist auch die Manifestationsstärke oder **Expressivität** eines Krankheitsbildes auf Unterschiede in der Genstruktur zurückzuführen. Im Falle eines Rezeptordefektes würde beispielsweise die Allelkombination a_1a_1 zu wesentlich stärkeren Veränderungen im Stoffwechsel führen als etwa a_2a_2, obwohl es sich in beiden Fällen um Homozygote handelt und die Genprodukte möglicherweise nur anhand einer Aminosäuresequenzanalyse zu unterscheiden sind.

Eine Reihe X-chromosomal oder autosomal gekoppelter Erkrankungen zeigt jedoch ausschließlich einen dominanten Erbgang. In allen diesen Fällen verändert die Mutation das Genprodukt in einer Weise, daß es bereits beim Heterozygoten zur vollen Ausprägung der Störung kommt.

Bei der *hereditären Sphärozytose*, einer autosomal dominant auftretenden Form einer sphärozytären Anämie, werden die Erythrozyten vermutlich durch Einbau falscher Strukturproteine bereits beim heterozygoten Individuum so entscheidend in ihrer Oberflächenstruktur verändert, daß es zu einem vorzeitigen Abbau der Zellen kommt. Bei autosomal dominant vererbten Tumoren, wie der hereditären Polyposis oder dem Retinoblastom, wird angenommen, daß bereits geringe Änderungen in der Aktivität von DNS-Reparaturmechanismen zu einem stark erhöhten Tumorrisiko führen.

Das Beispiel der *familiären Hypercholesterolämie*, einer weiteren Krankheit mit autosomal dominantem Erbgang, macht besonders deutlich, daß es eigentlich das für die Aufrechterhaltung des normalen Stoffwechsels erforderliche Aktivitätsniveau ist, das über Dominanz und Rezessivität entscheidet. Bei diesem Krankheitsbild handelt es sich u. a. um Defekte des LDL-Rezeptors in der Plasmamembran, aus dem ein gestörter LDL-Katabolismus resultiert. Letzterer ist Ursache dafür, daß die erkrankten Individuen bereits in jüngeren Jahren schwere atherosklerotische Veränderungen aufweisen. Heterozygote und Homozygote unterscheiden sich jedoch deutlich hinsichtlich des Serumcholesterolspiegels und des Alters, in dem die ersten klinischen Symptome auftreten. Dieser Tatbestand findet reine Erklärung darin, daß beim Heterozygoten die Zahl der LDL-Rezeptosen weniger stark reduziert ist und demzufolge noch ein entsprechender rezeptorabhängiger Umsatz des LDL erfolgen kann, der die Folgen der Atherosklerose erst im höheren Alter als beim Homozygoten manifest werden läßt.

6.4. Mutagenese

6.4.1. Chemisch induzierte Mutagenese

Erste Hinweise auf eine chemisch induzierte Mutation brachten die Versuche von AUERBACH und ROBSON (1942) und von OEHLKERS (1943), die an verschiedenen Tierspezies den mutagenen Effekt von Stickstofflost bzw. Urethan nachwiesen.

Die Reaktionen der DNS mit einem chemischen Mutagen hängen davon ab, ob sich der Kern in der Ruhe- oder Replikationsphase befindet. Während der identischen Replikation der DNS wird eine Mutation vor allem durch den Einbau von Basenanalogen verursacht. 5-Bromurazil beispielsweise, das vorwiegend in der Ketoform vorliegt, paart sich mit der Base Adenin. Infolge der Tautomerie kann es in die Enolform übergehen, die jedoch in Abweichung von der Ketoform mit Guanin ein stabiles Basenpaar bildet. Diese Tautomerie ist somit Ursache für einen Basenaustausch Adenin-Guanin. Antimetabolite, wie die Folsäureantagonisten (Methopterin) und die Glutaminsäureantagonisten (Azaserin), die auf die Neusynthese von Purinen und Pyrimidinen Einfluß nehmen, sind in die Gruppe derjenigen Mutagene einzuordnen, die während der Replikationsphase wirksam werden.

Zahlreiche chemische Agentien wirken auf den Ruhephasekern, so daß zunächst ein prämutativer Zustand erreicht wird, der sich erst im Verlaufe einer oder zweier Replikationsschritte zur stabilen Mutation entwickelt, Ein klassisches Beispiel hierfür ist die Einwirkung salpetriger Säure auf Aminobasen. Durch Oxidation der 2-Aminogruppe des Guanins entsteht Xanthin (Abb. 6.2.), das jedoch ein gleiches Basenpaarungsverhalten wie Guanin zeigt, so daß aus dieser chemischen Modifizierung keine Veränderungen hinsichtlich der genetischen Information resultieren. Ganz anders verhält es sich beim Cytosin, das durch salpetrige Säure in Uracil umgewandelt wird. Letzteres zeigt im Unterschied zum Cytosin ein anderes Basenpaarungsverhalten. Infolgedessen wird im Verlauf der nächsten Replikation die im prämutativen Zustand komplementäre Base Guanin durch Adenin ersetzt. Erst nach der zweiten Replikation weist einer der beiden Doppelstränge eine stabile Mutation auf, indem jetzt Thymin-Adenin anstelle des ursprünglichen Basenpaares Cytosin-Guanin steht.

Als mutagene Substanzen sind weiterhin *alkylierende Verbindungen* bekannt, die vor allem durch eine nukleophile Substitution am Stickstoff 7 des Guanins eine chemische Modifizierung der Base bewirken. Diese kann

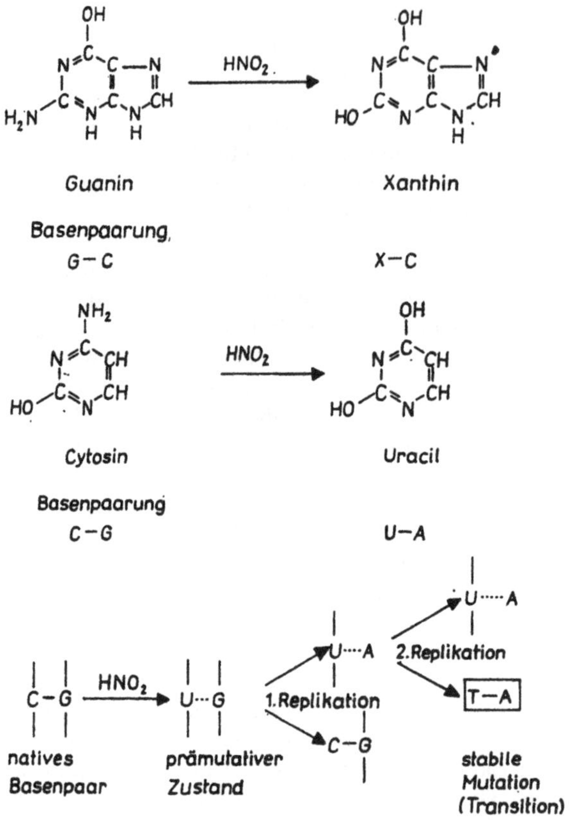

Abb. 6.2. Chemische Mutagenese durch salpetrige Säure. Im Falle der Reaktion der salpetrigen Säure mit Cytosin findet eine Transition statt.

Ausgangspunkt für ein verändertes Basenpaarungsverhalten sein, aber auch zur Depurinisierung mit nachfolgendem Strangbruch der DNS führen. Es existieren Hinweise, daß eine Alkylierung auch an den Phosphorylgruppen der Nukleotide erfolgt. Bifunktionelle Alkylantien (s. 2.2.1.) bewirken eine Quervernetzung der beiden DNS-Doppelstränge, was zu Fehlablesungen und zur Behinderung der DNS-Replikation führt.

Nicht selten bewirkt die Interaktion von *Radikalen* mit der DNS eine Mutation. Die Störung des peroxidativen Gleichgewichtes (s. 2.2.1.) kann sowohl durch chemische Verbindungen als auch durch ionisierende Strahlen ausgelöst werden.

Der mutagene Effekt basischer Farbstoffe, wie beispielsweise der Actidine, ist ebenfalls seit längerem bekannt. Der als *Interkalation* bezeichnete Einbau dieser Verbindungen in die DNS-Helix ist als prämutativer Zustand aufzufassen, aus dem im Verlauf der nächstfolgenden Replikation Fehlablesungen, vor allem in Form von Baseninsertionen, resultieren.

6.4.2 *Strahleninduzierte Mutagenese*

Ionisierende und **UV-Strahlen** können sowohl auf direktem als auch auf indirektem Wege eine Veränderung der genetischen Information bewirken. Von einem **direkten Strahlungseffekt** spricht man, wenn sich die Schädigung unmittelbar in demjenigen Molekül manifestiert, das Ort der Absorption der Strahlung ist. Eine direkte Wirkung äußert sich in Form von Anregungszuständen, der Ionisierung und von elastischen Kernkollisionen.

Sowohl *Röntgen-* als auch *γ-Strahlen* lösen in der ersten, physikalischen Phase verschiedene Effekte aus. Neben dem photoelektrischen Effekt, bei dem die auftreffenden Quanten ihre gesamte Energie auf die Schalenelektronen übertragen, beobachtet man den COMPTON-Effekt, bei dem nur ein Teil des Impulses der Quanten an die Elektronen abgegeben wird. Schließlich treten bei Quantenenergien > 1 MeV Elektronen-Positronen-Paare auf. In allen diesen genannten Fällen ist es die Rückkehr in den energetischen Grundzustand, die zu Schäden in der DNS führt. Neben Elektronendelokalisationen, die ein verändertes Basenpaarungsverhalten bedingen, treten Einzel- und Doppelstrangbrüche der DNS auf.

Neutronen, deren Energie $10^{-2}-10^{8}$ eV betragen kann, führen zu elastischen Zusammenstößen mit Kernen, sofern jene durch niedrige Energien gekennzeichnet sind. Der Energietransfer vom Neutron zum Kern ist umgekehrt proportional zur Masse des Rückstoßkernes. Daraus resultiert, daß beispielsweise 50% der Neutronenenergie auf Wasserstoffkerne und nur 1% auf Bleikerne übertragen wird. Hieraus ergibt sich die vorrangige Schädigung lebender Organismen, in denen 90–95% der Neutronenenergie auf den Wasserstoff übertragen wird. Neutronen werden aber auch vom Kern eingefangen. Der dabei entstehende Compound-Kern ist durch einen hohen Anregungszustand gekennzeichnet. Die Rückkehr dieses Kernes in den Ruhezustand ist durch die Aussendung von γ-Strahlen sowie durch die Freisetzung von α- und β-Partikel gekennzeichnet. Die durch Neutronenstrahlen induzierten Rückstoßkerne und die mit dem Neutroneneinfang verbundenen sekundären Strahlungen lösen ebenfalls DNS-Schäden aus, die sich vor allem als Strangbrüche bemerkbar machen.

Schließlich bedingt die Interaktion der elektrischen Felder von α- und *β-Partikel* mit Nukleinsäuremolekülen Veränderungen der DNS-Struktur, die sich wiederum in Form von DNS-Strangbrüchen oder als gehäufte Chromosomenbrüche nachweisen lassen.

Von ebenso großer Bedeutung wie die Wechselwirkung elektromagnetischer und korpuskulärer Strahlungen mit den Nukleinsäuren sind die **indirekten Strahlungseffekte**, bei denen Energieabsorption und Schädigung unterschiedliche Moleküle betreffen. *Radikale* spielen hierbei die Vermittlerrolle. Im Vordergrund steht die Radiolyse des Wassers, bei der nach folgenden Gleichungen die Radikale $OH^{\cdot}$ und $H^{\cdot}$ sowie e^{-} entstehen.

$$H_2O \xrightarrow{E} H_2O^{+} + e^{-} \quad (6.1)$$

$$H_2O^{+} \rightarrow H^{+} + OH^{\cdot} \quad (6.2)$$

bzw. $$H_2O + e^{-} \rightarrow H^{\cdot} + OH^{-} \quad (6.3)$$

Die bei der Radiolyse des Wassers gebildeten Radikale vermögen die DNS auf unterschiedliche Weise zu schädigen. Neben der Sprengung der Zucker-Phosphatbindung sowie der N-glykosidischen Bindung besteht die Möglichkeit der Oxidation des Zuckers. Außerdem bewirken die Radikale eine oxidative Spaltung der Basen, wobei sich die Purinringe gegenüber den Pyrimidinringen als resistenter erweisen.

6.4.3. Virusinduzierte Mutagenese

Es gibt zahlreiche Hinweise auf mögliche Chromosomenveränderungen, die durch eine virusinduzierte Umstellung des Zellstoffwechsels ausgelöst werden sollen. Weiterhin ist sehr wahrscheinlich, daß es im Rahmen der virusbedingten Cancerogenese zum Einbau von Genen in den Wirtsorganismus kommt, durch den der Tumorprozeß initiiert wird (s. 7.3.4. und 7.3.5.).

6.5. Mutationen als Krankheitsursachen

Unter Bezug auf die strukturellen Veränderungen im Genom werden die Mutationen in **Genom-**, **Chromosomen-** und **Genmutationen** untergliedert. Man rechnet damit, daß zur Geburt ca. 25% der Defekte ihre phänotypische Expression finden, bis zum Abschluß der Pubertät sind es ca. 90%. Die Beteiligung der Organe bzw. Organsysteme an den durch einen MENDELschen Erbgang charakterisierten Defekte ist in Abb. 6.3. ausgewiesen.

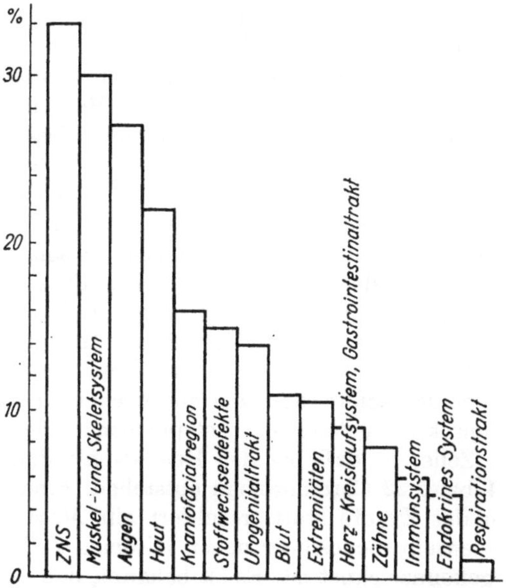

Abb. 6.3. Frequenz, mit der schiedene Organe und Organsysteme von genetischen Defekten mit MENDELschem Erbgang betroffen sind (Angaben nach COSTA et al. 1983).

6.5.1. *Genommutationen*

Unter Genommutationen versteht man zahlenmäßige Änderungen im Chromosomenbestand, wobei es sich um die Zunahme von Chromosomensätzen (Polyploidie) sowie um Abweichungen von der für den Menschen charakteristischen Chromosomenzahl von 46 (Aneuploidie) handeln kann.

Polyploidie bedeutet eine Vervielfachung des aus 23 Chromosomen bestehenden haploiden Satzes. In stoffwechselaktiven Geweben, die durch eine hohe Proliferationsrate (Tumoren, Regenerationsprozesse s. 7.2. und 7.3.) gekennzeichnet sind, findet man gehäuft eine derartige Vervielfachung der Chromosomensätze, so daß sich unter den genannten Bedingungen triploide, tetraploide oder auch pentaploide Zellen beobachten lassen. Die Ursache hierfür ist im Ausbleiben der Zellteilung nach erfolgter Chromosomenverdoppelung zu sehen. Während in rasch proliferierenden Geweben vereinzelt polyploide Zellpopulationen existieren können, sind Individuen mit einem derartigen Defekt nicht lebensfähig.

Das Auftreten triploider Zellen bei Neugeborenen ist stets mit schweren Schädigungen des Organismus verbunden.

Die **Aneuploidie** manifestiert sich im allgemeinen als Erhöhung oder Verminderung der für das diploide Genom des Menschen charakteristischen Zahl von 46 Chromosomen. In Zygoten lassen sich sehr häufig Aneuploidien nachweisen; meistens sind diese jedoch nicht lebensfähig. Von einer *gonosomalen Aneuploidie* spricht man, wenn die Zahl der X-Chromosomen vermindert (Monosomie) oder erhöht (z. B. auf drei Geschlechtschromosomen bei der Trisomie) ist. Im Falle der *autosomalen Aneuploidie* sind die übrigen Chromosomenpaare von der zahlenmäßigen Änderung betroffen. Häufig liegt die Ursache für diese Formen der Aneuploidie in dem fehlerhaften Auseinanderweichen der Chromosomen (Nondisjunktion) während der meiotischen oder mitotischen Kernteilung. Infolge Nondisjunktion gelangt das entsprechende Chromosomenpaar in eine Zelle, so daß bei der Reduktionsteilung haploide Sätze mit 24 bzw. 22 Chromosomen entstehen. Findet die Nondisjunktion in der Zygote statt, resultiert ein *Mosaik*, das durch das Vorhandensein monosomer neben trisomen Zellen in einem Individuum gekennzeichnet ist. Es ist bekannt, daß die Aneuploidie sowohl in den Keimbahnzellen als auch in Somazellen mit dem Lebensalter zunimmt.

Beispielhaft für eine gonosomale Monosomie sei das Ullrich-Turner-Syndrom genannt, das eine numerische Chromosomenanomalie darstellt (45, X). Infolge Fehlens des zweiten Geschlechtschromosoms kommt es zur Degeneration der weiblichen Gonaden. Obwohl entsprechend der Lyon-Hypothese nur jeweils eins der beiden weiblichen Geschlechtschromosomen aktiv ist, tritt beim Vorliegen einer Monosomie des X-Chromosoms diese Mißbildung auf. Das Klinefelter-Syndrom ist durch die Existenz zweier X- und eines Y-Chromosoms (47, XXY) gekennzeichnet. Klinisch liegt ein Hypogonadismus des Mannes vor, bei dem die Unterentwicklung der sekundären Geschlechtsmerkmale im Vordergrund steht. Offensichtlich ist auch bei diesem Krankheitsbild das zweite X-Chromosom genisch nicht inaktiv. Die Existenz von drei X-Chromosomen ist beim sogenannten Triplo-X-Syndrom (47, XXX) gegeben.

Als autosomale Aneuploidien sind im wesentlichen die Trisomien 13, 18 und 21 bekannt. Letztere ist als die häufigste anzusehen. Ausdruck dieser *Trisomie 21* ist das Down-Syndrom (Mongoloidismus), das durch das Auftreten von Schwachsinn und verschiedene Organmißbildungen gekennzeichnet ist. Andere Formen der autosomalen Trisomie oder Monosomie stellen offensichtlich einen Letalfaktor dar, da sie nur äußerst selten zu beobachten sind.

6.5.2. Chromosomenmutationen

Strukturelle Veränderungen der Chromosomen werden als Chromosomenmutationen bezeichnet. Bei dem Verlust terminaler Chromosomenabschnitte (**Defizienzen**) entscheidet das Vorhandensein des Zentromers darüber, ob das Chromosomenstück weiter existiert oder zugrunde geht. Beim Verlust eines Zwischenstückes spricht man von **Deletion.** Häufig schließen sich zurückbleibende Chromosomenreste ringförmig zusammen (**Ringchromosomen**). Von einer **Translokation** spricht man, wenn Chromosomenabschnitte im gleichen Chromosom oder zwischen verschiedenen Chromosomen ausgetauscht werden. Schließlich kommen Drehungen einzelner Chromosomenabschnitte um 180° (**Inversion**) und Verdopplungen (**Duplikation**) vor. Für viele dieser Chromosomenmutationen ist ein eindeutiger Erbgang nicht nachweisbar, da die Veränderungen im allgemeinen als Letalmutation aufzufassen sind oder der Träger einer solchen mutativen Veränderung das fortpflanzungsfähige Alter nicht erreicht. Im allgemeinen geht den genannten Chromosomenmutationen ein durch ionisierende Strahlen, Viren oder auch chemische Mutagene ausgelöster Chromosomenbruch voraus. Es ist bekannt, daß ein großer Teil dieser Brüche im Anfangsstadium von entsprechenden Reparatursystemen beseitigt werden kann.

An dieser Stelle sei auf das durch eine Translokationstrisomie 21 bedingte DOWN-Syndrom verwiesen, bei dem im Gegensatz zu dem durch Genommutation entstandenen Mongoloidismus ein kompletter diploider Chromosomensatz mit 46 Chromosomen (X, Y bzw. XX) existiert. Die Translokationstrisomie 21 entsteht durch Austausch des langen Armes eines Chromosoms (häufig Chromosom 15) mit dem kürzeren Arm des Chromosoms 21.

6.5.3. Genmutationen

Unter Genmutationen versteht man Veränderungen der genetischen Information, die sich auf der Ebene der Gene abspielen. Es handelt sich somit um molekulare Strukturveränderungen, die nicht im Karyogramm zu erfassen sind. Vielmehr bedarf es zum Nachweis derartiger Veränderungen biochemischer und molekularbiologischer Techniken wie etwa der Sequenzierung der Proteine oder der Basen einer DNS bzw. der Hybridisierung von DNS-Fragmenten. Insbesondere durch die Anwendung der Hybridisierungstechnik in Verbindung mit dem Zerschneiden von Nukleinsäuren mittels Restriktionsenzymen ist es heute möglich, Aussagen über Änderungen der DNS-Struktur zu gewinnen, ohne die genaue Struktur des Genproduktes zu kennen. Diese Methoden erlauben auch, Veränderungen in den flankierenden Genabschnitten zu erfassen, die nicht exprimiert werden. Auf diese Weise ist die Beurteilung von Nukleotidsequenzen möglich, denen ausschließlich regulatorische Bedeutung zukommt.

Man unterscheidet **Punktmutationen**, die sich aus der Änderung einer einzigen Base in der DNS ergeben, von Segmentmutationen, bei denen die Nukleinsäurestruktur über mehrere Nukleotide verändert wurde. Punktmutationen treten in Form eines Basenverlustes (**Deletion**), eines Baseneinschubes (**Insertion**) oder eines Basenaustausches auf. Im letzten Falle können Purinbasen gegen Pyrimidinbasen ausgetauscht werden (**Transversion**), wovon insgesamt acht Möglichkeiten existieren (Abb. 6.4.). Eine **Transition** liegt dann vor, wenn Purin- bzw. Pyrimidinbasen gegen den gleichen Basentyp ausgetauscht werden.

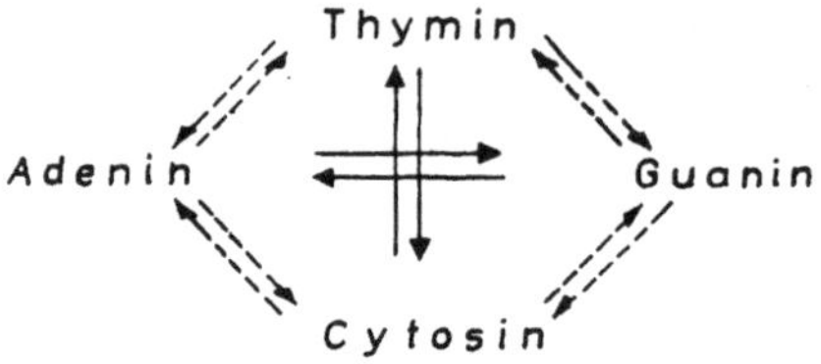

Abb. 6.4. Möglichkeiten von Punktmutationen, die sich als Transversion (- - - ->) oder Transition (———>) manifestieren.

Die Folgen einer Punktmutation sind sehr unterschiedlich, was sowohl von der Art der vorliegenden Mutation als auch von der Stellung der Base im Triplett abhängt. Infolge der hohen Redundanz des genetischen Codes bleibt in vielen Fällen ein Basenaustausch ohne Einfluß auf den Phänotyp, wenn nämlich ungeachtet des stattgefundenen Basenaustausches die gleiche Aminosäure codiert wird. Entsprechend der Wobble-Hypothese trifft dies besonders für die dritte Base des Tripletts zu, die für die Codierung mehrerer Aminosäuren ohne Belang ist. In zahlreichen Fällen resultieren aus Basenaustauschmutationen Änderungen der Aminosäuresequenz, ohne daß sich jedoch Konsequenzen hinsichtlich der Funktion des Proteins feststellen lassen. Die Folge hiervon ist die Mikroheterogenität vieler Proteine, die sich zum Teil nur mit Hilfe der Proteinsequenzierung nachweisen läßt und die letztlich Ausdruck der Existenz multipler Allele ist. Für das Hämoglobin wurden beispielsweise ca. 250 Mutanten auf der Grundlage eines

Basenaustausches nachgewiesen, von denen die meisten ohne Folgen für den Sauerstofftransport im Blut sind. In einzelnen Fällen derartiger Basenauastauschmutationen beeinträchtigt jedoch die damit verbundene Substitution einer Aminosäure die Funktion des Proteins erheblich, indem die physiologische Aktivität desselben (z. B. Enzym, Carrier, Rezeptor) mehr oder weniger stark herabgesetzt wird.

Schwerste Folgen können sich aus einer Austauschmutation dann ergeben, wenn diese zum *Abbruch der Proteinsynthese* führt, etwa durch Einbau eines Stop-Codons. Die bei einer solchen Mutation noch gebildeten rudimentären Proteine sind im allgemeinen nicht nachweisbar, da sie intrazellulär einem raschen proteolytischen Abbau unterliegen. Baseninsertionen und -deletionen führen zu Verschiebungen im Ablesemuster der Tripletts (*Rastermutanten*), so daß es in Abhängigkeit vom Ort der Mutation im allgemeinen zum vorzeitigen Abbruch der Translation oder zur Synthese defekter Proteine kommt, die keine physiologische Funktion mehr ausüben.

Segmentmutationen, treten in Form von *Insertionen* und *Deletionen* auf. In den meisten Fällen sind diese Mutationen auf ein asymmetrisches crossing over zurückzuführen, wobei infolge einer Fehlpaarung bei der meiotischen Zellteilung in einem Chromosom durch Übernahme mehr oder weniger großer Nukleotidsequenzen eine Zunahme genetischer Informationen stattfindet, während im homologen Chromosom eine Deletion die Folge ist. Zu den auf Grund eines asymmetrischen crossing over entstandenen Hämoglobinen, die auch als Fusionshämoglobine bezeichnet werden, gehört das Hb Lepore (Abb. 6.5.).

Am Beispiel der Hämoglobinvarianten läßt sich auch zeigen, daß der Verlust von Basensequenzen nur bis zu einem bestimmten Grad toleriert werden kann, so daß die Entfernung größerer Abschnitte mit der Funktion des Proteins unvereinbar ist. Die größte Segmentdeletion konnte beim Hb Gun Hill nachgewiesen werden, dessen DNS um 15 Nukleotide verkürzt ist, so daß die β-Kette lediglich 141 Aminosäuren umfaßt. Der Verlust größerer Nukleotidsequenzen im Globingen bedeutet offensichtlich den Abbruch der Proteinsynthese, so daß derartige Genprodukte nicht zu beobachten sind.

In vielen Fällen sind genetische Defekte auf den vollständigen Verlust von Genen zurückzuführen. Eine solche Feststellung kann jedoch nicht ausschließlich auf der Tatsache, daß das Genprodukt fehlt, basieren, da Punkt- und Segmentmutationen mitunter zu rudimentären Proteinen führen, die einer raschen Proteo-

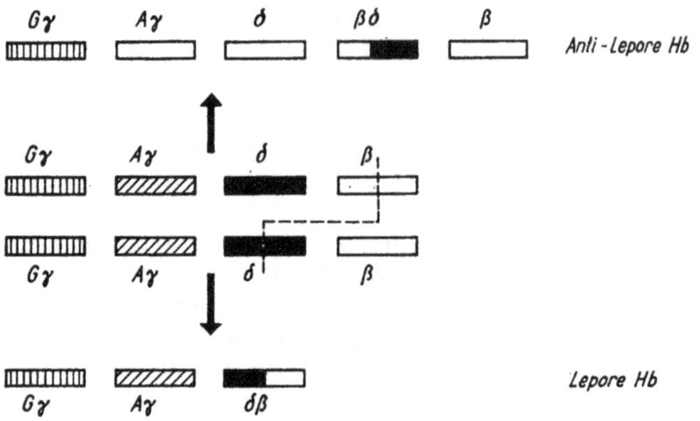

Abb. 6.5. Entstehung von Fusionshämoglobinen am Beispiel des Hb LEPORE. Durch asymmetrisches crossing over (____⌐‾‾‾) kommt es zum Austausch einander nicht entsprechender Nukleotidsequenzen, so daß eine Defektmutante (Hb LEPORE) und eine solche mit einer Segmentinsertion (Hb Anti-LEPORE) entstehen. Infolge Synthese der unphysiologischen $\delta\beta$-Globinkette kommt es beim Hb LEPORE-Träger zur Anämie.

lyse unterliegen, so daß sie sich dem Nachweis entziehen. Der endgültige Beweis für das Nichtvorhandensein eines Gens ist somit ausschließlich mit molekularbiologischen Methoden anzutreten.

Die bisher erwähnten Genmutationen bezogen sich ausschließlich auf Veränderungen an Strukturgenen. Es gibt jedoch Hinweise dafür, daß genetische Defekte durch *Mutationen im Bereich von Regulatorgenen* verursacht werden. Beispielhaft sei die hereditäre Persistenz des fetalen Hämoglobins genannt. Infolge einer Deletion zwischen dem Aγ-Globingen und dem δ-Locus kommt es auch postnatal zur Synthese von γ-Globinketten, so daß homozygote Merkmalsträger nahezu ausschließlich fetales Hb F aufweisen. Aber auch für die β^+-Thalassämie werden Mutationen im Bereich regulatorischer Genabschnitte verantwortlich gemacht. Trotz Vorhandensein des β-Globingens findet nur eine schwache Synthese normaler β-Ketten statt, so daß beim Homozygoten zum überwiegenden Teil HbF und nur zu 20% HbA_1 gebildet wird.

7. Störungen der Entwicklung und des Wachstums

7.1. Störungen der ontogenetischen Entwicklung (Dysontogenese)

7.1.1. Reifungs- und Adaptationsstörungen

Entwicklung aus ontogenetischer Sicht beinhaltet die Entstehung, das Wachstum und die Differenzierung des Gesamtorganismus. Die auf den verschiedenen Organisationsebenen der belebten Materie wie Zellen, Zellverband, Organ und Organsystem ablaufenden Einzelprozesse sind Ausdruck der Dialektik von Teil und Ganzem. **Reifung** umfaßt einschränkend nur Wachstum und Differenzierung, Vorgänge also, die sich der Entstehung der Zygote anschließen. **Wachstum** in der pränatalen Phase bedeutet vorrangig Zunahme der Zellzahl, sowie in begrenztem Umfange auch einen Zuwachs an Zellvolumen. Unter **Differenzierung** sind sowohl morphologische als auch funktionelle Aspekte bei der Herausbildung von Körperstrukturen mit spezifischen Leistungen zusammenzufassen. Auf der Ebene der Zelle bedeutet das beispielsweise den Verlust der Pluripotenz und Ausprägung bestimmter Funktionsmuster und Strukturen, die charakterisitisch für Leberzellen, Muskelzellen, Erythrozyten o. a. sind. Ein Blick auf die sich auf die Entstehung der Zygote bis zur Geburt anschließenden Phasen der Entwicklung macht deutlich, daß es sich hierbei um sehr komplexe Vorgänge handelt, wobei selbstverständlich nur die dialektische Einheit von Wachstum und Differenzierung den Reifungsprozeß ermöglicht. Das teleonomische Verhalten dieses Systems ergibt sich aus dem *Zusammenwirken endogener sowohl als auch exogener Faktoren* (s. 1.1.2.).

Auch wenn heute viele experimentelle Befunde über die pränatale Entwicklung vorliegen, gewähren uns diese noch keinen tieferen Einblick, um die der Entwicklung eines Organismus zugrundeliegenden molekularen Prozesse zu verstehen. Insbesondere gilt dies für die komplizierten Regulationsmechanismen, die für die zeitliche und räumliche Organisation biologischer Strukturen verantwortlich sind.

Zahlreiche endogene und exogene Faktoren können den Ablauf der Entwicklung des menschlichen oder tierischen Organismus beeinträchtigen. Die Komplexität dieser Prozesse macht auch ihre hohe Vulnerabilität verständlich. Die sich in morphologischen oder funktionellen Veränderungen manifestierende *Fruchtschädigung* kann *reversibel* oder *irreversibel* sein und in Abhängigkeit von der Noxe sowie vom Zeitpunkt ihres Einwirkens zum Tode der Frucht führen. Sofern es sich um Anomalien in der Morphogenese handelt, spricht man von Mißbildungen (**Teratologie** als die Lehre von den Mißbildungen). Eine Zusammenstellung wichtiger Mißbildungen ist in Tab. 7.1. gegeben (s. 3.4.).

Tabelle 7.1.

Allgemeine Formen von Mißbildungen

Bezeichnung	Art der Mißbildung
Agenesie	fehlende Anlage eines Organs
Dysgenesie	fehlerhafte Entwicklung eines Organs
Aplasie	ausbleibende Entwicklung eines Organs, das in seiner Anlage vorhanden ist
Hypoplasie	mangelndes Wachstum eines Organs
Dysplasie	fehlerhafte Differenzierung
Ektopie	Versprengung von Gewebe an einen Ort, an dem es bei normaler Ontogenese nicht vorhanden sein dürfte
Atresie	ausbleibende Hohlraum- oder Spaltbildung
Dysraphie	Hemmung der Bildung bestimmter Organteile (z. B. fehlender Schluß von Röhren)

Im Zusammenhang mit der ontogenetischen Entwicklung ist auch die **Adaptation** eine wichtige Reaktion der biologischen Materie (s. 1.1.2.). Hierunter versteht man jene Eigenschaften des Organismus, die seine Lebensfähigkeit unter spezifischen Umgebungsbedingungen bzw. bei erhöhter Leistungsanforderung ermöglichen. Für den sich entwickelnden Organismus stellt vor allem der Übergang vom intra- zum extrauterinen Leben hohe Anforderungen an das Adaptationsvermögen. Die Änderung der Umgebungsbedingungen wie z. B. der Übergang von der Temperaturkonstanz und einem flüssigen Milieu im pränatalen Leben zur wechselnden Temperatur und einer Gasphase in der Postnatalperiode oder die Umstellung von einer kontinuierlichen Versorgung des Feten mit Kohlenhydraten auf die diskontinuierliche Zufuhr von lipidreicher Nahrung erfolgt sehr abrupt, so daß nur das reife Neugeborene ohne Schwierigkeiten in der Lage ist, die Homöostase aufrecht zu erhalten. Besonders diese Phase der erhöhten Beanspruchung der Anpassungsmechanismen ist oft Ausgangspunkt für Erkrankungen des Neugeborenen (s. 7.1.5.).

7.1.2. Teratogenetischer Terminationspunkt

Innerhalb von wenigen Tagen bzw. Wochen entwickelt sich aus der Zygote ein vielzelliger Organismus, der bei Säugern durch die Existenz hochdifferenzierter Zellen und Gewebe gekennzeichnet ist. Im Gegensatz zu einigen Avertebraten, bei denen nach Erreichen einer bestimmten Körpergröße jegliche Teilung somatischer Zellen sistiert, ist bei den meisten Vertebraten die Proliferationstätigkeit einiger differenzierter Gewebe Voraussetzung für die Existenz des Organismus.

Auf jeder Entwicklungsstufe sind Schädigungen möglich, wobei im allgemeinen die Folgen um so schwerwiegender sind, je zeitiger das schädigende Agens einwirkt. Es ist üblich, diejenigen Störungen, die vor der 3. Woche auftreten als **Blastopathien** zu bezeichnen. Von **Embryopathien** spricht man, wenn der Fruchtschaden zwischen der 3. und 12. Woche auftritt; spätere Schädigungen werden unter dem Begriff **Fetopathien** zusammengefaßt.

Sowohl Mutationen als auch exogene Faktoren (z. B. Infektionen, Substratversorgung) können, sofern sie vor dem Abschluß der Embryogenese um die 10. bis 16. Woche wirksam werden, zu Störungen der Formgestaltung führen, die als irreversibel anzusehen sind. Angeborene Störungen sind daher nur zum Teil genetisch bedingt. Mitunter ähneln die durch exogene Faktoren ausgelösten Mißbildungen denen, die durch genetische Fehlinformationen verursacht werden, weswegen man sie auch als **Phänokopien** bezeichnet. Aus dem komplexen, räumlich und zeitlich geordneten Ablauf der Embryogenese resultiert, daß Mißbildungen nur bis zu dem Zeitpunkt des Abschlusses der Organogenese entstehen können. Entsprechende Noxen müssen also vor diesem **teratogenetischen Terminationspunkt** einwirken. Wie aus Tab. 7.2. hervorgeht, ergeben sich je nach dem Zeitpunkt der Schädigung sehr unterschiedliche Mißbildungen, wobei häufig infolge der Gleichzeitigkeit ontogenetischer Prozesse verschiedene Organsysteme betroffen sind, so daß *multiple Fehlbildungen* resultieren. Die Fetopathien unterscheiden sich von den in der Embryogenese auftretenden Schädigungen insofern, als sie nicht zu Mißbildungen führen können und somit hinsichtlich ihres Charakters den Krankheiten im postnatalen Leben ähneln. Nichtsdestoweniger können auch sie zu schweren Entwicklungsstörungen führen, die bei unzureichender Adaptation des Feten den Tod der Frucht bedeuten.

Tabelle 7.2.
Teratogenetische Terminationspunkte für Mißbildungen beim Menschen

Organ/Organsystem	Mißbildung	gestörter Vorgang	Terminationspunkt (Woche)
ZNS	Anenzephalie	Zusammenschluß des vorderen Neuralrohres	4.
Herz-Kreislauf	Transposition der Aorta und A. pulmonalis	Verlagerung des Bulbus cordis	5.
Verdauungstrakt	Oesophagusatresie mit tracheooesophagealer Fistel	Septenbildung im Vorderdarm und Unterteilung in Trachea und Vorderdarm	5.
	Zwerchfellhernien	Schluß des Ductus pleuroperitonealis	6.
	MECKEL'sches Divertikel	Rückbildung des Ductus omphaloentericus	10.
Urogenitaltrakt	Uterus bicornis	Fusion des unteren Abschnittes der MÜLLER'schen Gänge	10.
	Kryptorchismus	Descensus testis	28.–36.

7.1.3. Ätiologische Faktoren

Für die Entstehung von Fruchtschäden sind sowohl endogene als auch exogene Faktoren verantwortlich, wobei man davon ausgehen kann, daß in einer großen Zahl der zu beobachtenden Fälle die Schädigung auf der dialektischen Wechselwirkung zwischen exogenen ätiologischen Faktoren und dem endogenen Bedingungsgefüge beruht (s. 1.1.2. u. 2.3.). Das trifft besonders dann zu, wenn auf Grund des Vorliegens genetischer Varianten von

Proteinen (z. B. Enzyme) die Anpassungsfähigkeit des Individiums an veränderte Bedingungen unzureichend ist und auf diese Weise eine Fehlentwicklung eingeleitet wird.

Endogen bedingte Störungen sind im Bereich der *genetischen, epigenetischen* sowie der *metabolischen Regulation* der Entwicklungsvorgänge anzutreffen. Die erstgenannten manifestieren sich als Genom-, Chromosomen- und Genmutationen (s. 6.5.) und führen je nach Art des Defektes zu mehr oder weniger umfangreichen Fruchtschäden. Derartige Defekte stellen entweder das Ergebnis einer Neumutation in den weiblichen oder männlichen Keimzellen dar oder wurden entsprechend den MENDELschen Erbregeln als stabiles genetisches Merkmal übertragen. Es hängt von der Art des genetischen Defektes und den intrauterinen Realisierungsbedingungen ab, ob sich eine Mutation in Form von Fruchtschäden oder aber erst im postnatalen Leben als eine hereditäre Erkrankung manifestiert. Die Mechanismen, die bei Genom- und Chromosomenmutationen zur Entstehung der Mißbildungen führen, sind heute noch weitgehend unbekannt. Als **exogene** Faktoren können Infektionen mit Viren oder Bakterien, chemische Agenzien, ionisierende Strahlen, Immunreaktionen, Hormone sowie Mangel an Sauerstoff oder Substraten wirksam werden.

Schwere Fruchtschäden sind bei Infektion mit Herpes-Simplex-Viren sowie Röteln, Zytomegalie und Pockenviren zu erwarten, während Myxoviren und Enteroviren nur ausnahmsweise Mißbildungen oder anderweitige Schädigungen bedingen. Für bakterielle Erreger stellt die Plazenta im allgemeinen eine Barriere dar, die den Feten vor einer Infektion schützt. Bei schweren bakteriellen Infektionen der Mutter, die zu einer Störung dieser Barrierefunktion führen, ist aber auch ein Übertritt von Erregern in den fetalen Organismus möglich, so daß eine Fetopathie resultiert. Zu den häufigsten Bakterien, die zu einer Infektion des Feten Anlaß geben, gehören Staphylococcen, Streptococcen, Pneumococcen, Salmonellen und Mycobakterien.

Es gilt als sicher, daß eine Reihe von Pharmaka, die vom adulten Organismus ohne nachteilige Folgen biotransformiert und ausgeschieden werden, zu gravierenden Embryopathien führen, wobei der Zeitpunkt der Applikation ganz entscheidend die Art der Schädigung bestimmt. Unter anderem sind Analeptika, Analgetika, Antibiotika, Antikoagulantien, Sulfonamide und Zytostatika für ihre fruchtschädigende Wirkung bekannt geworden. Aber auch andere chemische Verbindungen wie Suchtmittel und Alkohol stellen Noxen für den Feten dar. Selbst Hormone, die zu therapeutischen Zwecken verabreicht werden, führen unter Umständen zu

Mißbildungen. Im Tierexperiment gelingt es beispielsweise, durch Applikation von Corticosteroiden zu einem bestimmten Zeitpunkt der Ontogenese vermehrt Lippen-Gaumen-Kieferspalten zu verursachen.

Infolge des Überganges von Antikörpern vom mütterlichen in den kindlichen Kreislauf sind auch Immunschädigungen des Feten möglich. Beispielhaft seien der Morbus Basedow der Mutter und die Rh-Unverträglichkeit genannt. Ersterem liegt die Existenz von thyreoideastimulierenden Immunglobulinen zugrunde (s. 12.2.4.3.), die in den kindlichen Organismus gelangen und dort zu einer Stimulierung der Schilddrüse führen, so daß es zu Wachstumsstörungen und Veränderungen im fetalen Metabolismus kommt. Bei der Rh-Unverträglichkeit treten die von der Mutter produzierten Anti-Rh-Antikörper in den kindlichen Organismus über und verursachen dort eine Hämolyse. Das vermehrt anfallende Bilirubin hat eine zytotoxische Wirkung, so daß es häufig zu schweren Schädigungen des ZNS kommt.

7.1.4. *Pathogenetische Mechanismen der Dysontogenese*

7.1.4.1. *Pathologische Determinierung*

Störungen der genetischen, epigenetischen und metabolischen Regulation haben besonders für die Determinierung und die sich daran anschließenden Differenzierungsvorgänge Bedeutung. Die Determinierung erfolgt u. a. im Stadium der Blastogenese, wenn in Abhängigkeit von der Lokalisation der Zellen diese hinsichtlich ihres weiteren Entwicklungsganges fixiert werden. Diese Selektion für eine spätere Differenzierung z. B. als Muskel-, Leber- oder Nervenzelle ist nicht nur durch die Änderung der Umgebungsbedingungen gewährleistet, sondern als ein auf Tochterzellen übertragbares Merkmal anzusehen, da die nachfolgenden Zellgenerationen, gegebenenfalls auch in einer anderen Umgebung, das Gedächtnis für diesen Entwicklungsweg bewahren. Im allgemeinen ist dieser Vorgang irreversibel. Die Umkehr von bereits determinierten Zellen zu einem anderen Differenzierungsmuster ist als **Transdeterminierung** bekannt. Es ist anzunehmen, daß derartige fehlerhafte Entwicklungen nach bereits vollzogener Determinierung auch beim Säuger Ursache für Anomalien, etwa im Sinne einer Ektopie (s. Tab. 7.1.), sind.

Experimentelle Untersuchungen an *Drosophila* haben zum Nachweis von Transdeterminierungen geführt. Hierbei handelt es sich um die Beobachtung, daß ein Gewebssegment, das unmittelbar vor dem Schlüpfen der Taufliege eine bestimmte Determinierung aufweist, eine andere, nicht mit der ursprünglichen übereinstimmende Differenzierung erfährt. Extreme Beispiele derartiger Störungen sind die homöotischen Mutationen, bei denen etwa an einem Antennensegment eines Insekts Beine gebildet werden.

Zweifellos hat die epigenetische Regulation eine große Bedeutung für die Differenzierung und den Erhalt eines einmal erreichten Differenzierungszustandes. Das läßt sich anhand von Versuchen belegen, in denen durch Beeinflussung des Methylierungsgrades der DNS die Differenzierung von Zellen modifiziert wurde. Solche Änderungen im Differenzierungsgrad stehen den Metaplasien und Dysplasien (s. 7.3.) sehr nahe.

Dysplasie, Metaplasie und Transdeterminierung sind Hinweise darauf, daß Zellen trotz der eingeleiteten oder auch vollzogenen Differenzierung nicht die molekularen Grundlagen für einen anderen Entwicklungsweg verlieren. Als Beweis für die Konservierung des gesamten Genbestandes auch in hochdifferenzierten Zellen ist der Versuch anzusehen, bei dem einer Froschoozyte der Kern entfernt und dieser durch einen aus dem Epithel der Darmmukosa einer Kaulquappe stammenden ersetzt wurde. Experimentell konnte die Entwicklung bis zum adulten Frosch geführt werden. Somit ist die Schlußfolgerung gerechtfertigt, daß hochdifferenzierte Zellen den gesamten genetischen Informationsbestand konserviert haben. In Abhängigkeit von äußeren und inneren Faktoren bzw. Realisierungsbedingungen ist daher eine ektopische Hormon- oder Enzymproduktion möglich, wie sie bei der malignen Transformation häufig angetroffen wird (s. 7.3.11.2.).

7.1.4.2. Störungen der Zell-Matrix- sowie Zell-Zell-Interaktion

Aus Untersuchungen an Avertebraten und Zellkulturen von Säugetiergeweben ist abzuleiten, daß die Kontrolle der Reifung in hohem Maße von den Umgebungsbedingungen, d. h. dem Milieu, in dem sich die Zellen befinden, abhängig ist. **Teratome** bzw. Teratocarcinome, das sind Tumoren, die aus pluri- oder omnipotenten Zellen hervorgegangen und aus verschiedenen Gewebetypen aufgebaut sind, bilden einen wichtigen Beweis dafür, daß eine inadäquate Umgebung zu fehlerhaften Entwicklungen führt. Auch hier unterstützt das Tierexperiment diese für die menschlichen Teratome nicht bewiesene Auffassung. Pflanzt man beispielsweise eine befruchtete Oozyte der Maus in Nierengewebe ein, entwickelt sich ein Teratom, häufig auch ein Teratocarcinom. Bei Implantation des befruchteten Eies in den Mäuseuterus entwickelt sich dagegen eine normale Frucht. Analoge Hinweise auf die Bedeutung der Milieubedingungen für die normale Ontogenese existieren auch aus entsprechenden Versuchen mit anderen Spezies.

Die *interzelluläre Grundsubstanz* erweist sich als ein wichtiger Faktor für die normale Reifung von Zellen, was sich unter in vitro-Bedingungen an Retinazellen oder Chondrozyten nachweisen läßt. Chondrozyten, die sich in einem adäquaten Milieu befinden, bilden Zellklone und produzieren die für den Knorpel charakteristische Grundsubstanz mit Kollagen Typ II. Sobald sie in einem Mangelmedium inkubiert werden und die Zelldichte deutlich verringert wird, beginnen sie Typ I-Kollagen, das ein charakteristisches Syntheseprodukt der Fibroblasten ist, zu sezernieren. Dabei scheinen die Chondrozyten sprunghaft von einem Genprodukt auf das andere umzuschalten, so daß sie offensichtlich durch äußere Bedingungen veranlaßt werden, das genetische Programm von Fibroblasten anzunehmen. Die Tatsache, daß Proteoglykane diesen Vorgang verzögern oder vollständig verhindern, kann als Beweis für die Rolle der Matrix im Differenzierungsprozeß und bei der Erhaltung des Differenzierungszustandes angesehen werden. Es ist daher anzunehmen, daß Fruchtschäden auch aus solchen Störungen resultieren, die die Produktion und Strukturierung der interzellulären Grundsubstanz betreffen.

Ohne Zweifel ist die **Zell-Zell-Interaktion** von weitreichender Bedeutung für die normale Differenzierung der Zellen und Gewebe, so daß sich deren Störung in pathologischen Veränderungen manifestieren wird, ohne daß heute klare Vorstellungen über die pathogenetischen Mechanismen existieren.

Die Wechselwirkung zwischen Zellen erfolgt auf drei unterschiedlichen Wegen:

1. Abgabe von chemischen Substanzen, die von einer Zelle sezerniert werden und auf die benachbarten einwirken. Hierzu gehören unter anderem *Gewebshormone* und *Wachstumsfaktoren*, die über entsprechende Rezeptoren der Plasmamembran oder des Cytosols der Empfängerzelle einen spezifischen Einfluß ausüben.
2. Wechselwirkungen zwischen Molekülen mit Signalwirkung, die an der Plasmamembranoberfläche fixiert sind, und Rezeptoren der Empfängerzelle.
3. Wechselseitige Beeinflussung der Zellen durch Austausch von Metaboliten durch „gap junctions". Im Stadium der Blastozele scheint die Interaktion zwischen benachbarten Zellen über die peripher angeordneten „gap junctions" ein entscheidender Mechanismus bei der weiteren Differenzierung zu sein.

Als ein einfaches Modell zur Untersuchung der Formgestaltung hat sich der Schleimpilz *Dictyostelium discoideum* erwiesen, der unter ungünstigen Bedingungen vom Einzellstadium in einen vielzelligen Organismus übergeht. cAMP stellt ein für dessen Morphogenese entscheidendes Signal dar, das möglicherweise im NH_3 einen wirksamen Antagonisten hat. Die experimentellen Befunde untermauern sehr nachdrücklich die Vorstellung, daß Störungen im Metabolismus dieser Morphogene eine fehlerhafte Formgestaltung nach sich ziehen.

7.1.4.3. Hormone und Wachstumsfaktoren als Ursache der Dysontogense

Die Proliferation von Zellen wird durch eine Reihe von Wachstumsfaktoren kontrolliert, die sowohl konventionelle Hormone (STH, Steroide, Insulin, Thyroxin) als auch lokal wirksame chemische Mediatoren (EGF, epidermaler Wachstums-Faktor; PDGF, Wachstumsfaktor der Plättchen; NGF, Nervenwachstumfaktor) darstellen.

Am Beispiel des NGF läßt sich die physiologische Bedeutung von Wachstumsfaktoren für die normale Reifung von Geweben nachweisen. Dieses aus zwei Subeinheiten von je 118 Aminosäuren bestehende Protein wird von den Zielzellen produziert und führt zu einer Entwicklung der die Zielzelle innervierenden sympathischen Neurone. Experimentell läßt sich nachweisen, daß das Fehlen dieses Faktors oder seine Hemmung durch entsprechende Antikörper zum Untergang der Neuronen führt. Soweit heute bekannt ist, stimulieren die lokalen Wachstumsfaktoren Proteinkinasen, die in unmittelbarer Nachbarschaft zum Plasmamembranrezeptor lokalisiert sind, so daß es durch die Phosphorylierung spezifischer Proteine zur Induktion oder Repression von Genabschnitten kommt. Die in den letzten Jahren gewonnenen Erkenntnisse über die Genprodukte von Onkogenen der Retroviren (s. 7.3.5.) haben den Zusammenhang zwischen den in der Pränatalperiode stattfindenden Wachstumsvorgängen und der Proliferation von Tumorzellen deutlich werden lassen.

Die Wirkung des NGF weist auch auf die chemotaktische Komponente chemischer Mediatoren hin, ohne die eine Organogenese nicht möglich ist. Von den Endothelzellen, den SCHWANNschen Zellen, den Melanozyten und Nervenzellen weiß man, daß sie in der pränatalen Entwicklung zielgerichtete Bewegungen ausführen, um die Interaktion mit anderen Zellgruppen zu gewährleisten. Voraussetzung für ein derartig zielgerichtetes Migrationsverhalten sind sowohl chemotaktisch wirksame Substanzen als auch die Existenz von Rezeptoren auf der Oberfläche der Plasmamembran. Inwieweit Störungen der Wechselwirkung zwischen diesen Elementen Ursachen von Mißbildungen sind, ist heute noch unklar.

Zweifellos kommt den *Hormonen* in der pränatalen Entwicklung mehr als nur die Rolle von Wachstumsfaktoren zu. Je nach dem Grad der Zelldifferenzierung werden sie, wenn auch zu unterschiedlichen Zeiten der Ontogenese, bereits auf den Stoffwechsel Einfluß nehmen, so daß Störungen ihrer Produktion oder der Interaktion mit den Rezeptoren Ausgangspunkt für pränatale Endokrinopathien sind.

Die durch einen mütterlichen Diabetes mellitus bedingte Hyperglykämie des Feten löst bei diesem eine Hyperinsulinämie aus. Je nach dem Zeitpunkt, zu dem die vermehrte Insulinproduktion beim Feten auftritt, ergeben sich gehäuft ein intrauteriner Fruchttod bzw. Mißbildungen. In den meisten Fällen resultieren aus der Hyperinsulinämie eine Makrosomie sowie eine Tendenz zur Hypoglykämie des Neugeborenen.

7.1.5. *Organismische Störungen und Reaktionen in späten Ontogenesephasen*

7.1.5.1. *Differenzen der Pathibilität frühkindlicher Entwicklungsphasen und des erwachsenen Organismus*

Vital wesentliche Strukturen und Funktionen für die einzelnen ontogenetischen Abschnitte werden in erstaunlicher Perfektion systemisch geschlossen und zeitgerecht herausgebildet (*Systemogenese* nach ANOCHIN). Typische Beispiele beim Primaten sind komplizierte Klammerungsreflexe zum selbständigen Festhalten am Haarkleid der Mutter (auch in günstiger Körperposition zur Nahrungsquelle), das aktive, schnelle Brustsuchen, außerdem Saug- und Trinkreflexe. Alle hierfür notwendigen neuronalen Strukturen haben zur Geburt auch beim Menschen eine hohe Reife, die sich nicht mit einfachen kaudal-kranialen o. a. Reifungsregeln ausreichend erklären läßt. Später sind oft Teile der neonatal nachweisbaren Klammerungsreflexe bei Primaten (einschließlich dem Menschen) nicht mehr nachweisbar, dann aber auch biologisch nicht mehr wesentlich.

Die ältere Vorstellung (PORTMANN) von menschlichen Neugeborenen als „physiologischer Frühgeburt“ muß insgesamt revidiert werden. Das Eingruppieren der Primaten in dem Schema Nesthocker-Nestflüchter berücksichtigt hier den wesentlichen biologischen Kontext nicht, wie den notwendigen engen Kontakt zwischen der Mutter und den an ihrem Haarkleid sich festklammernden Säugling (frühe Lernmöglichkeiten!). Primatensäuglinge werden deshalb neuerdings als Brustsäuglinge bezeichnet (PRECHTL). So sind auch aus alleiniger Beobachtung und Interpretation des frühen menschlichen Verhaltens im Bett oder Inkubator (z. T. unphysiologisches Reizfeld) keine vollständigen Einschätzungen der biologischen Leistung des menschlichen Neugeborenen oder Säuglings möglich.

Störungen dieser jeweils biologisch entscheidenden Funktionen im Sinne der Ontogenese haben im Tierreich starke vitale Konsequenzen mit Selektionseffekt. Beim Menschen werden besonders solche, die die Mutter-Kind-Interaktionen beeinträchtigen, folgenschwer für die psychonervale Entwicklung (s. 7.2.3.).

Das Entwicklungstempo der Organe ist nicht gleich, sondern es können Wachstums- und Entwicklungsspurts von Organen und Organsystemen beobachtet werden, in denen dann ein besonders hoher spezifischer metabolischer Bedarf besteht (s. 7.1.4., 7.1.5.2.). Diese Situationen können kaum mit solchen des erwachsenen Organismus verglichen werden, auch nicht mit Phasen generativer Belastung.

Einerseits schaffen diese kritischen ontogenetischen Entwicklungsphasen der Organe eine wesentlich höhere Anfälligkeit gegen Mängel in metabolischen Schlüsselbereichen als im Erwachsenenalter. Zum anderen bedeutet aber der fetal bis neonatal noch beschränkte Grundstoffwechsel vieler im Mittel noch nicht reifen Organe eine höhere Resistenz z. B. gegen akute Hypoxien u. a. (s. 7.1.5.2.). Dabei sind aber auch weitere Besonderheiten des fetal-neonatalen Stoffwechsels ungeachtet der beschränkten Reife wichtig, wie die im Vergleich zum Erwachsenenalter hohen Glykogenreserven von Myokard und Leber.

7.1.5.2. Strukturelle und funktionelle Besonderheiten bei Störungen in der späten Fetal-, Natal- und Postnatalperiode

Während in den früheren Fetalperioden physiologische und pathologische Reaktionsweisen sehr vom speziesspezifischen Stand der Organogenese bzw. der Reifung organismischer Regulationen abhängen (s. 7.1.4.) und noch wenig systematisch erschlossen sind, werden diese in der späten Fetalperiode uniformer. Obwohl auch hier beträchtliche speziesspezifische Reifungsdifferenzen herrschen, bilden sich auf krankhafte Belastungen Reaktionsmuster heraus, die auch neonatal noch sehr ähnlich sind.

Eine generelle Reaktionsform sowohl fetal als auch neonatal ist jene auf hypoxisch, ischämisch bzw. azidotisch wirksame Noxen. In Sonderheit müssen heute verschiedene, wenig geklärte Formen plazentarer Störungen ätiologisch angeführt werden. Oft kombiniert sich dabei Sauerstoff- und Nährstoffmangel, wobei für die fetale Reaktion und Störungen der O_2-Mangel entscheidend ist.

Dieser führt zur Chemorezeptorenreizung und damit der sympathikoadrenal vermittelten Kreislaufzentralisation durch Vasokonstriktion in Organbereichen mit deutlichem α-Rezeptorenbesatz der Widerstandsgefäße. Somit sind Gehirn, Koronarienbereich und Nebennierenrinde von der Vasokonstriktion ausgenommen. In dieser wird zwangsläufig der entscheidende Herzzeitvolumenanteil zentralisiert, damit eine starke Durchblutungssteigerung dieser akut lebenswichtigen Organe ausgelöst. Wegen der multiplikativen Verknüpfung — O_2-Organangebot = Organdurchblutung × arterieller O_2-Gehalt — muß bei absinkendem arteriellen O_2-Gehalt die Durchblutung dieser lebenswichtigen Organe zur Sicherung eines konstanten O_2-Angebots hyperbolisch ansteigen. Tatsächlich ist dies auch tierexperimentell in der Zentralisation bewiesen (Abb. 7.1.). Die Grenzen dieses Kompensationsmechanismus sind danach aber bei schwerer Hypoxie schnell erreicht.

Zum anderen führt die periphere Vasokonstriktion dort zwangsläufig zu einer starken glykolytischen Laktazidose durch Hypoxie bzw. Ischämie. Das verursacht schließlich über die zunehmende Azidose eine kardiale Kontraktilitätssenkung im Circulus vitiosus bis zur zerebralen Ischämie. Trotzdem können schwächere Hypoxien durch Kreislaufzentralisation relativ lange hinsichtlich ihrer deletären Wirkung koupiert werden. Das Ausmaß der Zentralisation hängt natürlich vom Reifegrad der chemorezeptorischen Systemreflexe ab und ist somit stark speziesabhängig.

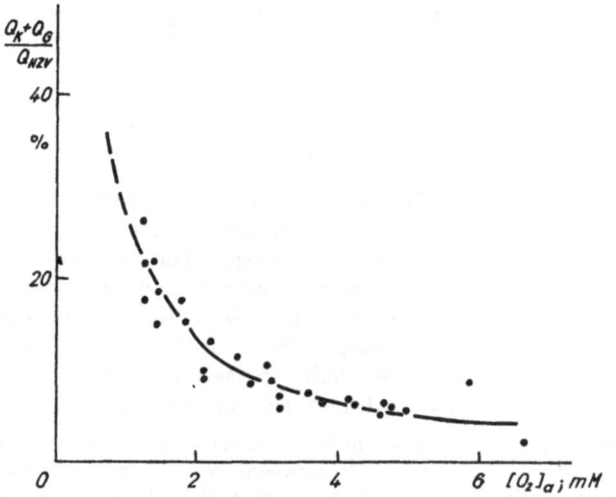

Abb. 7.1. Regulatorischer hyperboloider Anstieg des Herzzeitvolumenanteils zu Herz (Q_K) und Gehirn (Q_G) in Abhängigkeit vom arteriellen O_2-Gehalt ($[O_2]_a$) in mM bei Hypoxie von reifen Schaffeten (nach SHELDON et al.)

Diese sind schwächer bei perinatal „unreifen" Spezies (Ratte, Katze), die andererseits aber auch wegen ihrer geringeren metabolischen Aktivität Hypoxien besser tolerieren.

Trotz dieser Kompensationsmechanismen führen viele hypoxisch-azidotische bzw. ischämische Belastungen zu irreversiblen Hirnschäden, wahrscheinlich oft in Kombination mit einer Reihe anderer Noxen (Infektionen, Stoffwechselstörungen).

Beim Primatenfetus und Neugeborenen sind meist erst bleibende Hirnschäden zu beobachten, wenn die Hypoxie auf dem geschilderten Wege durch eine ischämische Komponente kompliziert wird. Asphyxien (neben Hypoxämie auch Hyperkarbie) wirken wegen der schnelleren intrazellulären pH-Senkung infolge gestörten CO_2-Abtransportes besonders ungünstig. Nervenzellen sind besonders empfindlich gegen Hypoxie, Azidose und Glukosemangel auf Grund ihrer metabolischen Spezifika (im wesentlichen nur Glukose als energetisches Substrat, geringere energetische Speichermöglichkeiten u. a.). Am empfindlichsten scheint dabei die Monoaminsynthese zu sein; schon bei leichter Hypoxie wird die Dopamin- und Serotoninsynthese durch Hemmung von Schlüsselenzymen (z. B. Tyrosinhydroxylase) beeinträchtigt. Morphologische Kompensationsphänomene, wie das Aussprossen zusätzlicher Dendritenkollateralen in Regionen untergegangener Neurone („Sprouting"), sind in ihrer Bedeutung unklar. Möglicherweise können diese nur in der Peripherie einen funktionell günstigen Ersatz liefern.

Die **perinatal** bis zum Ende der siebziger Jahre dominierenden Hypoxien bzw. Asphyxien sind durch entscheidende Verbesserungen geburtshilflichen Monitorings wesentlich seltener geworden.

Neonatal wird die geschilderte fetale Reaktionsform entscheidend durch die Lungenfunktion und den Grad der Umstellung vom fetalen auf den postnatalen Kreislauftypus modifiziert. Bei verzögerter Lungenreifung nach fetalem Distress oder vor allem bei Frühgeburten besteht die Gefahr *mangelnder Surfactantproduktion* (s. 7.1. und 9.2.). Dadurch bleibt infolge zu großer Oberflächenspannung an der alveolaren Grenzfläche die Lunge unvollkommen entfaltet mit dem Ergebnis akuter respiratorischer Globalinsuffizienz (*Atemnotsyndrom* des Neugeborenen). Hypoxie und Hyperkarbie können bei schweren Formen kaum durch die kardiovaskulären Kompensationsmechanismen in ihren zerebralen Auswirkungen vollauf kompensiert werden. Hypoxie führt außerdem zu einem verspäteten Verschluß bzw. zur temporären Wiedereröffnung des Ductus arteriosus Botalli mit zusätzlichem ungünstigen Shuntvolumen.

Die Prognose fetaler, peri- und postnataler Belastungen und Schäden wird vor allem durch die *zerebralen Auswirkungen* bestimmt. Zwar gehen schon physiologischerweise während früher Hirnreifungsphasen zahlreiche Neurone zugrunde, und das frühkindliche Gehirn zeichnet sich durch eine beträchtliche funktionelle Plastizität aus. Jedoch sind diesen Kompensationsmöglichkeiten offensichtlich Grenzen gesetzt. Hierbei sind keine linearen Entwicklungsrelationen zu beobachten. Außerdem können beträchtliche morphologische Ausfälle kompensiert werden, während andererseits geringe Schäden funktionell permanent wirksam sind. Wahrscheinlich ist die funktionelle Stellung und spezifische Plastizität der jeweiligen Hirnstruktur entscheidend. Morphologische Kompensationsphänomene, wie das Aussprossen zusätzlicher Dendritenkollateralen in Regionen untergegangener Nervenzellen („Sprouting") liefern wahrscheinlich nur mitunter in der Peripherie einen funktionell sinnvollen Ersatz.

Insgesamt zeigen überraschenderweise Primaten eine breitere Palette von Kompensationsleistungen als z. B. Nager. Das Verhaltensrepertoire der Primaten (besonders Alternativen) ist generell schon wesentlich größer, mithin auch die Zahl an Interaktionsmöglichkeiten mit der Umwelt. So werden leistungs- und lernstimulierende Rückkopplungen in weit höherem Maße auch bei Schädigungen benutzt, was sich prognostisch auswirken muß. Daher ist die Suche nach adäquatem therapeutischen Verhaltens- und motorischen Training schon in frühen Phasen derartiger Hirnschäden biopathologisch aussichtsreich.

7.2. *Regeneration von Zellen und Geweben*

Eine der Voraussetzungen, an die das Leben mehrzelliger Organismen geknüpft ist, ist die Fähigkeit zur Regeneration von Zellen und Geweben, so daß auch nach Abschluß der Ontogenese Wachstums- und Differenzierungsvorgänge stattfinden. Diese manifestieren sich an den verschiedenen Zellen und Geweben mit unterschiedlicher Intensität und werden als **physiologische Regeneration** (s. 7.2.1.) bezeichnet. Als **reparative Regeneration** (s. 7.2.2.) sind sie zu beobachten, wenn pathologische Gewebsverluste, etwa bei Verletzungen oder entzündungsbedingten Nekrosen, zu ersetzen sind. Störungen der normalen, für den Erhalt des Lebens notwendigen Regenerationsprozesse, kommen einerseits als lokal begrenzte, überschießende Wachstumsvorgänge vor, so daß man von einer **pathologischen Regeneration** (s. 7.2.3.) spricht. Andererseits besteht auch die Möglichkeit des vollständigen Verlustes der durch den Organismus ausgeübten Kontrolle über das Wachstum, so daß Gewebsneubildungen resultieren, die wegen ihres parasitären Charakters als bösartig (**maligne Tumoren**) bezeichnet werden (s. 7.3.).

7.2.1. Physiologische Regeneration

Die physiologische Regeneration beinhaltet sowohl den ständigen Umsatz von Strukturelementen der Zellen und des Interstitiums als auch die Proliferation und Differenzierung von Zellen, so daß bei einem entsprechend großen Untergang von Zellen ein steady state gewahrt bleibt. Die im Endometrium, an der Darmschleimhaut oder hinsichtlich der Blutzellen ständig zu beobachtende physiologische Regeneration belegt die Notwendigkeit des Erhaltes der Teilungsfähigkeit von Zellen. Im Rahmen dieser Vorgänge ist dabei sowohl eine konstante strukturelle Organisation der Einzelzellen, die die ständige *Wiederholbarkeit von Differenzierungsprozessen* einschließt, als auch die weitgehend *identische Restitution* des Gewebsverbandes zu gewährleisten, so daß ähnlich wie bei der Ontogenese Zellbewegungen und Organogenese einer präzisen, heute jedoch im Einzelnen nicht bekannten Kontrolle unterliegen müssen.

Grundlage aller Regenerationsvorgänge ist der **Zellzyklus** (s. Abb. 7.2.), der die G_1-, S-, G_2- und M-Phase umfaßt. Für die Kontrolle der Zellproliferation ist die G_1-Phase von entscheidender Bedeutung. Ihre Länge bestimmt im wesentlichen die Dauer des gesamten Zellzyklus, die in den Grenzen von Stunden (Darmschleimhaut) bis zu mehreren Tagen (Periostzellen) schwankt.

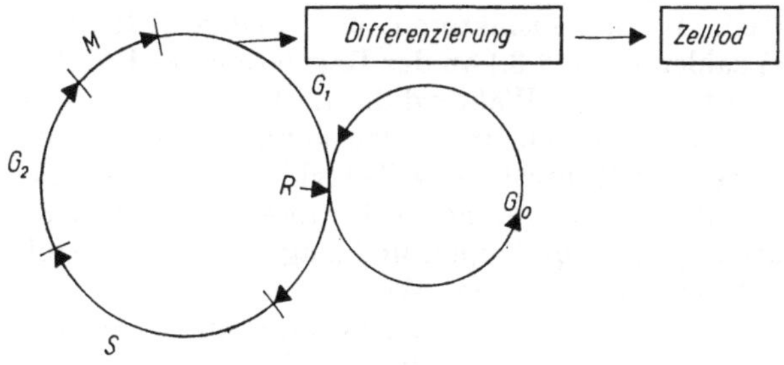

Abb. 7.2. Zellzyklus-Diagramm

G_1, S, G_2 und M stellen einzelne Phasen des Zellzyklus dar; G_0 entspricht einer Zelle im Ruhezustand (präreplikativer Zustand). R bildet einen Restriktionspunkt.

Die der G_1-Phase nachgeschalteten Etappen variieren demzufolge bezüglich ihrer Dauer weniger stark. Die entscheidenden Kontrollpunkte für den Ablauf des Zellzyklus liegen in Stoffwechselprozessen der G_1-Phase. Das Überschreiten des *Restriktionspunktes* R in der G_1-Phase zwingt die Zelle zum Durchlaufen der weiteren Zellzyklusphasen bis zum Wiedereintritt in G_1.

Noch hypothetisch ist die Annahme eines labilen Proteins (U-Protein), dessen intrazelluläre Konzentration entscheidend für den Übergang von G_1 nach S sein soll. Tatsache ist, daß die Zelle in G_1 eine wesentlich niedrigere Proteinsyntheserate aufweist als in den nachgeschalteten Phasen. Es wird daher angenommen, daß die Steigerung der Proteinsynthese, ausgelöst durch chemische Signale (s. u.), die Voraussetzung für das Überwinden des Restriktionspunktes ist.

In die Kontrolle des Zellzyklus ist auch das *Cytoskelett* einbezogen, da abgerundete Zellen eine niedrige Proteinsyntheserate aufweisen, während die Abflachung der Zellform mit einer deutlichen Steigerung derselben einhergeht. Hierin werden auch die Grundlagen zum Verständnis der Kontrolle von Wachstumsvorgängen gesehen (Kontakthemmung s. 7.3.).

Die S-Phase ist durch ihre hohe DNS-Syntheseaktivität, die zur Chromosomenreplikation führt, gekennzeichnet. Damit verbunden ist die hohe Aktivität zahlreicher Enzyme wie DNS-Polymerasen und Nukleotidkinasen, die für die DNS-Synthese notwendig sind. In der anschließenden G_2-Phase beobachtet man vorrangig die Synthese von RNS, chromosomaler Nichthistonproteine und G_2-spezifischer Proteine. Schließlich findet die Mitose statt, während der sowohl die Transkriptionsaktivität als auch die Proteinsynthese stark reduziert sind.

Es muß davon ausgegangen werden, daß *chemische Signale*, zu denen Hormone, Wachstumsfaktoren und andere Effektoren (z. B. Chalone) zählen (Tab. 7.3.) an der Regulation des Proliferationsvorganges beteiligt sind. Während die Wirkungsmechanismen einiger Faktoren teilweise geklärt werden konnten, ist über ihre Koordinierung bei der Kontrolle des Zellzyklus nichts bekannt. Neben den in Tab. 7.3. aufgeführten Faktoren wird auch den bivalenten Kationen Calcium, Kupfer und Magnesium eine regulatorische Bedeutung zugeschrieben. Wesentlich komplexer stellt sich die Kontrolle der Organogenese dar, die durch unterschiedliche Gruppen chemischer Signale vermittelt wird (Tab. 7.4.).

Im Verlauf der Ontogenese verlieren verschiedene Zellgruppen die Fähigkeit zur weiteren Teilung, so daß sie sich nach Proliferation der Vorläuferzellen in *irreversibel postmitotische Zellen* diffe-

Tabelle 7.3.

Klassifizierung von Wachstumsfaktoren

1. Wachstumsfaktoren der Ontogenese
1.1. Epidermaler Wachstumsfaktor (EGF)
1.2. Fibroblastenwachstumsfaktor (FGF)
1.3. Somatomedine
1.4. Nervenwachstumsfaktor (NGF)

2. Wachstumsfaktoren der Regeneration
2.1. Koloniestimulierender Faktor (CSF)
2.2. Erythropoetin
2.3. Epidermaler Wachstumsfaktor

3. Wachstumsfaktoren der reparativen Regeneration
3.1. Wachstumsfaktor der Plättchen (PDGF)
3.2. Wachstumsfaktor der Makrophagen/Monozyten (MDGF)
3.3. Wachstumsfaktor der Endothelzellen (EDGF)

4. Wachstumsfaktoren von Tumoren

Tabelle 7.4.

Chemische Signale zur Differenzierung und Morphogenese während der Zell- und Gewebsregeneration (nach WISSLER 1982)

Vorgang	Funktion der chemischen Signale
Chemopoiesis	Regulation des ungerichteten Wachstums, der Determinierung und Differenzierung von Zellen
Chemomobilisierung	Mobilisierung von Zellen aus dem Ruhepool
Chemokinese	Regulation der ungerichteten Zellmobilität
Chemotaxis	Regulation der gerichteten Zellbewegung durch chemische Verbindungen in Lösungen oder an Oberflächen
Chemotropismus	Regulation der Morphogenese durch Gradienten von Informationsmolekülen
Chemostasis	Überwachung homöostatischer Regulationsmechanismen

renzieren. Hierzu zählen Nerven- und quergestreifte Muskelzellen, die nicht mehr in die G_1-Phase und den Zellzyklus zurückkehren und die einem Alternsprozeß unterliegen (vgl. 7.1.). Andere Zellen und Gewebe bewahren sich die Fähigkeit zur Zellteilung, durchlaufen aber den Zellzyklus unter physiologischen Bedingungen nicht (Leber, Niere, Pankreas, Nebenniere, endokrine Drüsen). Sie halten sich in einer mit G_0 bezeichneten Ruhephase auf, die sich stoffwechselmäßig von G_1 unterscheidet. Die Mechanismen, die unmittelbar vor dem Erreichen des Restriktionspunktes zum Übergang nach G_0 führen sind unbekannt. Die Schädigung des normalen Gewebsverbandes durch physikalische, chemische oder biologische Noxen vermag jedoch die Rückkehr nach G_1 und die sich anschließenden Phasen zu bewirken.

Alternsvorgänge modifizieren die Proliferationsfähigkeit der Zellen und Gewebe. Mit zunehmendem Alter verringert sich die Regenerationsfähigkeit, woraus sich Konsequenzen für die Funktionstüchtigkeit der sich ständig erneuernden Gewebe und für den Ersatz pathologischer Gewebsverluste ergeben.

7.2.2. Reparative Regeneration

Der Ersatz pathologischer Gewebsverluste, die durch unterschiedliche Ursachen wie Durchblutungsstörungen, bakterielle oder virale Infektionen oder mechanische Einflüsse ausgelöst werden, wird als **reparative Regeneration** bezeichnet. Die durch traumatische Einflüsse bedingte Schädigung der Gewebskontinuität bezeichnet man als **Wunde** (Verletzung), bei der in Abhängigkeit vom Schädigungsreiz verschiedene Gewebe (z. B. Haut, Muskel, Knochen) gleichzeitig von einem Gewebsverlust betroffen sein können. Bedingungen vielfältigster Art bestimmen den Umfang und den Differenzierungsgrad des regenerativen Gewebsersatzes. Wie an anderer Stelle erläutert (s. 7.2.1.) unterscheiden sich die Körpergewebe durch ihr Proliferationsvermögen, so daß es von der Art des nekrotisierten Gewebes abhängt, inwieweit eine vollständige Wiederherstellung (Restitutio ad integrum) möglich ist, bzw. lediglich ein Ersatz durch Bindegewebe (Narbe) erfolgt (z. B. Lebercirrhose nach akuter Hepatitis; Narbe nach Herzinfarkt).

Für die reparative Regeneration sind neben den vorwiegend durch proliferative Prozesse gekennzeichneten Vorgängen sowohl die *Entzündungsreaktionen* als auch die *Hämostase* von großer

Bedeutung. In Abhängigkeit von der Ursache des Gewebsverlustes lassen sich die einzelnen Phasen der Entzündung (s. 4.1.) in unterschiedlicher Intensität beobachten. Bei Wunden ist häufig die alterative Phase stark verkürzt, so daß sich rasch exsudative Vorgänge abzeichnen und proliferative Prozesse bereits am ersten oder zweiten Tag nachweisbar sind. Gemeinsam mit den hämostatischen Reaktionen haben die Entzündungsprozesse bei allen mit Nekrosen einhergehenden Vorgängen eine entscheidende Rolle bei der Initiierung der eigentlichen Regeneration. Zu erwähnen sind vor allem die chemischen Mediatoren der Entzündung sowie das Fibringerüst einschließlich der abgespaltenen Fibrinpeptide, die die Einwanderung von Fibroblasten aus dem perivaskulären Gewebe und die Kapillarsprossung veranlassen. Die Fibroblasten sind in der Lage, die Matrixgrundsubstanz, besonders die Glykosaminglykane sowie das Kollagen zu sezernieren, so daß sich Proteoglykane formieren, die wiederum als Leitstrukturen für die Einwanderung höher differenzierter Zellen (z. B. Endothelzellen, Nervenzellen) dienen. Dem Fibrinnetz kommt besonders bei der Reepithelialisierung von Wunden eine wichtige Aufgabe zu, indem es die von den Wundrändern erfolgende Verschiebung der proliferierenden Epithelzellen ermöglicht.

Die Regulation der reparativen Regeneration erfolgt sowohl lokal als auch über zentrale Mechanismen. Die Proliferation wird vor allem durch Wachstumsfaktoren (s. Tab. 7.3.) aber auch durch Hormone (z. B. STH und Somatomedine, Insulin) stimuliert. Die Tatsache, daß die Denervierung den Regenerationsvorgang hemmt, weist auf den Einfluß der nervalen Regulation hin.

7.2.3. *Pathologische Regeneration*

Regenerative Vorgänge können von zahlreichen Störungen betroffen sein, in deren Gefolge atypische Zellen und Gewebe auftreten, was mit dem Begriff der pathologischen Regeneration umschrieben wird. Sowohl die Umgebungsbedingungen in dem betroffenen Gewebe als auch der Allgemeinzustand des Organismus bestimmen Art und Ausmaß derartiger anomal verlaufender regenerativer Prozesse. Die diesem Phänomen zugrundeliegenden Pathomechanismen sind allerdings noch unbekannt.

Bei *überschießenden Regenerationsvorgängen* scheinen proliferationsstimulierende Faktoren (s. Tab. 7.3.) in unphysiologischer Weise einzuwirken, so daß *Hyperplasien* (s. 3.6.) oder hyperplastische Gewebsneubildungen resultieren (z. B. papillomatöse Adenome der Schleimhaut, hyperplastische Narben = Keloid). Unterscheidet sich der Differenzierungsgrad des Regenerates von dem des Muttergewebes, spricht man von eine *Metaplasie* (s. 7.3.). Durch eine Reduktion der Blutversorgung, einen Substratmangel oder durch das Fehlen der erforderlichen Wachstumshormone/faktoren wird die Proliferationstätigkeit stark eingeschränkt, so daß atrophische Veränderungen (s. 3.5.) oder eine mangelnde reparative Regeneration die Folge sind.

7.3. *Biopathologie maligner Tumoren*

Bösartige Gewebsneubildungen (**maligne Neoplasien**) beruhen auf pathologischen Vorgänge, die auf der Zellebene ablaufen und die mit dem fortschreitenden Verlust struktureller und funktioneller Eigenschaften differenzierter Zellen einhergehen. Ursprünglich jede Geschwulst, d. h. eine Volumenzunahme des Gewebes bezeichnend, wird der Begriff des Tumors heute im wesentlichen zur Kennzeichnung von Neoplasien verwendet. Dabei müssen maligne von benignen Tumoren unterschieden werden.

Unter **malignen Tumoren** versteht man nach HOLLE autonome, nicht organisch in den Körper eingefügte, parasitäre Neubildungen, deren Existenz praktisch als irreversibel anzusehen ist. *Autonom* bedeutet, daß das Wachstum des Tumorgewebes nicht mehr in physiologischer Weise durch die Wachstumshormone und -faktoren kontrolliert wird und damit die Organgrenzen nicht mehr eingehalten werden. Charakteristisch ist fernerhin das *infiltrative* und *destruierende Wachstum,* das sowohl auf den *Verlust* der *Kontakthemmung* als auch auf cytolytische Wirkungen, die von den Tumorzellen selbst ausgehen, zurückzuführen ist.

Die an normalen Geweben zu beobachtende *Kontakthemmung* bedeutet, daß sich Zellen nach Ausbildung eines einschichtigen Zellverbandes in der Kultur nicht mehr teilen (s. 7.2.1.); Tumorzellen dagegen bilden mehrschichtige Zellverbände.

Tumoren mit hoher Wachstumsrate (s. 7.3.9.) weisen im allgemeinen zahlreiche Mitosen auf, die häufig atypisch sind. Weiterhin sind Tumorzellen gegenüber solchen des normalen Gewebes durch einen *niedrigeren Differenzierungsgrad* gekennzeichnet. Die Entdifferenzierung der Tumorzellen kann mit einem weitgehenden Verlust ihrer ursprünglichen Eigenschaften einhergehen, so daß u. U. ihre Herkunft auch morphologisch nicht mehr eindeutig zu bestimmen ist (*anaplastische Tumoren,* s. 7.3.14.). Andererseits sind Tumoren beschrieben worden, die einen hohen Grad an Differenziertheit aufweisen und sich funktionell nur unwesentlich von normalen Zellen unterscheiden (*minimum deviation-Tumoren*). Schließlich ist als besonders Kennzeichen maligner Tumoren ihre Fähigkeit zur Absiedlung oder *Metatasierung* hervorzuheben (s. 7.3.10.).

Benigne Tumoren sind als pathologische Hyperplasie zu betrachten, die sich infolge einer unphysiologischen Stimulierung der Mitosetätigkeit herausbildet und häufig zu einer massiven Zunahme von Zellen des betreffenden Gewebes führt, ohne daß eine Infiltration oder Destruktion des gesunden Gewebes erfolgt. Sowohl ein chronisches Überangebot an Hormonen als auch die Behandlung mit chemischen Carcinogenen oder eine virale Infektion können zu gutartigen Tumoren führen; im allgemeinen ist die Ursache dieser Gewebsneubildungen unbekannt.

Die Einordnung solcher Anomalien wie der Präcancerose und der Dysplasie in den multiphasischen Prozeß der Cancerogenese ist noch nicht möglich. Bei der **Präcancerose** handelt es sich um morphologisch faßbare Gewebsveränderungen, die bereits Zeichen der Malignität aufweisen und mit unterschiedlicher Häufigkeit in maligne Tumoren übergehen (z. B. Polyposis intestini, Präcancerosen der Cervix uteri). Unter **Dysplasie** wird eine fehlerhafte Differenzierung verstanden, ohne daß jedoch ein wesensmäßiger Zusammenhang zur malignen Transformation zu erkennen ist. An der Cervix uteri lassen sich beispielsweise Dysplasien unterschiedlichen Grades nachweisen, wobei die schweren Formen mit hoher Wahrscheinlichkeit eine Präcancerose darstellen. Abzugrenzen von den Dysplasien und Präcancerosen sind die **Metaplasien**, die auf eine Änderung der Differenzierungsrichtung des Gewebes zurückzuführen sind. Sie sind Ausdruck einer modifizierten Genexpression, die durch physikalische, chemische oder biologische Reize verursacht werden kann. Beispiele hierfür sind die Plattenepithelmetaplasien des Bronchialepithels (z. B. bei Rauchern) oder des Gallenblasenepithels (z. B. bei chronischer Cholecystitis).

Ebenfalls von der Tumorbildung abzutrennen sind solche Prozesse wie die physiologische Hyperplasie oder die pathologische Regeneration (s. 7.2.3.). Erstere ist Ausdruck einer physiologischen Stimulierung der Mitoseaktivität, die beispielsweise während der Pubertät oder der Schwangerschaft (Brustdrüse) zu einer Zellvermehrung führt und überwiegend durch diploide Zellen gekennzeichnet ist. Beiden Prozessen fehlt ebenso wie den benignen Tumoren die Eigenschaft des infiltrierenden bzw. destruierenden Wachstums, die als Kennzeichen der malignen Gewebsneubildung anzusehen sind.

Trotz intensiver Bemühungen ist es bisher nicht gelungen, einen einheitlichen **Tumormarker** für alle heute bekannten malignen Tumoren zu erfassen. Die einzelne Tumorzelle bietet somit hinsichtlich ihrer biochemischen, morphologischen und immunologischen Eigenschaften keine Besonderheiten, die ihre eindeutige Deklarierung als Tumorzelle zulassen. Zwar erwirbt die Tumorzelle im Verlauf der Carcinogenese neue Eigenschaften; diese können aber in Abhängigkeit von der Art des Tumors, von ätiologischen Faktoren sowie von seiner Lokalisation sehr unterschiedlich sein. Häufig handelt es sich um die Expression von Eigenschaften, die das Gewebe im Verlauf der Ontogenese bereits aufgewiesen hatte, so daß diese zwar einen Hinweis auf die Dedifferenzierung der Zellen geben, nicht aber als eigentliche Tumormarker verwendbar sind. Man muß daher feststellen, daß die Diagnose eines malignen Tumors nach wie vor histopathologisch erfolgt und letztlich auf der Analyse des biologischen Verhaltens von Gewebsverbänden beruht, auch wenn vereinzelt durch biochemische und immunologische Parameter zusätzliche Hinweise gegeben werden können.

7.3.1. Carcinogenese als multiphasischer Prozeß

In den 40iger Jahren entwickelte Berenblum die Vorstellung, daß die Entstehung maligner Tumoren (**Carcinogenese** oder **Cancerogenese**) ein mehrphasischer Prozeß ist. Der initiale Prozeß — **Initiation** genannt — beinhaltet die Transformation einer normalen in eine Tumorzelle, ohne daß es jedoch zur verstärkten Proliferation dieser veränderten Zelle kommen muß (Abb. 7.3.). Bis heute ist unbekannt, welche Eigenschaften die transformierte Zelle während der Initiationsphase erworben hat. Die Initiation ist als irreversibel zu betrachten, was jedoch nicht bedeutet, daß sich aus derart veränderten Zellen zwingend ein Tumor entwickelt. Es existieren zahlreiche experimentelle Hinweise dafür, daß es während der Initiationsphase zu Veränderungen im Genom kommt, die sich in noch unbekannter Weise auf das genetische Programm der Zelle auswirken. Andererseits kennt man verschiedene Verbindungen wie Pestizide, Herbizide und andere Xenobiotika, die ein erhöhtes Tumorrisiko bedingen, von denen bisher jedoch nicht nachgewiesen werden konnte, daß sie die genetische Information in irgendeiner Weise beeinflussen. Die zweite Phase des carcinogenen Prozesses, in der die Entwicklung des Tumors erfolgt, wird als **Promotion** bezeichnet. Sie ist, zumindest in den Anfängen, als reversibel zu betrachten.

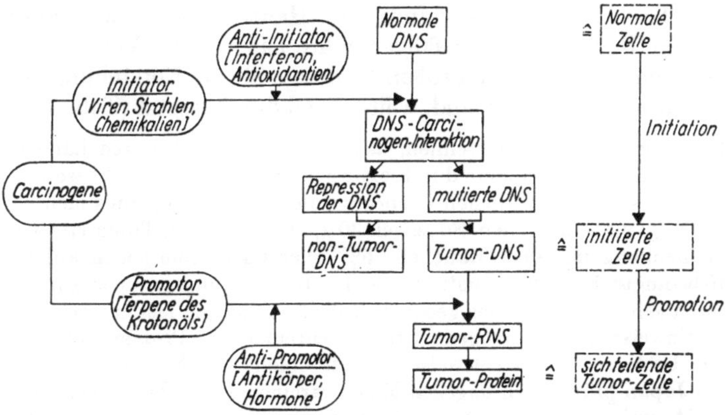

Abb. 7.3. Initiations- und Promotionsphase bei der Tumorentstehung

Die Promotion kann nach einer mehr oder weniger langen, bis zu 40 Jahren währenden Latenzzeit erfolgen. Es ist bekannt, daß zahlreiche exogene Faktoren die Promotion auslösen können. Dabei kommt es zur Selektion bereits veränderter Zellen mit Herausbildung eines begrenzten Proliferationsherdes. Als **Solitärcarcinogenese** bezeichnet man den Umstand, daß nur ein carcinogener Faktor die Tumorbildung ausgelöst hat, wofür im Tierexperiment, nicht aber aus der Humanpathologie der Beweis erbracht werden kann. Sofern die Neoplasie auf die gemeinsame Wirkung mehrerer, als Carcinogene bekannter Faktoren zurückzuführen ist, spricht man von einer **Pluricarcinogenese.** Beispielsweise beschleunigt Rauchen die Realisierung eines Tumorprozesses, der durch Asbestexposition initiiert wurde. Aber auch solche Faktoren, die selbst nicht carcinogen sind, vermögen die Promotionsphase zu begünstigen. Diesen Tatbestand umschreibt man mit dem Begriff der **Cocarcinogenese.** (s. 7.3.6.).

7.3.2. Ursächliche Faktoren des carcinogenen Prozesses

Bereits 1775 vermutete der englische Arzt Pott ursächliche Beziehungen zwischen der hohen Inzidenz an Hautcarcinomen der Schornsteinfeger und ihrer beruflichen Teerexposition. 1918 gelang es den Japanern Yamagiwa und Ishikawa, durch Hautpinselungen an Kaninchen den experimentellen Nachweis zu erbringen, daß im Teer enthaltene Verbindungen Hautcarcinome auszulösen vermögen. Seit Anfang der 60iger Jahre hat sich die Vorstellung, daß exogene Faktoren im großen Umfange für die Entstehung von Tumoren verantwortlich sind, weitgehend durchgesetzt (Tab. 7.5.).

Man kann heute damit rechnen, daß in den hochzivilisierten Ländern ca. 50–80% aller Carcinome durch exogene Faktoren verursacht werden, wobei diese sowohl natürlichen Ursprungs als auch das Ergebnis menschlicher Tätigkeit sein können. So zeigen 30% aller malignen Tumoren einen Zusammenhang mit dem Rauchen; 5% aller Carcinome sollen auf die berufsbedingte Exposition entsprechender Bevölkerungsgruppen zurückzuführen sein. Auch aus der geographischen Pathologie lassen sich deutliche Hinweise auf die exogene Ursache carcinogener Prozesse ableiten. In den USA treten beispielsweise gehäuft Colon- und Mammacarcinome auf, in Japan prävalieren dagegen Magencarcinome. Bei Japanern, die in die USA emigriert waren, beobachtet man spätestens in der nächsten Generation eine gleiche Tumorinzidenz wie bei den Amerikanern.

Neben chemischen Agentien zählen zu den **exogenen carcinogenen Faktoren** physikalische Ursachen (ionisierende Strahlen, UV-Licht, mechanische Reize), diätetische Faktoren und biologische Ursachen (Viren). Andererseits kann als sicher gelten, daß auch **endogene Faktoren** eine große Bedeutung für die Entstehung maligner Tumoren haben. Hinter der als Tumorprädisposition bekannten Tatsache verbergen sich genetische, immunologische und hormonelle Faktoren. In der Beurteilung endogener Faktoren ist jedoch hohe Vorsicht geboten, da manche der morphologischen, biochemischen und immunologischen Veränderungen des Phänotyps keine kausalen Ereignisse darstellen, sondern vielmehr die Folge eines bereits bestehenden carcinogenen Prozesses sind.

Als Beweis für die Komplexität der Wechselwirkung dieser verschiedenen Faktoren kann die Tatsache gelten, daß die Zellproliferation das Initiationsereignis begünstigt. In nichtproliferierenden Geweben wie dem Pankreas, den Speicheldrüsen, der Leber, den Nieren oder dem Gehirn treten Primärtumoren relativ selten auf. Nekrosen, hervorgerufen durch toxische Zellschädigung, Parasitenbefall oder Virusinfektionen, fördern dagegen die Bildung von Tumoren. Auch die hohe Empfindlichkeit des fetalen und neonatalen Gewebes gegenüber chemischen Carcinogenen wird mit deren hoher Proliferationstätigkeit in Zusammenhang gebracht. Andererseits ist bei vielen Spezies vor Abschluß der Organogenese eine verminderte Ansprechbarkeit auf verschiedene Cancerogene festzustellen.

7.3.3. Chemische Carcinogenese

Sowohl experimentelle als auch epidemiologische Untersuchungen haben hinreichende Beweise für die chemische Carcinogenese erbracht. Besonders deutlich belegen dies die durch berufliche Exposition bedingten Tumorerkrankungen wie der Schornsteinfegerkrebs, der arsenbedingte Winzerkrebs, der Lungentumor von Asbestarbeitern oder das durch UV-Bestrahlung ausgelöste Hautcarcinom des Seemannes und des Landarbeiters. Heute sind hunderte von Substanzen als nachgewiesene oder potentielle Carcinogene für den menschlichen Organismus bekannt. Tab. 7.5. gibt einen Überblick über die für den Menschen wichtigsten **carcinogenen Substanzen.** Während einerseits eine deutliche Dosisabhängigkeit gegenüber dem carcinogenen Agens feststellbar ist, findet man andererseits keinen Schwellenwert, unterhalb dessen das Tumorrisiko nicht existiert.

Tabelle 7.5.

Für den Menschen nachgewiesene und potentielle Carcinogene

Verbindung	Tumorlokalisation
Aflatoxin	Leber
Alkylierende Verbindungen	hämatopoetisches System
(z. B. Cyclophosphamid)	Harnblase
Aromatische Amine (z. B. 2-Naphthylamin)	Harnblase
Arsen	Haut, Bronchien
Asbest	Bronchien, Pleura, Gastrointestinaltrakt
Benzol	Knochenmark
Bischlormethylether	Bronchien
Cadmium	Prostata
Chrom	Bronchien
Diethylstilböstrol	Vagina
Holzstaub	Nasopharyngealraum
Nickel	Bronchien, Nasalraum
Polycyclische aromatische Kohlenwasserstoffe (z. B. Benzpyren)	Bronchien, Haut, Nasopharyngealraum
Phenacetin	Nierenbecken
Senfgas	Lunge
Steroide (anabole)	Leber
Teer u. Teerprodukte	Haut, Bronchien
Vinylchlorid	Leber, Gehirn, Lunge

Wie am Beispiel des Asbests besonders deutlich wird, können bereits extrem niedrige Expositionszeiten zur Tumorinitiation führen. Ob es dann tatsächlich zur Tumorproliferation kommt, wird durch andere Carcinogene oder cocarcinogene Faktoren bestimmt. Letztere sind schließlich auch für die Dauer der Latenzzeit zwischen initialem Ereignis und Realisierung des Tumorwachstums verantwortlich.

Das Erscheinungsbild des Carcinoms wird durch die Proliferationseigenschaften des Gewebes, den Differenzierungsgrad der Zellen, die Oberflächeneigenschaften der Plasmamembran und durch das Enzymprofil der Zellen wesentlich mitbestimmt. Es ist bekannt, daß gleiche Carcinogene phänotypisch unterschiedliche Tumoren bedingen können.

7.3.3.1. Metabolische Aktivierung potentieller Carcinogene

Unter den Carcinogenen finden sich zahlreiche stark lipophile Substanzen, die zunächst im Säugetierorganismus chemisch modifiziert werden, um sie wasserlöslich und damit ausscheidungsfähig zu machen. Im Rahmen dieser *Biotransformation* entstehen Verbindungen, die als eigentliche Carcinogene anzusehen sind und deshalb **ultimale Carcinogene** genannt werden, um sie damit von ihren Vorläufern, den **proximalen Carcinogenen**, abzugrenzen.

Alle Tierspezies haben im Verlauf ihrer Phylogenese enzymatische Systeme zur Biotransformation entwickelt, die zum großen Teil in der Leber und in der Lunge konzentriert sind. Im Zusammenhang mit der Entgiftungsfunktion der Leber sind vor allem die im glatten endoplasmatischen Retikulum lokalisierten mischfunktionellen Monooxygenasen zu nennen, die des Cytochrom P-450 als Coenzym bedürfen. Diese mikrosomalen Enzyme oxidieren in Gegenwart von NADPH und molekularem Sauerstoff sowohl endogene als auch exogene Substrate, die im Anschluß an diese Phase-1-Reaktion an Glukuron-, Schwefel- oder Essigsäure gekoppelt und damit der Ausscheidung zugeführt werden. Die Tätigkeit dieser Enzyme führt jedoch auch zur Bildung hochtoxischer Intermediate, wie dies bei den ultimalen Carcinogenen der Fall ist.

Zu den Carcinogenen, die einer *Aktivierung* im Säugetierorganismus bedürfen, zählen neben der großen Gruppe der polycyclischen aromatischen Kohlenwasserstoffverbindungen das Aflatoxin B und Vinylchlorid. Die polycyclischen aromatischen Kohlenwasserstoffe wie 3,4-Benzpyren, 1,2,5,6-Dibenzanthrazen, Phenanthren und Cholanthren werden durch mischfunktionelle Monooxygenasen zu Epoxiden oxidiert (Abb. 7.4.). Dabei ist es sogar möglich, daß Substrate die Induktion der mikrosomalen Monooxygenasen bewirken, so daß sie auf diese Weise ihre eigene Giftung zum hochreaktiven Epoxid beschleunigen. Ein derartiges ultimales Carcinogen stellt Benzpyren-7,8-Epoxid dar, das als stark elektrophile Verbindung nach Transport in den Zellkern mit der DNS oder Proteinen reagiert. Andererseits vermag die im endoplasmatischen Retikulum vorhandene Epoxidhydratase Benzpyrenepoxid in das entsprechende Dihydrodiol umzuwandeln. Auch die Glutathion-S-Transferase entgiftet das Epoxid durch Konjugation mit Glutathion. Beide Verbindungen können nach Kopplung an Schwefel-

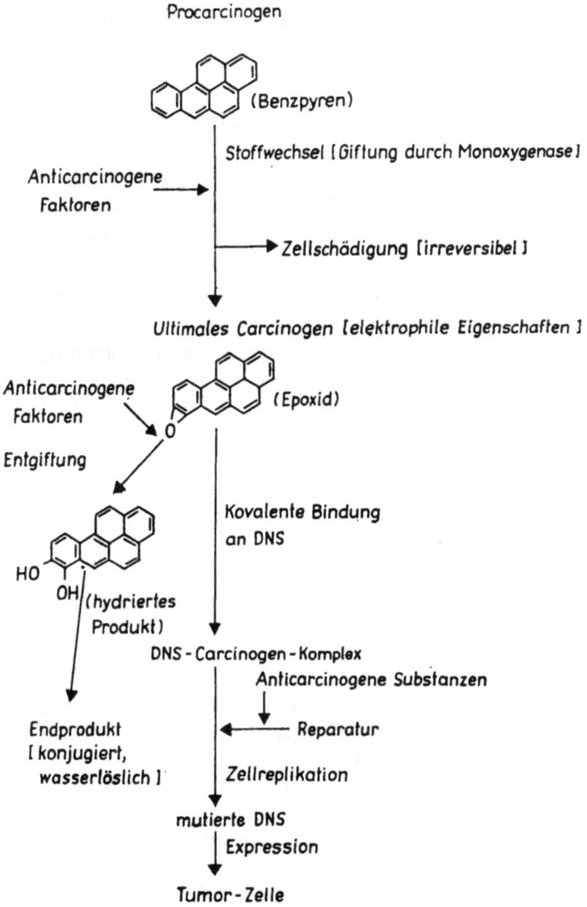

Abb. 7.4. Chemische Carcinogenese am Beispiel polycyclischer aromatischer Kohlenwasserstoffe

oder Glukuronsäure ausgeschieden werden. Es ist durchaus möglich, daß das nichtcarcinogene Dihydrodiol durch erneuten Angriff einer Monooxygenase in ein Epoxid umgewandelt wird, so daß beispielsweise ein Benzpyren-7,8-diol-9,10-epoxid entsteht, das wiederum als ultimales Carcinogen anzusehen ist.

Entscheidend für das Schicksal potentieller Carcinogene im tierischen Organismus ist offensichtlich die Balance zwischen Prozessen, die zur Giftung führen, und solchen, die der Entgiftung dienen. Es wird damit deutlich, daß sowohl endogene Faktoren wie Hormone und Stoffwechselmetabolite als auch exogene Faktoren Einfluß auf dieses Gleichgewicht nehmen.

7.3.3.2. Reaktion ultimaler Carcinogene mit Makromolekülen

Für den intrazellulären Transport der ultimalen Carcinogene sind verschiedene Proteine verantwortlich gemacht worden, u. a. auch Ligandin sowie Proteine, die eine hohe Ähnlichkeit mit steroidbindenden Proteinen aufweisen. Die so gebundenen Carcinogene werden zum Zellkern transportiert, wo sie mit Nukleinsäuren, Proteinen, Glutathion, möglicherweise auch mit Polysacchariden reagieren. Die meisten der ultimalen Carcinogene gehen mit den Makromolekülen kovalente Bindungen ein, wobei ein Carcinogenmolekül auf 10^3—10^4 Aminosäurereste bzw. 10^4—10^5 Nukleotidreste gebunden wird. Die jeweilige Elektronenkonfiguration der ultimalen Carcinogene läßt nur Wechselwirkungen mit spezifischen nukleophilen Gruppierungen der Makromoleküle zu. Einen Überblick über die bevorzugten Reaktionsorte an den Basen Thymin und Adenin vermittelt Abb. 7.5.

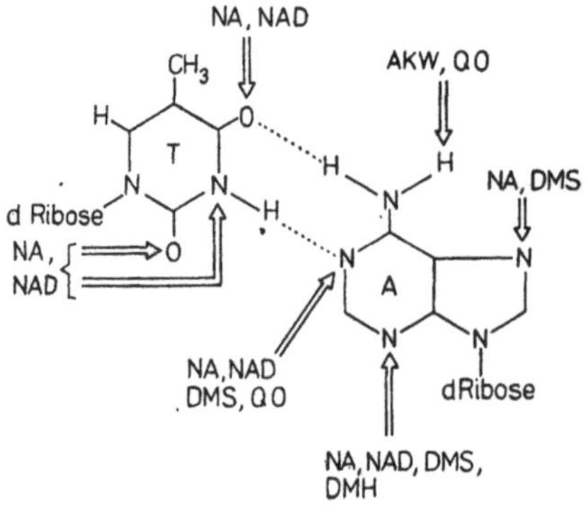

Abb. 7.5. Interaktion von Carcinogenen mit Purin- bzw. Pyrimidinbasen
NA, Nitrosamin; NAD, Nitrosamide; QO, Nitrochinolinoxid; DMS, Dimethylsulfat; DMH, Dimethylhydrazin; AKW, polycyclische aromatische Kohlenwasserstoffe; T, Thymin; A, Adenin

Die weiteren Reaktionen, die durch die chemischen Carcinogene ausgelöst werden und zur Initiation des carcinogenen Prozesses führen, sind nach wie vor weitgehend unklar. Es wird ein Zusammenhang mit Veränderungen in der DNS vermutet, wobei es sich sowohl um Mutationen als auch um eine *Beeinflussung der DNS-Reparaturmeachnismen* handeln könnte. Obwohl beim Xeroderma pigmentosum, einem genetischen Defekt der DNS-Reparatur, eine erhöhte Inzidenz an Tumoren besteht, läßt sich diese Tatsache nicht eindeutig im Sinne der zuletzt genannten Hypothese interpretieren, da bei dieser Erkrankung eine Häufung UV-Licht-induzierter Hauttumoren, nicht aber anderer Neoplasien zu beachten ist.

Da ultimale Carcinogene auch mit Proteinen zu reagieren vermögen, ist nicht ausgeschlossen, daß die Zelltransformation Folge ihrer Bindung an Proteine ist, wodurch die *Regulation der Genexpression gestört* wird.

7.3.4. Zelltransformierende Gene

In jüngster Zeit sind in Tumoren verschiedener Tierspezies sowie des Menschen zelluläre Gene nachgewiesen worden, die im Transfektionsversuch eine hohe Potenz zur Zelltransformation besaßen. Derartige Genabschnitte mit der Fähigkeit zur Zelltransformation wurden sowohl nach spontaner Tumorbildung als auch nach chemischer Carcinogenese gefunden. Diese Gene, die aus menschlichen Lungen-, Blasen- und Brustdrüsencarcinomen sowie aus T-Zellymphomen isoliert wurden, erwiesen sich als gewebsspezifisch. Wie sich später herausstellte, tragen normale Zellen aus den genannten Geweben identische Genabschnitte, die sich mit den herkömmlichen Hybridisierungstechniken nicht von den aus Tumorzellen isolierten **Oncogenen** unterscheiden ließen. Es ist aber nicht auszuschließen, daß diese **Proto-Oncogene** erst durch eine Mutation ihre Fähigkeit zur Transformation erlangen. Erwähnenswert ist in diesem Zusammenhang die Existenz der *Alu-Sequenzen,* d. s. repetitive, das Oncogen flankierende DNS-Abschnitte, die bei der Transfektion ebenfalls übertragen werden und auch beim Einbau in eine Wirts-DNS in Verbindung mit dem Oncogen bleiben. Es ließ sich zeigen, daß die Alu-Sequenzen die transformierende Aktivität der Oncogene senken.

Auf Grund neuerer Ergebnisse ist zu vermuten, daß die transformierende Aktivität der Oncogene sehr wesentlich durch ihre Lokalisation im Genom beeinflußt wird, die offensichtlich nicht als unveränderlich anzusehen ist. Sowohl bei Procaryoten (Salmonellen) als auch bei Eucaryoten (Hefe, Drosophila) ließen sich „springende Gene“ (*Transposons*) auffinden, die in Abhängigkeit von verschiedenen Bedingungen ihre Lokalisation oder Orientierung im Genom änderten. Derartige Transpositionen im Genom könnten die unterschiedliche Aktivität von Oncogenen erklären, wobei den flankierenden Sequenzen als möglichen Promoterregionen eine regulatorische Bedeutung zukommt. In Übertragung dieser Vorstellungen auf die Strukturebene der Chromosomen wird auch postuliert, daß der Transformationsprozeß auf einem Rearrangement des Genoms (s. 7.3.11.1.) beruht.

Die durch Transfektion nachgewiesenen transformierenden Gene aus menschlichen Tumoren sind homolog zu transformierenden Genen von Retroviren (s. 7.3.5.2.). Ein Hinweis auf den molekularen Mechanismus der Transformation ist aus der Beobachtung abzuleiten, daß die Verknüpfung zellulärer transformierender Gene mit viralen Nukleinsäuresequenzen, die die Transkription regulieren, die Transformationseffektivität der aus Tumorzellen gewonnenen Gene deutlich erhöht.

Auch wenn einzelne Genprodukte der zellulären transformierenden Gene bereits isoliert werden konnten (s. 7.3.5.), weiß man über deren Funktion im Zellstoffwechsel noch ungenügend Bescheid. Die experimentellen Daten lassen den Schluß zu, daß die Genprodukte im Zusammenhang mit der Wirkung von Wachstumsfaktoren stehen. Entweder führt das Oncogen zu einer gesteigerten Produktion derselben oder die Ansprechbarkeit der Membranrezeptoren für diese Faktoren wird erhöht. Schließlich kann das Oncogen durch Steigerung von Proteinkinasen (s. 7.3.5.) das intrazelluläre Signal der Wachstumsfaktoren verstärken.

7.3.5. Virale Carcinogenese

Durch die grundlegenden Versuche von Ellermann und Bang (1908) sowie von Rous (1910) über die Übertragung von Hühnerleukämien bzw. Hühnersarkomen durch zellfreie Gewebsextrakte fand der Gedanke, daß Tumoren durch Viren ausgelöst werden können, erstmals eine experimentelle Bestätigung. Auf Grund mangelnder experimenteller Daten schenkte man jedoch dieser Auffassung in den folgenden Jahren wenig Beachtung. Erst in den 50iger Jahren rückte das Konzept der virusbedingten Carcinogenese verstärkt in den Mittelpunkt.

Auch wenn heute die virale Carcinogenese grundsätzlich anerkannt wird, divergieren die Vorstellungen über den Mechanismus insofern, als man den Viren im Zusammenhang mit der Tumorentstehung verschiedene Funktionen zuschreibt. Sie sind als *Effektoren* wirksam, wenn sie durch Insertion ihrer DNS in das Wirtszellgenom eine Transformation verursachen. Des weiteren ist es möglich, daß sie als *Initiatoren* den carcinogenen Prozeß auslösen und dabei in ähnlicher Weise wie chemische Carcinogene zur Transformation führen.

Schließlich wird auch für möglich gehalten, daß Viren als *Promotoren* fungieren, indem sie den durch andere Carcinogene eingeleiteten Prozeß der Malignisierung beschleunigen. Die entscheidenden Veränderungen, die die Zelle durch die virusbedingte Transformation erleidet, bestehen in einem Verlust der Kontrolle des Zellwachstums und der Kontakthemmung sowie in strukturellen Veränderungen, die sich in den meisten Fällen in den antigenen Eigenschaften der Plasmamembran widerspiegeln.

7.3.5.1. DNS-Tumorviren

Zu den auch für den Menschen mutmaßlich onkogenen DNS-Viren zählen Papova-, Herpes- und Adenoviren sowie das Hepatitis-B-Virus. Ohne daß bisher ein direkter kausaler Zusammenhang zwischen der Infektion durch eines der genannten Viren und der Tumorentstehung beim Menschen nachgewiesen werden konnte, machen epidemiologische Untersuchungen sowie zahlreiche tierexperimentelle Befunde einen solchen sehr wahrscheinlich.

Voraussetzung für die Transformation der Zelle durch DNS-Viren ist die Existenz nichtpermissiver Zellen (s. Tab. 2.3.). Im Gegensatz zu permissiven Zellen, in denen die vollständige Replikation der Virus-DNS und die Produktion neuer Viruspartikel mit anschließender Zellysis erfolgt, sind nichtpermissive Zellen durch ihre Unfähigkeit zur Bildung neuer Viren gekennzeichnet. Ihnen fehlt offensichtlich eine Kontrolle über den viralen Replikationszyklus, so daß nur die frühen Funktionen, die sich in einer Stimulierung der zellulären DNS-Synthese äußern, ablaufen, in keinem Falle aber Viren gebildet werden. Unklar ist nach wie vor, ob das persistierende Virusgenom hinsichtlich der Realisierung der sog. späten Funktionen defekt ist, oder ob nicht vielmehr die Störung auf seiten der Kontrollmechanismen der Wirtszelle liegt. Bedeutsam für den Transformationsprozeß durch DNS-Viren ist somit, daß eine DNS-Replikation stattfindet, um den Einbau von Virusgenen in das Wirtszellgenom zu gewährleisten. Es ist nachgewiesen worden, daß sich Tumor-DNS-Viren in solchen Geweben, deren Zellen sich größtenteils in der G_0-Phase befinden, diese Voraussetzung selbst schaffen, indem sie die zelluläre DNS-Synthese stimulieren. Radioaktive Strahlen, Temperatur und Virus-Coinfektionen stellen Faktoren dar, die eine Zelle in den nichtpermissiven Zustand versetzen können und somit darüber entscheiden, ob die Infektion mit DNS-Viren zur Produktion von neuen Viruspartikeln und zum Zelltod führt oder ob eine maligne Transformation der infizierten Zelle stattfindet.

Zu den für den Menschen oncogenen *Herpesviren* zählt man vor allem das EPSTEIN-BARR-Virus (EBV), das als Erreger der infektiösen Mononukleose bekannt ist. In Afrika findet man bei mehr als 95% der Patienten mit einem BURKITTlymphom in den Tumorzellen EBV-DNS. Außerdem läßt sich die Expression eines EBV-spezifischen Kernantigens nachweisen. Hieraus wurde ein unmittelbarer Zusammenhang zwischen EBV Infektion und Tumorbildung abgeleitet. Mit dieser Vorstellung ist jedoch schwer vereinbar, daß bei Trägern eines BURKITTlymphoms in nichtafrikanischen Ländern nur in etwa 25% der Fälle EBV-DNS in den Tumorzellen nachweisbar ist. Es kann daher nicht ausgeschlossen werden, daß die Entstehung des BURKITTlymphoms außer dem EB-Virus genetische oder zusätzliche exogene Faktoren erfordert, durch die o. g. Befunde eine Erklärung finden könnten. Auch für das vor allem in Südchina, Ostafrika, Tunesien und Alaska endemisch auftretende Nasopharyngealcarcinom wird die Infektion mit dem EB-Virus als ursächlich angesehen. In allen derartigen Tumoren konnte bisher EBV-DNS nachgewiesen werden. Außerdem weisen die Träger eines derartigen Carcinoms hohe Antikörpertiter gegen EBV-spezifische Antigene (sog. frühe Antigene oder Kapsidantigene) auf. Die strenge geographische Lokalisation spricht wiederum für die Bedeutung genetischer Faktoren im Transformationsprozeß.

Von den *Herpes simplex-Viren* (HSV) wird Typ II für die Entstehung des humanen Cervixcarcinoms verantwortlich gemacht. Die verstärkte Verbreitung von HSV II korreliert gut mit der erhöhten Inzidenz an Cervixcarcinomen. Der fehlende Nachweis von HSV-II-DNS Sequenzen in Genom der Tumorzellen wird dahingehend gedeutet, daß dieses Virus als Initiator fungiert, wofür auch die erhöhte Aktivität von DNS-Reparaturmechanismen spricht. Das zu den Herpesviren zählende *Cytomegalovirus* wird mit dem Prostatacarcinom in Verbindung gebracht, ohne daß jedoch auch hier ein eindeutiger Zusammenhang bewiesen werden konnte.

Unter den *Papillomaviren* wird Typ VI als für den Menschen oncogen betrachtet. Dieses Papillomavirus löst die Bildung von Genitalwarzen (Kondylomata accuminata) aus, die zur Malignisierung neigen. In jüngster Zeit wird das *Hepatitis-B-Virus* für die Entstehung des primären Leberzellcarcinoms verantwortlich gemacht. Hinweis dafür ist das gehäufte Vorkommen HBV-Antigen-positiver Seren bei Patienten mit primärem Hepatocarcinom.

7.3.5.2. RNS-Tumorviren

RNS-Tumorviren, auch **Retroviren** genannt, sind tierische Viren, deren Ribonukleoprotein von einer Hülle umgeben ist. Charakteristisch für den infektiösen Prozeß ist die Bildung einer DNS-

Kopie mit der viralen RNS als Matrize. Diese RNS-abhängige DNS-Synthese erfordert die Aktivität des viruscodierten Enzyms reverse Transkriptase. Von letzterer wird daher auch der Name Retra- oder Retroviren abgeleitet. Tumorinduzierende RNS-Viren werden auch als **Oncornaviren** (onkos = Geschwulst, rna = RNS) bezeichnet. Sie werden für die Entstehung von Leukämien, Sarkomen und Carcinomen verantwortlich gemacht.

Für die Tumorentstehung durch RNS-Viren ist die Insertion der genetischen Information in das Wirtszellgenom erforderlich, wodurch es zu dessen funktioneller Modifizierung kommt. Dadurch wird die weitere Differenzierung von Zellen blockiert, so daß eine kontinuierliche Proliferation erfolgt, wie es beispielsweise für die Leukämiezellen charakteristisch ist. Durch RNS-Viren transformierte Zellen sind nach wie vor in der Lage, Virusnachkommen zu produzieren. Aus diesem Befund geht deutlich hervor, daß sich DNS- und RNS-Viren hinsichtlich des carcinogenen Mechanismus unterscheiden.

Das RNS-Genom von Retroviren ist durch verschiedene, in ihren Funktionen aufgeklärte Regionen charakterisiert (Abb. 7.6.). In einem komplizierten Prozeß entsteht eine komplette Kopie des RNS-Genoms in Form einer DNS-Doppelhelix, die sowohl in das chromosomale Genom der Wirtszelle eingebaut werden kann als auch in Form von Plasmiden in dieser existiert. Die Übertragung dieser proviralen DNS ist sowohl vertikal als auch horizontal möglich, d. h. die genetische Information der Retroviren kann über die Keimbahn auf die nächste Generation übertragen werden.

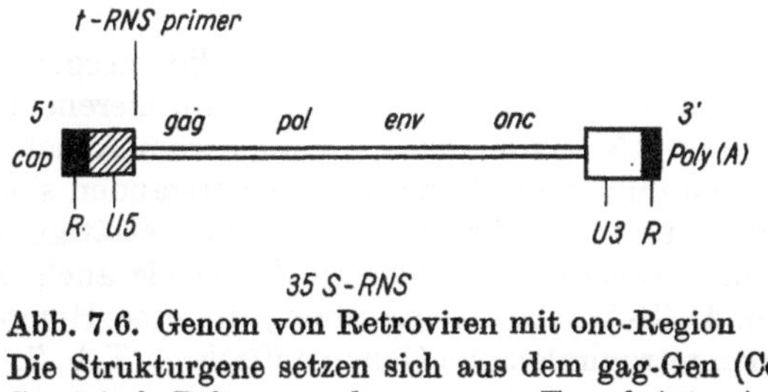

Abb. 7.6. Genom von Retroviren mit onc-Region
Die Strukturgene setzen sich aus dem gag-Gen (Coreproteine), dem pol-Gen (virale Polymerase bzw. reverse Transkriptase), dem env-Gen (Glykoproteine und Proteine der Virushülle) und dem onc-Gen (transformierende Gen, z. B. src-Gen) zusammen. Die flankierenden, nichtcodierenden Sequenzen *R* (repetitive Sequenz) und *U* (unikale Sequenzen), werden bei der Provirusbildung dupliziert und gehen in die langen terminalen repetitiven Sequenzen (LTR) über, die für die Genexpression von Bedeutung sind.

Für die akute Transformation von Zellen durch Retroviren sind Genabschnitte erforderlich, die bei den oncogenen Retroviren in Form der **onc-Region** nachgewiesen werden konnten (Tab. 7.6.). Retroviren, die nicht zur raschen Transformation von Zellen führen, fehlt diese Gensequenz. Diese Viren werden vermutlich mittels regulatorischer Genabschnitte (z. B. Promoter) wirksam. Bei einer Reihe tumorinduzierender Retroviren ließ sich das Genprodukt der onc-Region bereits identifizieren. Dabei stellte sich in zahlreichen Fällen eine weitgehende Ähnlichkeit derselben mit Proteinen tierischer und menschlicher Zellen heraus. Die dazugehörigen Sequenzen der viralen RNS werden als *v-onc-Region* bezeichnet und damit von den homologen Abschnitten der Nukleinsäuren der Säugetierzelle, den *c-onc-Regionen*, unterschieden.

Die Isolierung des src-Genproduktes zeigte, daß es sich dabei um ein 60 kDalton-Protein mit den katalytischen Eigenschaften einer Proteinkinase handelt. Letztere soll sowohl Proteine als auch Nukleotide phosphorylieren. In Abweichung von den sonst in Säugetierzellen bekannten Proteinkinasen phosphoryliert dieses Enzym vorwiegend Tyrosin- und weniger Serin- bzw. Threoninreste. Diese Proteinkinasen konnten sowohl an Zelloberflächen als auch an der Innenseite von Plasmamembranen von mit Sarkomviren infizierten Zellen nachgewiesen werden. Die gegenwärtigen Vorstellungen über die Bedeutung dieser Kinasen gehen dahin, daß sie über die Phosphorylierung des Cytoskelets oder auch von Membran-ATPasen Einfluß auf die Kontrolle des Zellwachstums nehmen (s. 7.3.4.). In den Genomen anderer oncogener Retroviren konnten weitere onc-Gene identifiziert werden, deren Genprodukte z. T. ebenfalls als Proteinkinasen fungieren, aber auch katalytisch inaktive Proteine mit hoher Affinität für GDP und GTP darstellen. Bei letzteren wäre ein Eingriff in die Kontrolle des Wachstums oder des Stoffwechsels über die Adenylatzyklase sowie weitere GDP- bzw. GTP abhängige Enzyme möglich.

Insgesamt kann man heute davon ausgehen, daß die oncogenen Retroviren aus einer Kombination von nichttransformierenden, replikationskompetenten RNS-Viren mit einem der chromosomalen DNS von Säugern entstammenden Genabschnitt entstanden sind (Temin). Diese Auffassung findet ihre experimentelle Bestätigung darin, daß sowohl in normalen menschlichen Zellen als auch in denen von Tumoren DNS-Abschnitte existieren, die eine Homologie zu verschiedenen retroviralen onc-Genen aufweisen (Tab. 7.4. und s. 7.3.4.).

Die dem transformierenden Gen der Retroviren entsprechenden Genregionen der Säugetiere wurden im Verlauf der Evolution mehr oder weniger unterschiedlich konserviert. Vermutlich handelt es sich dabei um Gene mit wachstumsregulierender Funktion (s. 7.3.4.). Der Sprung in die neue

Tabelle 7.6.

Genprodukte retroviraler onc-Gene

Gen	Virus	Tumor	Genprodukt MW × 10^3	Eigenschaften des Genproduktes	Homologie zu humaner DNS
src	Rous Sarkomvirus	Hühnersarkom	p60	Tyrosinkinase	
myc	Myeloblastosevirus	Hühnerleukämie/-sarkom	p110	hohe Affinität zu DNS	+
sis	Sarkomvirus der Affen	Sarkome bei Affen	p28	starke Ähnlichkeit mit Wachstumsfaktor PDGF	+
kis	Kirsten Mäusesarkomvirus	Rattensarkom	p21	Proteinkinase	+
has	Harvey Mäusesarkomvirus	Rattensarkom	p21	Proteinkinase	+
ras	Rattensarkomvirus	Rattensarkom	p29	hohe Affinität zu GDP und GTP	+

Qualität, d. h. der Gewinn der transformierenden Funktion dieses onc-Gens, ist aber offensichtlich nur durch Rekombination von RNS-Viren und einem wachstumsregulierenden Gen der Säugetierzelle ermöglicht worden. Es ist nicht auszuschließen, daß die provirale, potentiell tumorauslösende DNS erst durch extravirale Faktoren aktiviert werden muß. Eine solche Aktivierung könnte durch chemisch induzierte Mutationen oder durch Promotoren erfolgen.

Eine endgültige Aussage darüber, ob Retroviren auch für die *Entstehung menschlicher Tumoren* verantwortlidh zu machen sind, läßt sich noch nicht treffen. Obwohl die Interpretation zahlreicher Beobachtungen schwierig ist, müssen nachstehende Befunde in der Weise gedeutet werden, daß Retroviren auch im Rahmen der menschlichen Carcinogenese eine Rolle spielen. So lassen sich in menschlichen Tumoren Nukleinsäuresequenzen nachweisen, die denen tumorinduzierender Retroviren entsprechen. Außerdem findet man in humanen Leukämiezellen Antigene, die eine hohe Kreuzreaktivität mit retroviralen Genprodukten haben. Die Existenz von Retroviren in menschlichen Tumorzellen unterstützt ebenfalls die Auffassung von der virusbedingten Entstehung menschlicher Tumoren. In jüngster Zeit isolierte man aus T-Zelltumoren des Menschen ein humanes T-Zell-Leukämie-Virus (**HTLV**). Nahezu einhundert Prozent der Patienten mit einer T-Zell-Leukämie zeigten Antikörper gegen HTLV-Antigene. Letztere finden sich allerdings mit unterschiedlicher Häufigkeit auch unter Kontaktpersonen und anderen Bevölkerungsgruppen.

7.3.6. Cocarcinogenese

Als Carcinogene bezeichnet man Substanzen, die selbst keinen Tumor initiieren, jedoch dessen Wachstum begünstigen. Sie sind auch dann wirksam, wenn subcarcinogene Dosen eines oder mehrerer Carcinogene verwendet werden. Der Begriff der Cocarcinogenese ist mit dem klassischen Experiment von BEERENBLUM (1941) verbunden, der seinerzeit mit Krotonöl eine cocarcinogene Wirkung nachweisen konnte.

Bei Pinselung der Haut von Kaninchen mit Teer in Dosen, die nicht zur Tumorbildung führten, gelang es BEERENBLUM, durch zusätzliche Applikation von Krotonöl das Tumorwachstum auszulösen. Krotonöl allein erwies sich als nicht carcinogen. Mit diesem Versuch war nicht nur die Existenz der Cocarcinogene nachgewiesen, sondern er machte auch deutlich, daß der neoplastische Prozeß ein in mehreren Schritten ablaufendes Ereignis ist.

Entsprechend ihrer Wirkungsweise unterscheidet man die permissive Form der Cocarcinogenese und den Promotortyp. Zu den **permissiven Cocarcinogenen** zählt man Faktoren, die sowohl vor als auch nach Einwirkung des Carcinogens einen Effekt ausüben. Hormone wie Progesteron, Prolaktin oder Insulin besitzen einen cocarcinogenen Effekt. Verantwortlich für diesen wird die Stimulierung der Zellproliferation oder der Proteinsynthese gemacht. Ebenso wird bestimmten Ernährungsweisen ein cocarcinogener Effekt zugeschrieben. Fett- und proteinreiche sowie kalorisch hochwertige Nahrung begünstigen die Entstehung und das Wachstum von Tumoren. Aber auch Veränderungen in der Immunabwehr werden für die Cocarcinogenese verantwortlich gemacht. Schließlich stellen Pharmaka, die die Giftung eines proximalen Carcinogens begünstigen, ionisierende Strahlen und Viren potentielle Cocarcinogene dar. Letztere begünstigen offensichtlich durch Setzung von DNS-Schäden die Wirkung von Carcinogenen.

Cocarcinogene, die dem **Promotor**typ angehören, sind ausschließlich nach Initiation des Tumorprozesses wirksam. Hier handelt es sich somit um eine Stimulierung ruhender Tumorzellen. Neben dem Krotonöl fungieren auch Gallensäuren als Promotoren. Als wirksames Prinzip des Krotonöls konnten Phorbolester identifiziert werden. Diese haben zahlreiche Angriffspunkte im Stoffwechsel der Zellen; sie hemmen die terminale Differenzierung von Zellen und lösen andererseits in kleinen Konzentrationen Veränderungen in kultivierten Zellen aus, die denen bei der Zelltransformation entsprechen. Es wird vermutet, daß sie als Effektoren von Membran-Proteinkinasen wirksam werden.

7.3.7. Anticarcinogenese

In Tierexperimenten gelang es, den anticarcinogenen Effekt zahlreicher Substanzen nachzuweisen. Dabei zeigte es sich, daß diese sowohl in der Initiations- als auch in der Promotionsphase einen protektiven Einfluß ausüben können. Als anticarcinogen erwiesen sich verschiedene Antioxidantien, antiinflammatorische Steroide, die Vitamine A, C und E, Prostaglandine, Proteaseinhibitoren und BCG-Impfstoff. Im Gegensatz zur fett- und proteinreichen sowie kalorisch hochwertigen Nahrung mit ihrem cocarcinogenen Effekt ließ sich die Tumorhäufigkeit im Tierversuch durch Begrenzung der Nahrungszufuhr senken. Wie aus der Palette der anticarcinogenen Substanzen hervorgeht, greifen diese offensichtlich über verschiedene Mechanismen in die Initiation oder Promotion ein.

7.3.8. Theorien der Carcinogenese

Auf jeder Stufe des Erkenntnisstandes wurde versucht, die experimentellen Daten in einer vereinheitlichenden Theorie der Carcinogenese zusammenzufassen. Die zahlreichen, auch heute noch bestehenden Theorien der Carcinogenese spiegeln somit auch die Entwicklung der experimentellen Tumorforschung wider. Ihre Vielfalt ist Hinweis darauf, daß unsere Kenntnisse über den carcinogenen Prozeß noch lückenhaft sind. Sie berechtigt aber auch zu der Annahme, daß es sich bei der Tumorerkrankung nicht um eine Entität handelt, sondern unterschiedliche pathogenetische Mechanismen zu ihr führen. Im wesentlichen lassen sich drei Gruppen von Theorien unterscheiden.

Im Mittelpunkt der zuerst von Boveri (1929) zusammenfassend dargestellten **Mutationstheorie** steht die Vorstellung, daß jegliches Carcinogen eine somatische Mutation auslöst. Chemische Verbindungen, ionisierende Strahlen und Viren würden demzufolge über eine Wechselwirkung mit den Makromolekülen des Zellkerns eine stabile Veränderung der genetischen Information der Zelle bewirken. Die Mutationstheorien setzen eine hohe *Korrelation zwischen Carcinogenität und Mutagenität* der ätiologischen Faktoren voraus. Bzgl. chemischer Carcinogene ließ sich in früheren Untersuchungen eine solche nur schwer nachweisen. Ursache hierfür war, daß für die Testung der Mutagenität Bakterien verwendet wurden, die nicht in der Lage waren, proximale Carcinogene in ultimale zu transformieren. Erst wenn man durch Kombination von zur Biotransformation befähigten mikrosomalen Systemen mit Bakterien eine vorhergehende Giftung der proximalen Carcinogene ermöglicht, gelingt es, eine entsprechend hohe Korrelation zwischen Carcinogenität und Mutagenität nachzuweisen (Ames). Es ist selbstverständlich, daß dieser korrelative Zusammenhang noch nicht als Beweis für eine Mutationstheorie gelten kann.

Die **Differenzierungstheorien** beruhen auf der Vorstellung, daß Carcinogene die Expression bereits vorhandener Genabschnitte, die im engen Zusammenhang mit der Kontrolle des Zellwachstums stehen, beeinflussen, ohne daß eine Mutation vorausgegangen sein muß. Somit ist die Realisierung der genetischen Information *präexistenter Oncogene* (Proto-Oncogene) der Wirtszelle als Ursache für die Entstehung von Tumoren anzusehen, wobei chemische Agentien, Viren oder ionisierende Strahlen diesen Prozeß auszulösen vermögen. Das Vorkommen von Viruspartikel in chemisch induzierten Tumoren wird damit erklärt, daß jede Zelle potentiell Provirus-DNS enthält, deren Aktivierung durch spezifische Repressoren oder Aktivatoren möglich ist. Unter bestimmten Bedingungen werden das Oncogen und das möglicherweise benachbart lokalisierte *Virogen* (Provirus-DNS) gleichzeitig abgelesen, so daß Viruspartikeln entstehen, die andere Zellen zu transformieren vermögen (HUEBNER und TODARO). Hinsichtlich des Mechanismus der Tumorentstehung werden sowohl Transformationsfaktoren, die normalerweise durch spezifische Regulatorgene supprimiert werden, als auch Änderungen in der Expression der DNS durch direkte Wechselwirkung der Carcinogene mit Repressorproteinen in Erwägung gezogen.

Die Vertreter der **Deletionstheorien** betrachten den carcinogenen Prozeß als die Folge des Verlustes originärer Strukturen oder Leistungen der Zelle. Die bekanntesten unter ihnen sind die von BURNET inaugurierte Immunüberwachungstheorie (s. 7.3.12.) und die WARBURGsche Hypothese (1926).

WARBURG betrachtete die Schädigung der mitochondrialen Atmung als das primäre Ereignis, so daß die Zelle nicht mehr in der Lage ist, genügend ATP zu produzieren und sie infolge des Schädigungsvorganges eine hohe aerobe Glykolyserate erlangt. Entsprechend seiner Ansicht geht den Tumorzellen der PASTEUR-Effekt partiell verloren, d. h. die Atmung ist nicht wie in normalen Zellen in der Lage, die Glykolyse zu kontrollieren. Wie sich später zeigte, treffen diese Beobachtungen jedoch nur für entdifferenziertes Tumorgewebe zu, so daß die genannten Phänomene als Folge, nicht aber als Ursache des carcinogenen Prozesses anzusehen sind. Die hohe aerobe Glykolyse ist auch kein Charakteristikum aller Tumorzellen, wie es das Beispiel der minimum deviation-Tumoren zeigt.

7.3.9. Klonaler Ursprung und Wachstumsverhalten von Tumorzellen

Genetische Marker erlauben es, den klonalen Ursprung von Tumorzellen zu erfassen. Hierfür erwiesen sich die Isoenzyme A und B der Glukose-6-Phosphatdehydrogenase, einem X-chromosomal codierten Enzym, als besonders geeignet. Entsprechend der Genkompensationshypothese von LYON manifestiert sich in jeder Zelle nur eines dieser Isoenzyme. Mittels derartiger genetischer Marker ließ sich zeigen, daß Tumorzellen sowohl monoklonalen als auch multizellulären Ursprungs sind. Wie kompliziert jedoch die Verhältnisse sein können, ergaben Untersuchungen am BURKITT-Lymphom. Bei Tumoren mit kurzzeitiger Remission lagen im allgemeinen Tumorzellen monoklonalen Ursprungs vor, während die multizelluläre Herkunft dann überwog, wenn ein Tumorrezidiv erst nach längerer Zeit auftrat.

Für das Wachstumsverhalten der Tumoren können keine einheitlichen Regeln aufgestellt werden. Dieses ergibt sich als Resultante aus der *Zellproduktionsrate,* die wiederum vom proliferierenden Anteil und der Generationszeit der Tumorzellen abhängig ist, und dem *Zellverlust.* Dabei können je nach Art und Lokalisation des Tumors hormonale und immunologische Kontrollmechanismen sowie das Substrat- und Sauerstoffangebot die Bilanz zwischen Bildung und Zerfall von Tumorzellen in unterschiedlichem Ausmaße beeinflussen. Die in 7.3.4. und 7.3.5.2. erwähnten experimentellen Befunde sprechen für eine Beteiligung von Wachstumsfaktoren an der Tumorpathogenese. Nicht abzuschätzen ist jedoch die Rolle der Chalone, die als antimitotische Faktoren bekannt sind. Im Ergebnis des Einwirkens zahlreicher, heute sicher noch nicht vollständig bekannter Faktoren beobachtet man im allgemeinen nur in der Entstehungsphase eines Tumors ein exponentielles Wachtsum. Bedingt durch viele limitierende Faktoren ist danach sogar ein exponentieller Abfall der Wachstumsrate möglich.

Ein auch für die klinische Praxis verwendbares Maß für das Tumorwachstum ist die mittlere Volumenverdopplungszeit, die für die einzelnen Tumoren recht unterschiedliche Werte annehmen kann. So beträgt sie für embryonale Carcinome etwa 30 Tage und für Adenocarcinome ca. 170 Tage. Auskunft über die Proliferationsaktivität von Geweben gibt auch die Generationszeit, die der Intermitosezeit entspricht und durch Markierung des Gewebes mittels ^{3}H-Thymidin zu erfassen ist. Letzlich gibt auch die Zahl der Mitosen einen Hinweis auf die Wachstumsgeschwindigkeit eines Tumors. Sowohl im Tierexperiment als auch bei menschlichen Tumoren ließen sich sehr unterschiedliche Generationszeiten feststellen, die verglichen mit dem normalen Gewebe länger oder auch kürzer sein können. Für zahlreiche Tumoren gilt daher, daß das Tumorwachstum im wesentlichen auf der Anhäufung langlebiger, undifferenzierter Zellen, die durch eine lange Generationszeit charakterisiert sind, beruht.

7.3.10. Tumormetastasierung

Im Gegensatz zu den Beobachtungen im Tierexperiment neigen menschliche Tumoren zur Absiedlung von Tochtergeschwülsten (**Metastasen**). Der Prozeß der Absiedlung ist ein äußerst kompliziertes Geschehen, das die Ablösung der Tumorzellen vom soliden Tumor, das Eindringen in Blut- und Lymphbahnen, den Transport dieser Zellen in entfernte Organe, deren Infiltration und die Proliferation umfaßt. In Anbetracht der Wechselwirkung zwischen Wirtsorganismus und Tumor ist anzunehmen, daß die ausgeschwemmten und neuangesiedelten Tumorzellen Subpopulationen mit hoher Fähigkeit zur Metastasierung darstellen. Davon abzuleiten ist, daß sich die Zellen des Primärtumors von denen der Metastasen sehr deutlich hinsichtlich ihrer funktionellen und strukturellen Charakteristika unterscheiden können und daher auch nicht in gleicher Weise auf therapeutische Maßnahmen ansprechbar sein müssen.

Die Häufigkeit der Ablösung von Tumorzellen vom Primärherd entspricht etwa dessen Größe, wobei die Vaskularisation und möglicherweise auch das Fehlen eines intakten Gefäßendothels die Metastasierung begünstigen. Die der Organotropie zugrundeliegenden Mechanismen sind heute vollkommen unbekannt. Lediglich ein kleiner Teil der in einem Organ abgesiedelten Zellen überlebt. Die Proliferation der in das Gewebe infiltrierten Zellen soll erst nach Einwirkung wachstumsstimulierender Faktoren aus den Tumorzellen erfolgen. Thymusentfernung sowie Senkung der Makrophagenzahl erhöhen die Neigung eines Tumors zur Metastasierung, was auf die Bedeutung immunologischer Abwehrmechanismen für die Verhinderung der Metastasierung hinweist (s. 7.3.12.).

7.3.11. Strukturelle und funktionelle Eigenschaften von Tumorzellen

Häufig wird von der irrigen Vorstellung ausgegangen, daß Tumorzellen stets einen weitaus geringeren Differenzierungsgrad als die des Ursprungsgewebes aufweisen. Untersuchungen zur chemischen Anatomie der Tumorzellen machten jedoch deutlich, daß die Unterschiede im Substrat- und Enzymmuster zwischen Tumor- und Normalzelle geringfügig sein können (minimum deviation-Tumoren). Andererseits kommen hochgradig entdifferenzierte Tumoren vor, für die eine histogenetische Klassifizierung nicht mehr vorgenommen werden kann.

Generell steht die Frage, inwieweit die bestehenden Unterschiede als typisch für Tumorzellen angesehen werden können und ob sie als chemische Marker zur diagnostischen Erfassung maligner Neoplasien geeignet sind.

Tumorzellen weisen verschiedene Eigenschaften auf, die dem normalen Gewebe, dem der Tumor entspringt, nicht zueigen sind. Als solche gelten die Fähigkeit zur Metastasierung, ihr invasives Wachstumsverhalten oder auch die Bildung von Genprodukten (Hormone, Isoenzyme), die in der normalen Zelle nicht vorkommen. Da Zellen im Verlaufe ihrer Differenzierung die für ihre Entwicklung erforderlichen genetischen Informationen nicht verlieren, kann aus den zuvorgenannten Tatsachen nicht abgeleitet werden, daß Änderungen im genetischen Code Voraussetzung für das Tumorwachstum sind. Invasives Wachstum beispielsweise beruht auf solchen Eigenschaften wie der Loslösung aus dem Zellverband, der Fähigkeit zur aktiven Fortbewegung und der Schädigung benachbarter Zellen. Normale, infiltrationskompetente Zellinien, wie die Monozyten, zeigen, wie es die Phagozytose beweist, ein ähnliches Verhalten. Auch die Wanderung von Melanoblasten im embryonalen Gewebe entspricht in wesentlichen Zügen dem Vorgang der Zellabsiedelung. Man kann somit von der Vorstellung ausgehen, daß die Expression von in allen Zellen vorhandenen genetischen Informationen zu einem falschen Zeitpunkt erfolgt, so daß unkontrolliertes, invasives und parasitäres Wachstum mit Neigung zur Metastasierung die Folge ist.

7.3.11.1. Chromosomenstruktur in Tumorzellen

Bei einer Reihe von Malignomen sind häufig wiederkehrende Abweichungen in der Chromosomenstruktur beschrieben worden, so daß ein unmittelbarer ***Zusammenhang zwischen Chromosomenanomalie und Tumorentstehung*** postuliert wird. Dabei zeigen sich die Chromosomen 1, 7, 8, 9, 14, 17 und 22 am häufigsten betroffen. Auffallend ist die Tatsache, daß die Chromosomenaberrationen oft in unmittelbarer räumlicher Nachbarschaft zu DNS-Sequenzen, die den transformierenden retroviralen onc-Genen homolog sind, zu finden sind, woraus auf die Bedeutung von Chromosomenrearrangements für die Tumorpathogenese geschlossen wird (s. 7.3.4.).

Am bekanntesten ist das Philadelphia-Chromosom, das vor allem bei der chronisch-myeloischen Leukämie angetroffen wird. Dabei handelt es sich um die Translokation eines distalen Segmentes des Chromosoms 22, wobei das translozierte Segment im allgemeinen am langen Arm des Chromosoms 9 wiedergefunden wird. Für das BURKITT-Lymphom ist eine reziproke Translokation eines Segmentes zwischen den Chromosomen 8 und 14 charakteristisch, wobei die Beziehungen zwischen dieser Chromosomenaberration und der Infektion mit dem EPSTEIN-BARR-Virus völlig unbekannt sind. Ein weiteres Beispiel einer Chromosomenanomalie bietet das Meningeom, bei dem häufig ein partieller oder totaler Verlust des Chromosoms 22 zu beobachten ist.

7.3.11.2. Regulation der Genexpression

Trotz intensiver Suche nach prinzipiellen Unterschieden in der Regulation der Genexpression zwischen normalen und maligne entarteten Zellen gibt es dafür bisher keine eindeutigen Hinweise. Dies gilt vor allem für die Histonproteine und deren Rolle bei der Regulation der Genaktivität.

Charakteristisch für viele Tumoren ist die Synthese und *Sekretion von Hormonen*, die normalerweise nicht vom Ursprungsgewebe gebildet werden. Die häufigsten, von nichtendokrinem Tumorgewebe gebildeten Hormone sind ACTH, α- bzw. β-MSH, Gonadotropine, Vasopressin und Parathormon. Lungencarcinome sezernieren beispielsweise in 50% der Fälle ACTH, so daß dieses Krankheitsbild von einem CUSHING-Syndrom begleitet sein kann. Die Synthese dieser Hormone ist auf die Expression von Genabschnitten zurückzuführen, die im Verlauf der Entdifferenzierung einer entsprechenden Repression durch Regulatorgene entzogen werden (*Ektopie*). Auf einen gleichartigen Mechanismus ist auch das Vorkommen solcher *Isoenzyme* im Tumorgewebe zurückzuführen, die man im embryonalen oder regenerativen Gewebe vorfindet. Die dabei anzutreffenden Isoenzymmuster unterscheiden sich allerdings deutlich von dem des embryonalen Gewebes, so daß man nicht von einer bloßen Rückkehr in den Embryonalstatus sprechen kann. Schließlich ist auch die Bildung *immunologischer Marker*, wie des α-Fetoproteins oder des carcinoembryonalen Antigens, als Folge der Bildung der für embryonales Gewebe spezifischen Genprodukte anzusehen (s. 7.3.11.4.).

In entdifferenzierten, rasch wachsenden Hepatomen sind die adulten Formen der Hexokinase, Aldolase, Pyruvatkinase und Glykogenphosphorylase durch fetale Isoenzyme ersetzt. Letztere weisen gegenüber den Effektoren eine veränderte Empfindlichkeit auf, so daß sich neue Bedingungen für die Kontrolle der Glykolyse oder des Glykogenstoffwechsels ergeben. Diese sind z. T. für die gesteigerte aerobe Glykolyse, wie sie WARBURG beschrieben hat (s. 7.3.8.), verantwortlich zu machen. Der sekundäre Charakter dieser Veränderungen kommt darin zum Ausdruck, daß die minimum deviation-Tumoren adulte Enzymmuster aufweisen. Weitere derartige Isoenzyme, die im Plasma auftreten, sind die alkalische Phosphatase (REGAN-Enzym), das für die Plazenta typisch ist und beim Bronchialcarcinom beobachtet wird, sowie eine Glutaminase, die in der fetalen Leber vorkommt und gehäuft bei Mammacarcinomen nachweisbar ist.

7.3.11.3. Stoffwechsel der Tumorzelle

Ausgangspunkt für die Suche nach für die Tumorzelle charakteristischen Stoffwechselwegen waren die Beobachtungen von WARBURG (1926) über die gesteigerte aerobe Glykolyse derselben, die er auf eine Beeinträchtigung der mitochondrialen Atmung und damit der ATP-Synthese zurückführte. Wie sich späterhin zeigte, ist der PASTEUReffekt nur in rasch wachsenden, weitgehend entdifferenzierten Tumorzellen aufgehoben, so daß diese Veränderungen nicht als typisch für Tumorgewebe betrachtet werden können. Dabei ist die gesteigerte ATP-Synthese in rasch wachsenden Tumoren sicher nicht nur Ausdruck des durch die Nukleinsäure- und Proteinsynthese *erhöhten Energiebedarfs*, sondern sie ist auch auf einen gesteigerten Energieverbrauch durch *energieverwüstende Transportprozesse* an der Plasmamembran zurückzuführen. Auch wenn Tumorzellen hinsichtlich des Isoenzymmusters sowie zahlreicher Stoffwechselprozesse denjenigen aus fetalem und regenerierendem Gewebe ähnlich sind, läßt sich keine vollständige Übereinstimmung zwischen diesen feststellen. Allerdings ist es bisher auch nicht möglich gewesen, Stoffwechselveränderungen aufzuzeigen, die prinzipiell als typisch für die Tumorzelle angesehen werden können.

7.3.11.4. Antigenstruktur von Tumorzellen

Neben vollkommen neuen Antigenstrukturen (**Neoantigene**) lassen sich in Tumorzellen auch solche Zellantigene nachweisen, die im Vergleich zu denjenigen nichttransformierter Zellen in ihrer Struktur oder ihrer antigenen Stärke abgewandelt sind (**modifizierte Antigene**). Infolge Bildung einiger für die embryonale Entwicklung charakteristischer Proteine weisen Tumorzellen im allgemeinen auch **Differenzierungsantigene** auf. Bei virusinduzierten Tumoren werden schließlich auch **Virusantigene** beobachtet. Die Veränderungen in der Antigenstruktur der Tumorzellen sind als sekundäres Phänomen der Malignisierung anzusehen, das in noch unbekanntem Ausmaße modifizierend auf das Tumorwachstum und den Grad der Metastasierung einwirkt. Die genannten Antigene treten sowohl an der Oberfläche von Tumorzellen (*Membranantigene*) als auch als *intrazelluläre Antigene* auf.

Die **Neoantigene** werden häufig als tumorspezifische Antigene bezeichnet, obwohl heute noch nicht feststeht, inwieweit es sich tatsächlich um für die Tumorzelle charakteristische Antigenstrukturen handelt. Es ist nicht ausgeschlossen, daß es sich um stark modifizierte Oberflächenstrukturen (Glykoproteine) handelt, deren strukturelle Verwandtschaft zu den bekannten Antigenen bisher nicht nachgewiesen werden konnte. Neoantigene wurden sowohl im Kern der Tumorzellen als auch an der Oberfläche der Plasmamembran festgestellt. Letztere sind unter der Bezeichnung *tumorassoziierte Oberflächenantigene* (TAA) bekannt. Die häufig im Tierexperiment zu beobachtende Abstoßung von Tumortransplantaten ist auf die Existenz derartiger Oberflächenantigene zurückzuführen. Aus diesem Grund schreibt man den tumorassoziierten Antigenen eine Bedeutung für die immunologische Überwachung (s. 7.3.12.) zu.

Tumorassoziierte Antigene können sowohl bei Spontantumoren als auch bei chemisch bzw. viral induzierten Carcinogenen nachgewiesen werden. Bei der chemischen Carcinogenese sind diese Antigene offensichtlich spezifisch für das Organ bzw. Gewebe; sie werden aber nicht durch das chemische Agens oder den histologischen Bau des Tumors bestimmt. Die Ursache für chemisch induzierte tumorassoziierte Antigene wird entweder in somatischen Mutationen normaler Gene oder in der Störung von Transkriptions- bzw. Translationsprozessen gesehen, die zur Ausbildung abartiger Antigenstrukturen führen. Nach viraler Tumorinduktion können ebenfalls tumorassoziierte Antigene auftreten, die sich von virusspezifischen Antigenen abgrenzen lassen. Tumoren, die durch gleiche Viren ausgelöst werden, zeigen einander ähnliche Antigenstrukturen. Bezüglich der menschlichen Tumoren muß jedoch gesagt werden, daß die Antigenität der an der Oberfläche lokalisierten Neoantigene schwach ist und damit ihre Bedeutung für die Immunüberwachung noch infrage gestellt werden muß.

Von der Tumorzelle werden auch *Differenzierungsantigene* exprimiert, die man normalerweise in der pränatalen Entwicklungsphase findet. Beim *α-Fetoprotein* handelt es sich um ein Protein mit einem Molekulargewicht von 64000, daß beim Menschen in mindestens 7 Varianten vorliegt. Diese molekulare Heterogenität des α-Fetoproteins ist auf deren unterschiedlichen Gehalt an Sialinsäure zurückzuführen. Die ursprünglich gehegte Vermutung, daß es sich beim α-Fetoprotein um einen Tumormarker handeln könnte, wurde dadurch wiederlegt, daß der Serumspiegel nicht nur bei Lebercarcinompatienten, sondern auch bei entzündlichen Lebererkrankungen, die mit einer Regeneration des Lebergewebes einhergehen, erhöht ist. Allerdings erweist sich das bei Lebertumoren vorkommende α-Fetoprotein im Vergleich zum fetalen elektrophoretisch als heterogener. Fetales und dem Tumorgewebe entstammendes α-Fetoprotein unterscheiden sich auch hinsichtlich ihrer Affinität zu Lektinen, was möglicherweise Bedeutung für die Erfassung von Tumorträgern hat. Ein weiteres embryonales Differenzierungsantigen, dessen Serumspiegel bei Tumorpatienten erhöht ist, ist das *carcinoembryonale Antigen* (CEA). Dieses β-Globulin, das sich zwischen dem zweiten und sechsten Schwangerschaftsmonat im Magen-Darm-Trakt sowie in der Leber des Feten nachweisen läßt, wird verstärkt bei Tumoren des Magen-Darm Traktes einschließlich des Pankreas gefunden. Allerdings ist der Serumspiegel auch bei entzündlichen Erkrankungen, die zu verstärkter Gewebsregeneration führen, erhöht. Für das *β-oncofetale Antigen* und das *colonspezifische Antigenprotein* gilt ebenso wie für die o. g. embryonalen Differenzierungsantigene, daß ihre verstärkte Bildung im adulten Organismus Ausdruck einer gesteigerten Proliferation ist und sie daher nicht als tumorspezifische Marker angesehen werden können.

Bei virusinduzierten Tumoren beobachtet man im allgemeinen auch *virusspezifische Antigene*, die Proteinen des Nukleokapsids oder der Umhüllung entsprechen und nicht nur im transformierten Zustand der Zelle vorliegen, so daß sie ohne Wert für die Tumordiagnostik sind.

7.3.12. Immunologische Überwachung des Tumorwachstums

Die Theorie der immunologischen Überwachung geht auf Thomas und Burnet zurück. Sie beinhaltet die Vorstellung, daß die Entstehung von Tumoren durch ein System humoraler und zellulärer Immunmechanismen verhindert wird. Diese Kontrolle beruht im wesentlichen auf der Heterogenität der Histokompatibilitätsantigene und der damit verbundenen Fähigkeit des Immunapparates höherer Vertebraten, eigene von körperfremden Zellen zu unterscheiden, so daß Transplantatzellen oder durch somatische Mutation entstandene Zellen mit einem veränderten Antigenmuster ständig eliminiert werden. Sofern sich also Tumorzellen durch ihre Antigenstruktur von normalen Körperzellen unterscheiden, sollte dieses System der Immunüberwachung die Proliferation von Tumorzellen verhindern. Auch wenn heute die Bedeutung von Immunreaktionen für die Kontrolle des Tumorwachstums im allgemeinen anerkannt wird, gibt es sehr divergierende Auffassungen hinsichtlich des Stellenwertes dieser immunologischen Überwachung. Eine Beurteilung dieses Prozesses ist deswegen umso schwieriger, weil im Gegensatz zu zahlreichen Tiermodellen der Carcinogenese menschliche Tumoren keine Allotransplantate darstellen und damit beim Menschen die Bedeutung von Immunmechanismen für die Kontrolle des Tumorwachstums noch unklar ist.

Für eine Immunüberwachung beim Menschen spricht die Tatsache, daß bei verschiedenen *Immundefekten* (s. 5.2. und 5.4.) wie dem WISKOTT-ALDRICH-Syndrom, der Ataxia teleangiectatica und dem BLOOMS-Syndrom eine erhöhte Tumorinzidenz beobachtet wird. Allerdings handelt es sich dabei im wesentlichen um Tumoren des lymphoretikulären Systems. Bei einzelnen Tumorträgern, vor allem solchen mit einem BURKITT-Lymphom. ist der Nachweis tumorspezifischer humoraler und zellulärer Immunreaktionen gelungen. Einschränkend muß man jedoch sagen, daß letzterer nicht als Beweis für die Theorie der Immunüberwachung gelten kann, wenn es sich um virusinduzierte Tumoren handelt, da in diesem Falle die Infektion und nicht die Initiation des Tumorgeschehen die Folge der verminderten Immunabwehr sein kann. Auch die inverse Beziehung zwischen Häufigkeit der Metastasierung und der Makrophagenreaktion wird als Hinweis auf eine beim Menschen wirksame Immunkontrolle gewertet. Gleiches gilt für die peritumoralen Zellinfiltrate und die immunologischen Reaktion vom Typ IV (s. 5.1.4.). Eine deutliche Häufung von Tumoren findet man bei Patienten, die wegen einer Nierentransplantation oder anderer Erkrankungen mit *Immunsuppressiva* behandelt werden. Während die Inzidenz von Lymphomen und Tumoren des Bindegewebes um ein Vielfaches zunimmt, bleibt jedoch bei immunsuppressiver Therapie das Risiko für andere Tumoren im wesentlichen unverändert.

Auch aus dem *Immunstatus* eines Tumorpatienten kann nicht unmittelbar die Richtigkeit der Theorie der Immunüberwachung abgeleitet werden, da bei fortgeschrittenem Krankheitsprozeß die Veränderungen in der Immunabwehr sehr wahrscheinlich Folge, aber nicht Ursache des Tumorwachstums sind. In frühen Tumorstadien ließen sich bisher keine eindeutigen Veränderungen der Immunabwehr des Wirtsorganismus erkennen. Aus dem Tierexperiment ist auch bekannt, daß die chemische Carcinogenese nicht durch kontinuierliche Verabreichung von Immunsuppressiva verändert wird, während virale Tumoren unter den gleichen Bedingungen häufiger und rascher induziert werden.

7.3.13. Humorale und zelluläre Abwehrmechanismen

Die **humorale Abwehr** basiert auf der Existenz von Antikörpern, die gegen verschiedene Tumorantigene gerichtet sind (*cytotoxische Antikörper*). Das sogenannte Verstärkungsphänomen (enhancement) ist ebenfalls an das Vorliegen tumorspezifischer Antikörper geknüpft. Dieses beinhaltet, daß die Injektion spezifischer Alloantikörper das Wachstum allotransplantierter Tumoren steigert. Diese Erscheinung ist darauf zurückzuführen, daß Tumorzellen Antigene, vor allem Oberflächenantigene, abwerfen und diese mit den Antikörpern reagieren, wodurch andere antikörperabhängige Immunmechanismen verhindert werden und ein rascheres Tumorwachstum möglich wird. Tumorantikörper sind auch in die zellulären Abwehrmechanismen einbezogen, wie es das Beispiel der antikörperabhängigen zellulären Cytotoxizität (ADCC, antibody dependent cellular cytotoxicity) beweist.

Träger der **zellulären Abwehr** sind die natürlichen Killerzellen (NK-Zellen), die Killerzellen (K-Zellen), die sich aus T-Lymphozyten differenzieren, und die Zellen des mononukleär-phagozytären Systems. Bei den NK-Zellen, denen möglicherweise die größte Bedeutung für die Tumorabwehr zukommt, handelt es sich um Zellen von Lymphozytengröße, die ca. 1—3% der weißen Zellpopulation ausmachen. Sie tragen an ihrer Oberfläche Fc-Rezeptoren, aber keine Immunglobuline und besitzen keine Phagozytoseaktivität. Die Tatsache, daß das Fehlen von T-Lymphozyten keine erhöhte Tumorinzidenz nach sich zieht, wird auf die Existenz der NK-Zellen zurückgeführt, die in der Lage sind, ohne vorherige Wechselwirkung mit Antigenen oder tumorspezifischen Antikörpern Lymphom-, Leukämie-, Carcinom- und auch Sarkomzellen zu lysieren (**SCMC**, spontaneous cellular mediated cytotoxicity). Eine derartige Wechselwirkung zwischen Tumor- und NK-Zellen löst die Freisetzung von Interferon aus letzteren aus, das die Umwandlung inaktiver in aktive NK-Zellen begünstigt.

Die *antikörperabhängige zelluläre Cytotoxizität* setzt die Existenz von Tumorantikörpern voraus, die zunächst an die Tumorzelle gebunden werden müssen, ehe eine Reaktion mit den der T-Reihe entstammenden Killerzellen stattfinden kann. Diese tragen Rezeptoren für das Fc-Fragment von Immunoglobulinen. Die Bindung dieser Killerzellen an die der Tumorzelloberfläche anhaftenden IgG oder IgM führt zu deren Lysis. Killerzellen können auch ohne Vermittlung von Antikörpern Tumorzellen eliminieren, wenn sie unter dem Einfluß entsprechender Tumorantigene sensibilisiert wurden (*zellvermittelte Cytotoxizität* = **CMC** cellular mediated cytotoxicity). Voraussetzung ist jedoch, daß die Tumorzelle gemeinsam mit den Helferzellen die Umwandlung von Prokillerzellen in Killerzellen bewirkt. Nicht unberücksichtigt im System der Tumorabwehr darf die Rolle der T-Suppressorzellen bleiben, die sowohl stimulierend als auch hemmend auf die B- bzw. T-Zellaktivierung einwirken können.

Zwischen der Zahl der *Makrophagen im Tumorgewebe* und der Neigung eines Tumors zur Metastasierung besteht eine reziproke Beziehung. Makrophagen wirken einerseits als nichtspezifische, aber selektiv cytotoxische Zellen und andererseits als immunspezifische Zellen. Der zuletzt genannte Effekt benötigt die Mithilfe von T-Zellen, so daß Makrophagen gegen tumorspezifische Antigene sensibilisiert werden. Die unspezifische Makrophagencytotoxizität kann durch Endotoxin, Lymphokine oder doppelsträngige RNS ausgelöst werden. Hierbei kommt den Makrophagen eine große Bedeutung für die Kontrolle der Lymphozytenaktivierung und damit der Bildung von Lymphokinen und Antikörpern sowie der Auslösung cytotoxischer Reaktionen (Killerzellen) zu. Für die zuletzt genannte Funktion spielen die an der Makrophagenoberfläche antigenabhängig exprimierten Histokompatibilitätsantigene eine besondere Rolle.

Geht man von einer Immunüberwachung des Tumorwachstums aus, muß dies die Folge eines Versagens oder einer Hemmung der Immunreaktionen sein. Entsprechend der Komplexität der humoralen und zellulären Abwehrmechanismen sind daher Störungen auf verschiedenen Ebenen in Betracht zu ziehen. Ein „Vorbeimogeln" des Tumors am Überwachungssystem wäre durch eine *antigene Modulation* (Blockierung der Synthese von Tumorantigenen) oder auch durch den *Verlust der Antigene* möglich, so daß eine immunologische Erkennung der transformierten Zellen und damit ihre Eliminierung nicht möglich sind.

Störungen, die zum Verssagen der Immunabwehr führen, können auch auf seiten des Tumorträgers liegen. Solche Ursachen wären die Entwicklung einer *immunologischen Toleranz* (z. B. durch Infektion mit oncogenen Viren in der Perinatalperiode) oder die *Suppression der Immunreaktion* durch Carcinogene. Schließlich sind es Veränderungen der Wechselwirkung zwischen Tumorzelle und Wirtsorganismus, die das Ausbleiben immunologischer Abwehrmechanismen zur Folge haben. Die bereits erwähnte *geringe Antigenität menschlicher Tumoren* kann für eine ungenügende

Aktivierung der humoralen und zellulären Abwehrmechanismen verantwortlich sein. Das Wachstum des Tumors an *immunologisch unzugänglichen Orten* würde ebenfalls eine adäquate Immunantwort verhindern. Die von Tumorzellen *abgeworfenen Antigene*, die die vorhandenen Antikörper durch Bindung blockieren, sowie die *Aktivierung von Suppressorzellen* können gleichfalls dazu beitragen, daß funktionstüchtige Abwehrmechanismen nicht in Gang gesetzt werden und sich der Tumor auf diese Weise der immunologischen Kontrolle entzieht.

7.3.14. Morphologische Klassifikation maligner Tumoren

Da es bisher nicht gelungen ist, biochemische Tumormarker aufzufinden, die möglicherweise noch Hinweise auf ätiopathogenetische Mechanismen geben, bleibt nach wie vor die histologische Untersuchung die zuverlässigste Methode zur Klassifizierung von Neoplasien. Dabei ist nachdrücklich auf den Umstand zu verweisen, daß es sich um eine phänomenologische Typisierung handelt, die keine Rückschlüsse auf den Mechanismus der Tumorentstehung gestattet. Grundlage der morphologischen Klassifizierung ist die Tumorhistogenese, wobei **epitheliale** von **nichtepithelialen Tumoren** unterschieden werden. Bei unreifen Geweben, deren Herkunft nicht zu bestimmen ist, spricht man von **anaplastischen Tumoren**.

Die als **Carcinome** bezeichneten malignen Neoplasien stellen **epitheliale Tumoren** dar. Sie weisen unterschiedliche Zellanordnungen auf, so daß zwischen Plattenepithelcarcinomen (z. B. Schleimhautcarcinome des Mundes, der Bronchien oder des Magens) Adenocarcinomen (z. B. Schleimhautcarcinome der Bronchien und des Colon oder Leberzellcarcinome) und papillären Carcinomen (z. B. Harnblasencarcinom) differenziert wird. Je nach Anteil des Stroma in diesen Tumoren unterscheidet man *einfache, medulläre* und *scirrhöse* Typen.

Zu den **nichtepithelialen Tumoren**, die insgesamt 5—10% aller malignen Neoplasien ausmachen, zählen die mesenchymalen Tumoren, die **Sarkome** und die **Lymphome**. Aus der Herkunft dieser Tumoren leitet sich die Untergruppierung in Fibrosarkome, Osteosarkome u. a. ab (bzgl. Lymphome s. 5.4.).

Häufig wird versucht, Aussagen über den Differenzierungsgrad der Zellen (z. B. schleim- oder pigmentbildende Tumoren), ihre Größe (z. B. kleinzellige Tumoren, Riesenzelltumoren), ihre Form (z. B. Rund- oder Spindelzelltumoren) sowie ihre Färbbarkeit (basophile, chromophobe Zellen) zu gewinnen, die einer weiteren Charakterisierung des Tumors dienen. Schließlich ist es möglich, die histologische Beschreibung durch makroskopische Befunde (z. B. ulzerierendes oder stenosierendes Carcinom) zu ergänzen.

Klinisch hat sich die **TNM-Klassifikation** als brauchbar erwiesen, bei der die Größe des Tumors (T), der Befall der regionalen Lymphknoten (N = Nodus) und die Metastasierung (M) berücksichtigt werden.

8. Herzkreislauf-System

Krankhafte Veränderungen des Herzkreislauf-Systems verursachen wegen dessen vielfältigen Systemfunktionen, wie etwa des Blutgas- und Nährstofftransports, der „Spülfunktion" und der Informationsübertragung (z. B. über Hormone im Blut), sehr häufig Störungen des Gesamtorganismus. Umgekehrt ist kaum eine organische Störung denkbar, die nicht in der Folge Anteile des Herzkreislauf-Systems alterieren würde. Deshalb sind Grundtypen kardiovaskulärer Störungen auch Kardinalmechanismen der allgemeinen Biopathologie.

8.1. Möglichkeiten und Grenzen kardialer Adaptation

Das Herzkreislauf-System hat in besonderem Maße durch akute und chronische Adaptationsleistungen wechselnden Anforderungen an den Organismus und solchen innerhalb seiner Binnenstrukturen zu genügen. Erhöhungen des Herzzeitvolumens bei starken physischen Beanspruchungen innerhalb von Minuten auf das Mehrfache sind nur durch intakte komplexe Adaptationsmechanismen (neural-humorale Steuerungen, kardiale Eigenregulation)[1]) zu erreichen. Für diese akuten **Adaptationsleistungen** werden sofort vor allem Herzfrequenzsteigerungen (über propriozeptiv-kardiale Steuerungen, auch den BAINBRIDGE-Reflex u. a.), dann auch sympathikoton vermittelte Schlagvolumenerhöhungen wirksam. Beträchtliche Steigerungen über diese kurzfristige Adaptationsbreite sind durch physisches Training (Monate) mit strukturellen myokardialen Veränderungen (Myokardiale Massenzunahme bis zum sog. kritischen Herzgewicht von 500 g) möglich. Bei entsprechender Belastung resultieren physiologische Myokardhypertrophien mit

---

[1]) Der FRANK-STARLING-STRAUB Mechanismus behält im integrativen Verband der Regulation durchaus seine Funktion, in pathologischen Situationen wird seine Bedeutung noch größer (S. 8.2)

vagalem Ruhetonus und erhöhter diastolischer Restblutmenge in den Ventrikeln, aber ohne erhöhten enddiastolischen Druck („physiologische Hypertrophie“ mit „regulativer Dilatation“). Diese Anpassung an chronische Mehrbelastung ist ein komplexes, dabei auch extrakardiales Regulationsphänomen, bei dem die Kontraktilitätssteigerung vor allem durch Sympathikusaktivierung vermittelt wird (SONNENBLICK).

Die auch dann beim Menschen (Ausdauersportler) durchweg erweiterten Herzhöhlen sind bei bewegungsfreudigen gegenüber bewegungsarmen Tieren in Relation zum Körpergewicht um das Doppelte größer. Überwiegende Druckbelastung (Gewichtheben) hat dagegen andere Folgen (s. 8.2.3.).

Auch bei unphysiologischen Belastungen bis zu einem gewissen Ausmaß, z. B. bei **mäßigen chronischen Volumen- und Druckbelastungen** (s. u.) nimmt die Myokardmasse auf ähnliche Weise kompensatorisch zu. Natürlich ist hier weder eine vagotone Kreislaufeinstellung noch eine tatsächliche Erhöhung der Schlagvolumenreserve zu erwarten, da das Herz ständig belastet wird.

Der Kausalzusammenhang zwischen Belastung und chronischer morphofunktioneller Veränderung des Herzens ist noch teilweise unklar (s. 8.2.). Durch die aktuelle Hyperfunktion wird wahrscheinlich eine „biochemische“ Aktivierung in den Myofibrillen mit verstärkter oxidativer Phosphorylierung, vermehrter ATP-Bildung und sinkendem Kreatinphosphat ausgelöst. Wahrscheinlich erhöht sich die Verschleißrate der kontraktilen Proteine (MEERSON). Dadurch wird der genetische Apparat der Myokardzelle aktiviert mit nachgewiesener Nuklein- und Proteinsyntheseerhöhung. Dieser Prozeß entspricht der Initialphase der Adaptation nach MEERSON (s. 1.4.) und ist für physiologische und krankhafte Belastungen nicht zu starken Ausmaßes prinzipiell gleich. Die ansteigende Myokardmasse führt zu gleichen Belastungen je Kontraktionseinheit und so zur Stoffwechselnormalisierung (Stadium der Kompensation nach MEERSON). Bei progredienter Belastung schreitet der Adaptationsprozeß bis zu einem gewissen Grade fort, bei konstanter nicht steigender Belastung kann das Herz langfristig funktionell und morphologisch kompensiert sein. Die Grenze ist hier auch schließlich durch die zunehmend ungünstigere Sauerstoffversorgung an der Einzelfaser infolge relativer (und absoluter) Koronarinsuffizienz, kritisch verlängerter O_2-Diffusionsstrecke und möglicherweise auch durch die ineffektiv werdende elektromechanische Ankopplung (s. 8.2.3.) gegeben. Deutliches Absinken des Kreatinphosphates, Z-Streifenverklumpung und Untergang von Myosinfilamenten (FERRANS) sind Charakteristika des Dekompensationsstadiums. (Hinsichtlich der Differenzen von Druck- und Volumenbelastung s. 8.2.3.).

8.2. Morphofunktionelle Hauptprozesse kardialer Kompensation und Dekompensation — Herzinsuffizienz

Krankhafte akute oder chronische myokardiale Belastungen primär mechanischer Natur werden wirksam (Tab. 8.1.) durch erhöhtes intravasales Volumen (**Volumenbelastung**), durch akut oder chronisch erhöhten Druck, den ein Herzabschnitt überwinden muß (**Druckbelastung**), durch sehr starke Herzfrequenzsteigerung mit kritisch verkürzter mechanischer Diastole (**Frequenzbelastung**). (Ätiopathogenetische Details in Tab. 8.1.). Daneben wird auch auf metabolischer u. a. Grundlage — häufig in Verbindung mit primär mechanischen Ursachen — die Herztätigkeit krankhaft beeinträchtigt.
Derartige akute und chronische Störungen sind möglich (Tab. 8.1.)

— über eine **Beeinträchtigung des myokardialen Energiestoffwechsels,** vor allem **infolge kritischer Reduktion des O_2- und Substratangebots**

— bei Elektrolytentgleisungen (besonders der Kalium- und Calciumionen),

— durch komplexe morphologisch-metabolische Prozesse wie Myokardosen, primäre und sekundäre Myokardiopathien auf der Basis von Entzündungsprozessen u. a. Andere ätiologische Momente (Tab. 8.1.) sind schon wesentlich seltener.

Bei allen Störungen wird früher oder später der Intermediärstoffwechsel über die Energiebereitstellung hinaus komplex geschädigt.

Der pathogenetische Verlauf ist entscheidend von der Dynamik der Belastung, also von ihrem zeitlichen Muster abhängig. Dieses bestimmt auch qualitativ sowohl den Kompensationsmechanismus als auch den Modus der Dekompensation, weshalb nachfolgend akute und chronische Belastungen im Detail darzustellen sind.

Bei entsprechender Belastungsstärke, später auch schon in Ruhe, kann das Herz dann trotz ausreichenden venösen Angebots sowohl akut als auch chronisch die Kreislaufperipherie und damit die Gewebe nicht mehr ausreichend mit Blut versorgen. Das Herz ist *insuffizient*; wenn schon in Ruhe mangelversorgt, liegt eine *Ruheinsuffizienz*, wenn erst bei Belastung auftretend, eine *Belastungsinsuffizienz* vor.

Tab. 8.1.

Ätiopathogenetische Hauptgruppen kardialer Belastung und Dekompensation

Belastungsform					
primär mechanisch			primär metabolisch u. a.		
Volumenbelastung:	**Druckbelastung:**	**Frequenzbelastung:**	**Beeintr. Energiestoffwechsel:**	**Kompl. morpholog. metabolisch:**	**Elektrolytstörungen:**
Pendelblut bei Vitien u. Shunts, hyperzirkulatorische Schockformen (8.3.3.). Plethora (z. B. Polyglobulie), Übertransfusion	art. Hypertonie (li. Herz), pulm. Hypertonie u. Linksdekomp. (re. Herz), Stenosen u. a. Hindernisse, Lungenembolie	ventrikuläre Tachykardien (z. B. Infarkt) bis Kammerflimmern	Myokardischämie (bes. Koronarsklerose) bei schwerer Angina pectoris bis Infarkt, rel. Koronarinsuffizienz bei Hypertrophie u. a.	primäre u. sekundäre Myokardiopathien, und Entzündungen, Myokardosen	besonders bei Hypo- und Hyperkaliämien und -Kalziämien

weitere Ursachen:

Intoxikationen, Vitaminmangel, hormon. u. Proteinstoffwechselstörungen, pathol. Speichervorgänge

8.2.1. Akute Volumen-, Druck- und Frequenzbelastung — akute Herzinsuffizienz

Durch plötzliche Belastung wird das Herz unvorbereitet getroffen. Dem Herzen stehen nur die in ihrer Effektivität sehr begrenzten akuten Kompensationsmechanismen (myokardiale Eigenschaften, neuro-humorale Steuerung, s. 8.1.) zur Verfügung. Diese reichen jedoch bei starker Druck- und Volumenbelastung nicht für eine Normalisierung der Hämodynamik aus. Bei extremer Frequenzbelastung besteht a priori fast keine effektive Kompensationsmöglichkeit für das absinkende Herzzeitvolumen.

Neuerdings sind frühere Konzeptionen, abgeleitet vom Verhalten des isolierten Tierherzens allein, korrigiert worden, nachdem pathogenetische Kardinalparameter (Herzzeitvolumen, diastolischer und enddiastolischer Druck, Kontraktilität in Näherung) rückwirkungsarm am intakten Tier und auch am Menschen meßbar wurden. Im Gegensatz zur akuten Volumenbelastung (Abb. 8.1.) tritt bei **akut druckbelastetem** isolierten und im wesentlichen auch bei intaktem Tierherz die sog. *homöometrische Autoregulation* in den Vordergrund, ein nicht völlig geklärter sofortiger myogener Kompensationsvorgang auf. erhöhte Nachlast. Hierbei werden initial erhöhte enddiastolische Drücke schließlich ohne Größenzunahme des Herzens und Schlagvolumenänderung ausgeglichen, (isometrische Hyperfunktion nach MEERSON), wenn die Belastung nicht zu hoch ist.

Beim Menschen sind ähnliche Verhältnisse zu erwarten (ROSKAMM und REINDELL). Als Ursachen der homöometrischen Autoregulation am Ganztier und Menschen werden verstärkte myokardiale Noradrenalinfreisetzungen mit Kontraktilitätssteigerung angenommen, also positiv inotrope Mechanismen. Noradrenalin verstärkt den intrazellulären Ca^{++}-Einstrom, wodurch die Aktomyosin-ATPase und damit der Umsatz der energiereichen Phosphate (Kreatinphosphat und ATP) aktiviert wird. Jedoch sinkt dann der Catecholamingehalt nach längerer oder zu großer Überlastung mit Erschöpfungsfolge. Dann dilatiert das dekompensierte Herz, was bei extremer akuter Drucküberlastung auch beim Menschen gesehen wird. Bei nicht zu hoher akuter Druckbelastung, wie bei akuter experimenteller Aortenstenosierung bewiesen, treten auch biochemisch-morphologische Reaktionen auf, die dann schon zur Situation in chronischer Druckbelastung überleiten: Die RNS-Polymerase und RNS-Synthetase werden aktiviert mit deutlicher Proteinsynthese-Steigerung. Eiweißarme Diät führt in diesem Stadium zum Tod der Versuchstiere.

Bei **akuter Volumenbelastung** steht dagegen eher die sog. *heterometrische Autoregulation*, also eine enddiastolische Volumenvergrößerung mit Anregung des Frank-Starling-Mechanismus im Vordergrund (isotonische Hyperfunktion nach Meerson, Abb. 8.1.). Diese wäre nach dem Laplaceschem Gesetz für die Druckbelastung sehr ungünstig, da die erforderliche Wandspannung enorm ansteigt. Diastolischer, einschließlich enddiastolischer Druck bleiben aber normal, zumindest im Stadium der Kompensation (Übersicht bei Reindell und Roskamm 1982).

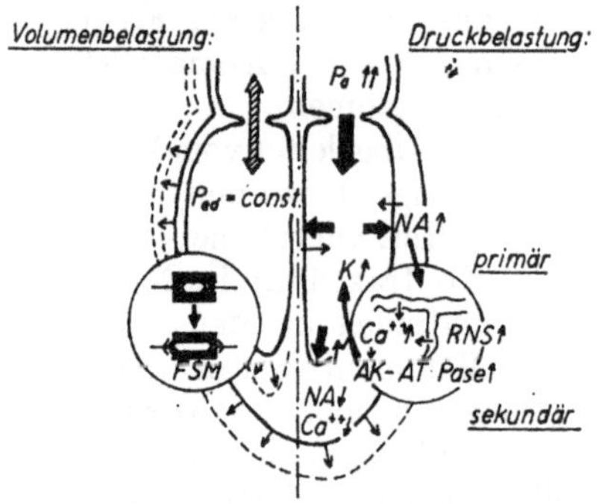

Abb. 8.1. Reaktionsmechanismen auf akute Volumen- und Druckbelastung (**Volumenbelastung** mit heterometrischer Autoregulation (kleine Pfeile, rechtes Herz): schraffierter Pfeil (z. B. Pendelblut), p_{ed} = const.: enddiastolischer Druck konstant, im Kreis: Aktinomyosinbrücken werden weiter auseinandergeschoben → über Frank-Starling-Mechanismus (FSM) u. a. Schlagvolumensteigerung. **Druckbelastung** mit homöometrischer Autoregulation (primär: NA = Noradrenalinanstieg mit (im Kreis) stärkerem intrazellulären Calciumeinstrom (Ca^{++}↑), dadurch stärkere Aktomyosin-ATPase-Aktivierung (AK-ATPase ↑) und Kontraktilitätssteigerung (K ↑); sekundär: Noradrenalinreduktion (NA ↓) und verminderte Calciumfreisetzung (Ca^{++}↓), Pfeile: Dilatation).

Entscheidend wird bei höherer Belastung schließlich die kritisch erhöhte Arbeitsanforderung an das Myokard, die sich besonders bei kombinierten **Druck- und Frequenzbelastungen** rasch deletär auswirken kann. Außer dem dabei wesentlich geringeren Wirkungsgrad der O_2-Utilisation als bei der Volumenbelastung ist infolge reduzierter Koronardurchblutung auch die myokardiale Sauerstoffversorgung relativ (Hypertrophie) und absolut vermindert. Es ist naheliegend, daß ähnliche subzellulär-biochemische Veränderungen auftreten, wie bei der „biochemisch" verursachten Herzinsuffizienz (s. 8.2.2.).

Bei stärkerer Druckbelastung ist die Minderung der Koronardurchblutung durch den systolisch enorm erhöhten intramyokardialen Druck mit schließlich unvollkommener diastolischer Relaxation im betroffenen Herzabschnitt auch tierexperimentell bewiesen. Bei kritischer Frequenzsteigerung im Sinne der Frequenzbelastung ist eine Koronardurchblutungsminderung dagegen tierexperimentell nicht bestätigt.

Frequenzerhöhung bedeutet häufigere flußeffektive Protodiastole (BRETSCHNEIDER), so daß trotz Diastolenverkürzung die Koronardurchblutung nicht absinkt. Jedoch ist diese Wirkung nur bei normaler Energiesituation des Myokards zu erwarten, da bei frequenzbedingter Herzmuskelüberlastung die diastolische Relaxation und damit die flußeffektive Diastole dann doch extrem verkürzt wird. Dagegen ist hierbei die hämodynamisch ungünstige Wirkung der reduzierten diastolischen Kammerfüllung infolge stark verkürzter Diastolen unumstritten.

Bei entsprechend hoher Druckbelastung (z. B. durch extremes Afterload bei akuten Hochdruckkrisen am linken Herzen; bei akuten Strombahnhindernissen, bei Lungenembolien u. a. am rechten Herzen) wird der Herzmuskel schnell energetisch erschöpft, da sich mangelhafte Sauerstoffzufuhr und ungünstiger Wirkungsgrad der Herzarbeit potenzieren. Durch die hämodynamisch unwirksame innere Arbeit sinkt der Grad chemomechanischer Energietransformation. Das Herz dekompensiert sehr rasch, d. h., es entsteht die akute manifeste Herzinsuffizienz mit zwangsläufiger mangelhafter peripherer Blutversorgung, enddiastolischer, dann diastolischer Druckerhöhung und kardialer Stauung. Es droht schließlich der vollständige Kreislaufzusammenbruch.

Die **Folgen der akuten manifesten Herzinsuffizienz** sind von deren Ausmaß abhängig. Bei schwersten Störungen sinkt das Herzzeitvolumen auf **minimale Beiträge**; das kommt einem Kreislaufstillstand gleich. Das ist sowohl bei akuten Druckbelastungen mit extremen arteriellen Kreislaufwiderständen (z. B. nach mechanischen Thoraxtraumen), aber auch bei extremer Frequenzbelastung (hohe Tachykardie bis Kammerflattern) oder Kombinationen möglich (Herzinfarkt bei starker arterieller Hypertonie). Vaskuläre, etwa barorezeptorische Kompensationsversuche müssen wegen der Reduktion des Herzzeitvolumens ineffektiv bleiben. Es kommt durch zentralnervösen Sauerstoffmangel in < 1 min. zur Bewußtlosigkeit, dann zu hypoxisch bedingten Krämpfen. Diese **Adams-Stokes'schen** Anfälle treten auch noch bei anderen Formen der extremen Herzkreislaufreduktion bzw. des Herzkreislaufstillstandes ein, wie bei einer Reihe von Erregungsbildungsstörungen (s. u.), und in akuten Phasen des totalen atrioventrikulären Blocks, wenn sich die Kammerautomatie verzögert einstellt (asystolische Form des Adams-Stokes'schen Anfalls). Letzterer ist außer bei extremen Frequenzbelastungen (tachykarde Form des Adams-Stokes'schen Anfalls) in ausgeprägtester Form beim Herzflimmern festzustellen, das stets mit vollständigem Kreislaufstillstand identisch ist. Bleibt dieser Zustand < 3 min., treten beim Menschen auch nach erfolgreicher Reanimation bleibende zentralnervöse Schäden ein. Ohne Wiederbelebung droht der Tod.

Selbst bei plötzlichem **Absinken des Herzzeitvolumens um ca. 1/3 bis 2/3**, dessen Auswirkungen durch Kreislaufzentralisation für die lebenswichtigen Organe akut fast völlig kompensiert werden können, droht nach mehr oder weniger langer Latenz die Gefahr des Kreislaufzusammenbruchs durch Kreislaufschock (s. 8.3.), hier wegen der kardialen Verursachung als **kardiogener Schock** bezeichnet. Pathogenetisches Kernmoment ist auch hier, wie bei allen Schockformen, die Gewebshypoxie mit metabolischer Azidose, anfangs meist infolge extremer Vasokonstriktion, später durch die komplexe Mikrozirkulationsstörung (s. 8.3.3.), die zwangsläufig auf die permanente Zentralisation folgen muß. Dann ist schließlich unbehandelt ein deletärer Ausgang trotz primär ausreichender Blutversorgung lebenswichtiger Organe wahrscheinlich.

Klinisch kündigt sich die **akute** wie **chronische dekompensierte Herzinsuffizienz** durch die mangelhafte Bewältigung des venösen Blutangebots mit erhöhtem diastolischen Restvolumen und -druck an. Die Erhöhung des enddiastolischen Drucks geht dem voraus. Vorher treten schon recht früh im kompensierten Stadium Kontraktilitätsveränderungen ein, wie eine verminderte maximale Verkürzungsgeschwindigkeit der Einzelfaser V_{max}. Sehr wahrscheinlich spielt auch die reduzierte diastolische Relaxation des überlasteten Herzmuskels eine Rolle, da diese stark energieabhängige Eigenschaft durch Sauerstoff- und Substratmangel relativ früh gestört wird.

Damit kommt es insgesamt zum akuten Blutrückstau vor den linken Ventrikel und Vorhof. Im Gegensatz zur chronischen, sich stets langsam entwickelnden Herzinsuffizienz trifft aber bei der akuten dieses Ereignis die vorgelagerten Kreislaufabschnitte, also Lungenstrombahn und rechtes Herz, völlig unvorbereitet. Überschreitet der Druck im Kapillarbereich des Lungenstrombettes (normal ca. 0,7—0,8 kPa (5—6 mmHg)) dann den kolloidosmotischen Plasmadruck (um 3,3 kPa (25 mmHg)), tritt Blutflüssigkeit in das Interstitium (*interstitielles Ödem*) und schließlich in die Alveolen über (*Alveolarödem*). Dieses Lungenödem bedeutet stets eine beträchtliche Einschränkung des pulmonalen Gasaustausches mit starker respiratorischer Insuffizienz (s. 9.1.). Damit ist ein weiteres pathogenetisches Moment entstanden, das den hämodynamisch bedingten Gewebssauerstoffmangel der akuten dekompensierten Herzinsuffizienz im Circulus vitiosus verstärkt. Das relativ muskelschwache rechte Herz, das normalerweise mit (systolischen) Drücken von 2,7–3,3 kPa (20–25 mmHg) einen ausreichenden Lungenkreislauf aufrechterhält, ist jetzt dieser kombinierten Druck-Volumenbelastung der akuten Linksinsuffizienz nicht gewachsen. Das gleiche gilt für die Druckbelastung bei plötzlicher Widerstandserhöhung im kleinen Kreislauf, wie bei ausgeprägter Lungenembolie. Es kommt zur Dilatation mit Gefahr der Rechtsdekompensation (*akutes Cor pulmonale*), bei starker Belastung zur extremen Volumenvergrößerung.

Die Rechtsdekompensation kündigt sich dann durch Nachlassen des Lungenödems bei stärkeren venösen Druckerhöhungen im Bereich der Bauchorgane an.

Trifft die akute Herzinsuffizienz allein den rechten Ventrikel (etwa bei ausgeprägter Lungenembolie o. a. plötzlichen pulmonalen Widerstandserhöhungen), treten gleiche Veränderungen wie die beschriebenen auf, und trotz normaler linksmyokardialer Funktion resultiert bald der Kreislaufzusammenbruch, auch durch zu geringe diastolische Füllung des linken Herzens bei meist beträchtlicher respiratorischer Insuffizienz.

8.2.2. *Akute Herzinsuffizienz auf metabolischer Grundlage*

Das permanent schlagende Herz stellt — wie kein anderes Organ außer dem Gehirn — besondere Anforderungen an einen effektiven Energie- und Elektrolytstoffwechsel, dies sowohl hinsichtlich der Erregung, der elektromechanischen Ankopplung, als auch der Kontraktion. Bei normalerweise schon nahezu vollständiger Ausschöpfung der Sauerstoffreserve durch eine maximale $AVDO_2$ (11–12 Vol.-%) ist nur noch eine Steigerung des O_2-Angebots über eine Koronargefäßerweiterung möglich. Diese Koronarreserve erreicht beim Gesunden 400–500%, beim Koronarsklerotiker höchstens einen Bruchteil davon. Der Myokardinfarkt ist die praktisch wesentlichste Erkrankung, bei der aber außer dem Sauerstoffmangel (bzw. folgend der Substratverwertungsstörung) meist noch weitere pathogentische Momente mit potenzierender Wirkung zu berücksichtigen sind (z. T. chronische Druckbelastung bei häufigem arteriellen Hochdruck, (akute) Frequenzbelastung bei hypoxisch verursachten Rhythmusstörungen u. a.; siehe 8.2.1.).

Bei vordergründiger „**biochemischer**" **Verursachung** ist der Sauerstoffmangel wegen der relativ geringen myokardialen Kapazität für den anaeroben glykolytischen Stoffwechsel bei sehr niedriger Energieausbeute pathogenetisch entscheidend. Alleiniger akuter Sauerstoffmangel, also die hypoxische Hypoxidose (s. 9.3.), führt infolge Ausfalls der oxidativen Phosphorylierung in Minuten zur Kontraktilitätsminderung auf $< 10\%$, da die Glykolyse höchstens 20% der myokardialen Energieforderungen erfüllt.

Kernmechanismus dabei ist die Beeinträchtigung der Aktomyosin-ATPase und des stark energieabhängigen Calciumionentransports. Das entstehende Laktat kann jetzt nicht mehr, wie bei aeroben Verhältnissen, vom Herzmuskel energetisch genutzt werden, sondern verursacht jetzt eine zumindest lokal negativ inotrope Wirkung (durch Reduktion der Catecholaminwirkung und Verdrängung der Calciumionen von den Troponinbindungsstellen an den Muskelfasern).

Hypoxische Mitochondrienschwellung, Auftreibung der Cristae mitochondriales und Zerreißen der mitochondrialen Membranen sind Hauptmomente im Prozeß irreversibler intrazellulärer Strukturveränderungen. Im Gewebsverband wird recht früh eine mangelhafte muskuläre Relaxation beobachtet und damit eine weitere Beeinträchtigung der Kapillarperfusion auch in den durchblutungswirksamsten Phasen der Koronarperfusion erreicht. Abriß der Aktinfäden in der Z-Streifen-Zone ist ein weiterer regelmäßiger, in definierter tierexperimenteller Myokardischämie zu beobachtender Schaden. In Verbindung mit schwerem Sauerstoffmangel und damit anaerober Glykolyse bei der akuten ischämischen Hypoxidose kann dieser bedeutsam werden. Prototyp dieser Störungen ist wiederum der Myokardinfarkt mit Reduktion der Koronardurchblutung, die einem Verschluß gleichkommt.

Dabei ist besonders die reduzierte „Spülfunktion" des Blutes wesentlich, die die Gewebsazidose entscheidend verstärkt. Dann reichen bereits wesentlich höhere ATP-Spiegel als die Grenzkonzentrationen bei der hypoxischen Hypoxidose nicht mehr aus, um eine hinreichende Kontraktilität zu sichern.

Bei **Intoxikationen** ist eher mit mittelbaren Wirkungen über die zentralnervöse Herzkreislaufbeeinflussung und die myokardiale Sauerstoffversorgung als mit unmittelbaren toxischen Effekten an der Herzmuskelfaser zu rechnen. Nach Narkotika- und Schlafmittelüberdosierung wird auf diesem Wege die physiologische neurohumorale Herzkreislauftonisierung so stark reduziert, daß das Schlagvolumen, dann auch das Herzzeitvolumen, kritisch absinkt, der nervöse Rückfluß zum Herzen deutlich vermindert ist und schockähnliche Circuli vitiosi zwischen Kreislauf und Gewebsstoffwechsel entstehen (s. 8.3.3.). Hierzu kommen unmittelbare depressive myokardiale Stoffwechselwirkungen, wie z. B. jene der Barbiturate. Auch die CO-Vergiftung ist vor allem über die ausgelöste histotoxische Hypoxie (s. 9.3.) kardial wirksam.

8.2.3. Chronische Druck- und Volumenbelastungen — chronische Herzinsuffizienz

Im Gegensatz zur akuten Belastung reagiert das Herz chronisch in einem charakteristischen morphofunktionellen Kompensations- und Dekompensationsprozeß, der wiederum für Volumen- und Druckbelastungen verschieden ist.

Chronische Volumenbelastung (> 1/3 des Schlagvolumens, Abb. 8.2.), wie bei Klappeninsuffizienzen und Shunts verschiedener Genese, wird wesentlich besser und länger toleriert als die zeitlich analoge Druckbelastung. Aus bisher im einzelnen nicht völlig geklärten Gründen (siehe isotonische Hyperfunktion, 8.2.1.) adaptiert das Herz dabei durch Vergrößerung des Inhalts der betroffenen Kammer in Längs- und Querrichtung („Anpassungsdilatation", auch funktionelle oder regulative Dilatation (Reindell, Pocke)). Auf jeden Fall ist die heterometrische Autoregulation auslösend beteiligt (erhöhte diastolische Füllung mit Frank-Starling-Mechanismus und damit Schlagvolumenerhöhung), wahrscheinlich aber nicht allein (Roskamm und Reindell). Die myokardiale Faserkonfiguration bleibt erhalten, die gedehnten Fasern stehen nunmehr „auf Lücke" (Linzbach). Dieser Zustand ist voll reversibel, wie schnelle Rückbildungen nach Shuntoperationen zeigen. Dies ist keinesfalls schon Ausdruck einer manifesten Insuffizienz oder Dekompensation, denn nur das enddiastolische Volumen, nicht aber endsystolischer oder enddiastolischer Druck sind in dieser Phase erhöht. Diese reversible „exzentrische Volumenhypertrophie" ist ein Anpassungsvorgang des kompensierten Myokards ähnlich wie beim Sportlerherz, ganz im Gegensatz zur irreversiblen myogenen Gefügedilatation bei dekompensierender Druckhypertrophie („exzentrische Druckhypertrophie") mit Gewebeuntergang. Das Herz bewältigt die zusätzliche Blutmenge also vollständig. Jedoch muß eine größere Kraft bei größerem

Ausgangsradius aufgebracht werden (LAPLACEsches Gesetz, siehe 8.2.1.). Bei zusätzlichen Belastungen oder Schädigungen dekompensiert ein derartiges Herz leichter als ein normales. Auch ist hier in der Regel bei einem kritischen Herzgewicht (500 g, die Herzmasse nimmt trotz nur unwesentlicher Wandstärkenveränderung zu) erst mit schweren Insuffizienzerscheinungen zu rechnen. Dieses ist dann erreicht, wenn die gleichzeitig ablaufenden hypertrophischen Prozesse[2]) zur kritischen Distanzvergrößerung zwischen Kapillare und Muskelmitochondrien geführt haben und damit die effektive Sauerstoffdiffusion beeinträchtigt wird. Daneben sind auch weitere zelluläre Kompensationsmechanismen erschöpft (MEERSON).

Im allgemeinen werden nur bei stärkerer Volumenbelastung solche morphologischen Veränderungen erreicht, und viele Volumenbelastungen werden myokardial völlig kompensiert. Insgesamt tritt die Dekompensation — wenn überhaupt — relativ spät ein, dann aber auch mit bindegewebig-muskulär fixierter Gefügedilatation (LINZBACH).

Bei der **chronischen Druckbelastung** (Abb. 8.2.), wie besonders arteriellen und pulmonalen Hypertonien und Klappen- und subvalvulären Stenosen, nimmt nach der akuten homöometrischen Autoregulation (s. 8.2.2.) ausschließlich die Wandstärke der betroffenen Kammer zu, kaum aber der Außendurchmesser. Somit muß sich die Herzhöhle größtenteils verkleinern (*konzentrische Hypertrophie*). Tatsächlich treten auch bei vorwiegender Nachlasterhöhung Gesunder (Gewichtheber) auch konzentrische Hypertrophien auf; das bestätigt die dominierende pathogenetische Stellung der Druckerhöhung.

Wenn im Gegensatz zur akuten experimentellen Aortenstenosierung ein weiter Ring vor die Aorta junger Hunde gelegt wurde, so die Stenosierung erst mit dem Wachstum und damit primär chronisch erfolgt, fehlen die Zeichen stärkerer Proteinsynthesesteigerung. Erst wenn das kritische Herzgewicht erreicht ist und damit stärkere metabolisch-zelluläre Versorgungsstörungen bzw. solche des genügenden Ca^{++}-Einstroms zur elektromechanischen Ankopplung auftreten (KAUFMANN), vergrößert sich das Herz eindeutig. Nicht nur die O_2-Diffusionswege (s. o.) sind schnell kritisch verlängert; auch die Relation zwischen Mitochondrien und Muskelfasern wird früher ungünstig als bei Volumenbelastung.

---

[2]) größtenteils; nach LINZBACH u. a. z. T. auch Faservermehrungen, also Hyperplasien (S. 3.5).

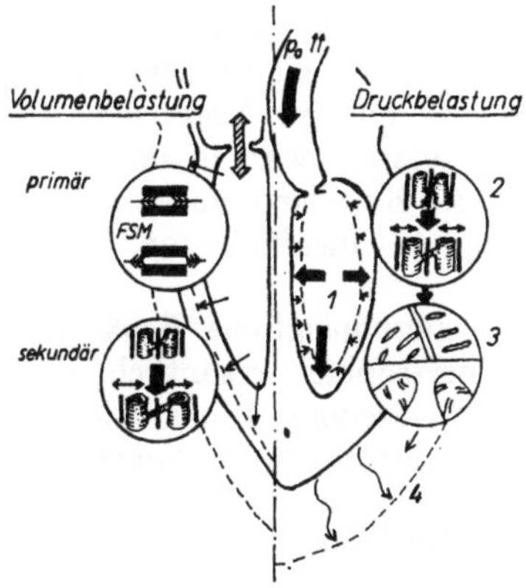

Abb. 8.2. Reaktionsmechanismen auf chronische Volumen- und Druckbelastung (**Volumenbelastung**) (rechtes Herz): Anpassungs- und regulative Dilatation (dünne Pfeile), vermittelt über Frank-Starling-Mechanismus (FSM) mit HZV-Steigerung. Auslöser: z. B. Pendelblut (Schraffierter Pfeil); sekundär (2. Kreis): späte Dekompensation (Herzgewicht > 500 g) durch kritische Erhöhung der Diffusionsstrecken.
Druckbelastung (linkes, Herz, schwarze Pfeile): 1 Homöometrische Autoregulation und Konzentrische Hypertrophie (lumenwärts gerichtete kleine Pfeile), etwa auf starke arterielle Hypertonie ($p_a \uparrow\uparrow$) oder Aortenklappenstenose: 2 Myofibrilläre Hypertrophie → kritische Erhöhung der O_2-Diffusionsstrecke und druckbedingte Mikrozirkulations-Einschränkung, 3: degerat. myofibrill. Veränderungen und mitochondriale Cristolysen, 4: Gefügedilatation mit „exzentrischer Druckhypertrophie“.

Unter diesen Bedingungen der kritischen myokardialen Sauerstoffversorgung bei fortwährender Druckbelastung kommt es zur (myogenen) Gefügedilatation, die rasch fortschreitet und irreversibler morphologischer Ausdruck der relativ frühen Dekompensation nach **Druckhypertrophie** ist („exzentrische Druckhypertrophie“, Linzbach). Spezifische biochemische Veränderungen, wie beeinträchtigte Aktomyosin-ATPase-Aktivität im Beginn der Dekompensation, haben sich bei Nagern, nicht aber Mensch und myokardial ähnlichen Spezies (Schwein) ergeben.

Das histologische Bild ist durch degenerative Veränderungen an den Myofibrillen, Dehiszenzen an den Glanzstreifen, hypoxische Cristolysen und myeline Verwandlungen der ganzen Mitochondrien bestimmt. Damit ist die Effizienz der Muskelfaserkonstruktion im Gewebsverband vermindert. Faßt man die Determinanten der Insuffizienzentwicklung insgesamt zusammen, so ist neben den genannten (kritische metabolische Versorgung, geringerer Ca^{++}-Einstrom) dann die zunehmend ineffektivere Kontraktion durch Gefügedilatation und auch die erhöhte relative Koronarinsuffizienz bei Hypertrophie anzuführen. Letztere wird in ihrer Auswirkung noch durch die beeinträchtigte Kapillarperfusion infolge reduzierter diastolischer Erschlaffung des insuffizienten Herzen verstärkt.

Daneben könnten auch differente **morphologische Reaktionen** zwischen Druck- und Volumenhypertrophie wesentlich sein, wie zusätzliche Kapillarbildungen und adrenerge Innervation bei Hypertrophie nach Schwimmtraining der Ratte (Volumenüberlastung), nicht aber bei Druckhypertrophie der Aortenstenose und arteriellen Hypertonie (MANDACHE) auftretend.

Außerdem sind Ribosomen, Ergastoplasmamembranen und Golgi-Apparat bei Volumenbelastung weniger kritisch vermehrt (POCHE). Für beide Prozesse gelten die in Abschn. 8.1. genannten biochemischen Veränderungen des Adaptations-, Kompensations- und Dekompensationsstadiums (MEERSON), allerdings mit sehr differentem Zeitverlauf. Die hypertrophierte Myokardfaser nach Volumen- und auch Druckbelastung zeigt eine mehr oder weniger reduzierte Kontraktilität auch noch bei suffizientem Herzen. Insofern trägt die Hypertrophie bereits den Keim der Insuffizienz in sich.

Funktionelles Kriterium der dekompensierten chronischen Herzinsuffizienz nach Druckbelastung ist dann der Anstieg des diastolischen Drucks auf > 10 mmHg ($> 1{,}3$ kPa) als Index mangelnder haemodynamischer Aktion und des beginnenden Rückstaus in der Lungenstrombahn bzw. Druck- und Volumenerhöhung vor dem rechten Herzen. Schon vorher beginnt der enddiastolische Druck anzusteigen. Letzterer betrifft bei chronischer Linksinsuffizienz zuerst die Lungenstrombahn (*Stauungslunge*), bei Rechts- oder Globalinsuffizienz sofort den venösen Kreislauf mit Ausbildung von **Stauungsorganen**, der *Stauungsleber* mit großer Blutfülle und Gefahr der Stauungsinduration, auch Aszitesbildung im Mesenterialbereich, der *Stauungsniere* mit Stauungsproteinurie, der *Stauungsgastritis* u. a. Für diese Druck- und Volumenerhöhung vor dem rechten Herzen sind aber schon wegen der Weite des venösen Gefäßbettes weitere Mechanismen außer unmittelbaren hämodynamischen Rückwirkungen notwendig. Der allein hämodynamisch determinierte Begriff der Stauung ist hier pathogenetisch nicht günstig, aber seit langem gebraucht. Am folgenschwersten für den Organismus ist meist die Entwicklung der *Stauungslunge*. Durch die langsame enddiastolische und diastolische Drucksteigerung und damit allmähliche Entwicklung des Rückstaus passen sich pulmonales Strombett und Interstitium an. Gefäßwandverdickungen, „rückläufig" bis in die Arteriolen, und die bindegewebige Induration des Interstitiums erschweren den Flüssigkeitsaustritt aus den Kapillaren. So ist die Entwicklung eines ausgeprägten Lungenödems unmöglich; wohl treten aber in dieser chronischen Stauung Blutbestandteile in das indurierte Interstitium ein (Hämosiderose der chronischen Stauungslunge). Verkleinerter Alveolarraum und erschwerte Gasdiffusion führen zur meist deutlichen respiratorischen Insuffizienz (s. 9.).

Klinisch äußert sich die Dekompensation in **kardialen Ödemen**, extrazellulären Flüssigkeitseinlagerungen komplexer Genese besonders in den abhängigen Körperpartien und z. T. in einer mehr oder weniger ausgeprägten Zyanose. Kardiale Ödeme sind stets komplexer Genese, teils durch die genannten hämodynamischen Veränderungen (hydrostatische Komponente), teils durch Na^+- und damit Flüssigkeitsretention bedingt (s. 8.3.2. u. 10.1.1.1.). Die reduzierte Nierendurchblutung provoziert neben der verminderten glomerulären Filtration einen übermäßigen Aufbau des osmotischen Gradienten im Nierenmark und im Haarnadelgegenstrom-System eine erhöhte Na^+-Rückresorption.

Nach neueren Untersuchungen ist auch ein erhöhter Aldosteron-Spiegel pathogentisch wesentlich, wahrscheinlich über die Wirkung intrathorakaler Volumenrezeptoren.

Die **Zyanose** ist in ihrer wechselnden Ausprägung von mehreren Faktoren abhängig und tritt stets bei $>$ 6 g/dl reduziertem Hämoglobin auf, demnach bei Anämien wesentlich später, bei Polyglobulien bzw. Polyzythämien schon bei ausreichender Gewebssauerstoffversorgung. Im allgemeinen ist die Zyanose aber bei chronischer dekompensierter Herzinsuffizienz Ausdruck der gesteigerten peripheren Sauerstoffextraktion als peripheren Kompensationsmechanismus.

Grundlage hierfür ist die langsamere Blutflußgeschwindigkeit bei bleibendem O_2-Partialdruckgefälle durch die beginnende Gewebshypoxie trotz der mehr oder weniger ausgeprägten Hypoxämie. Diese **periphere Zyanose** ist von der durch pulmonale Gasaustauschstörung oder venöse Beimischung[2]) (**zentrale Zyanose**) zu unterscheiden. Natürlich ist bei der dekompensierten Herzinsuffizienz auch der pulmonale Gasaustausch beeinträchtigt und die Zyanose dann schon Folge der arteriellen Hypoxämie.

---

[2]) deshalb mitunter als Mischungszyanose bezeichnet

8.2.4. *Chronische Herzinsuffizienz auf metabolischer Grundlage*

Ob sich bei dem Ursachenspektrum auf metabolischer Grundlage (s. 8.2.2.) eine akute oder chronische Insuffizienz entwickelt, ist von der Stärke der Störungen und ihrer Dynamik abhängig. Die akute Störung ist dabei meist durch stärkere Schädigungen verursacht, die die aktuelle Regulationsbreite und Adaptation überschreiten.

8.3. *Grundformen von Kreislaufstörungen*

Neben der akuten und chronischen Kreislaufinsuffizienz als mehr oder weniger generellen Störung des Kreislaufs sind Störungen in einzelnen Abschnitten, wie der Endstrombahn (Mikrozirkulationsstörungen, s. 8.3.1.), von umschriebenen Kreislaufstörungen (s. 8.3.2.) abzugrenzen. Die wichtigste Form akuter Kreislaufinsuffizienz ist der Kreislaufschock (s. 8.3.3.).

8.3.1. *Mikrozirkulationsstörungen*

In jüngster Zeit haben sich physiologische und pathologische Spezifika der Mikrozirkulation häufig als Schlüsselmechanismen vieler Kreislaufstörungen herausgestellt (LIPOWSKY, SCHMID-SCHÖNBEIN). In direkter Konsequenz wurden durch mikrorheologisch wirksame Plasma- und Erythrozytenveränderungen (Hämodilution, Defibrinogenierung) therapeutisch effektive Kreislaufverbesserungen erzielt.

Bisherige Konzeptionen wurden durch die Aufklärung folgender Besonderheiten der Endstrombahn bzw. Mikrozirkulation korrigiert und erweitert: 1. Blut zeigt in Kapillaren als Nicht-NEWTON'sche Flüssigkeit bei großer (physiologischer) Schubspannung τ_ω eine hohe mit dem Plasma identische Fluidität[4]), bei sinkendem τ_ω einen plötzlichen Phasenübergang zur pseudoplastischen Flüssigkeit. Es verhält sich dann festkörperähnlich mit extremem Widerstand und Staseeffekt, d. h. Stillstand des Blutes ohne Gerinnung oder sonstigen Verschluß als Ursache. 2. Die generell parallele Blutbewegung in den kapillaren Netzwerken verursacht stets ungünstigere Fließbedingungen für längere parallele Kapillaren als für kurze entsprechend der dort geringeren effektiven Schubspannung nach

$$\tau_\omega = P \cdot d/4L \tag{1}$$

[4]) Fluidität = 1/Viskosität

Bei 10% des physiologischen Druckgefälles sind dann 85% der Kapillaren in Stase. Bei physiologischer Schubspannung und Strömungsgeschwindigkeit ist dagegen sogar eine deutliche Hämatokritsteigerung in der Mikrozirkulation auf Grund des FAHRAEUS-LINDQUIST-Effektes ohne Fluiditätsfolgen.

Dagegen wirkt sich bei verringerter kapillärer Strömungsgeschwindigkeit eine vermehrte Partikelanzahl genauso potenzierend auf den Fluiditätsverlust aus, wie rigidere Erythrozyten. Normalerweise werden diese trotz gleichem oder größerem Durchmesser im Vergleich zu den Kapillaren „als Säckchen mit weichem Inhalt" in der Art der Panzerkettenrotation ihrer Wand bewegt und bieten bei normaler Schubspannung keine Fluiditätshindernisse, nicht aber bei z. B. hypoxisch bedingter erythrozytärer Rigiditätssteigerung (Schockmikrozirkulation u. a.). Die mangelhafte oxidative Phosphorylierung in der Erythrozytenmembran ist dabei ein Kardinalprozeß. Hypoxische Endothelschwellungen wirken sich ebenfalls im Circulus vitiosus aus (Lumenverengung nach Formel 1). Entscheidend ist aber der erwähnte ungleiche Einfluß der im Mittel nur mäßigen Schubspannungsminderungen auf die längeren Kapillaren (Formel 1). Wegen dieser pseudoplastischen Eigenschaften sind Prästase und Stase nur durch enorme Schubspannungs-Vergrößerungen zu durchbrechen. Hier wirken sich dann auch pathologische Erythrozyten- und Thrombozytenaggregationen bis zur Mikrothrombosierung potenzierend aus.

Diese Mikrozirkulationsstörungen sind bei der arteriellen Verschlußkrankheit, für den Kreislaufschock (s. 8.3.3.), den Myokardinfarkt (s. 8.3.2.) sowie Stase-Phänomene bei Entzündungen zusätzliche Schlüsselmechanismen. Bei der arteriellen Verschlußkrankheit kann eine Minderung des Druckgradienten bis in Bereiche des erwähnten Phasensprungs mit Stase im Großteil der Kapillaren den Weg zur Gewebsnekrose bahnen. Frühe Inhomogenitäten der Mikrozirkulation beim Schock oder in Infarktrandzonen sind durch diese Dynamik in Kapillarnetzwerken erklärbar.

8.3.2. Umschriebene Kreislaufstörungen

Hier sind als Phänomene mit genereller Bedeutung das Ödem, die Haemorrhagie, die Thrombose und Embolie sowie der Infarkt zu nennen (Entzündliche Durchblutungsänderungen in 4.1.).

Das **Ödem**, die Flüssigkeitsansammlung in Zellen oder Interstitium, ist zwar oft nicht allein aus der Pathologie des Kreislaufs zu erklären; Kreislauf- bzw. vaskuläre Störungen sind aber stets beteiligt und oft pathogenetisch am wesentlichsten (hinsichtlich weiterer pathogenetischer Komponenten, s. 10.1.1.1.). Entsprechend der pathologisch veränderten kapillären Druckrelationen bei Stauungen u. a. wird Flüssigkeit interstitiell verlagert, da das Gleichgewicht des kapillären Flüssigkeitsaustausches (STARLING-Mechanismus) zugunsten des Gewebseinstroms verschoben ist (s. 10.1.1.1.).

Ödeme aus vorwiegend **mechanischen Ursachen**, vor allem hydrostatischen, sind das Lungenödem bei Linksherzinsuffizienz und z. T. kardiale Ödeme bei Herzdekompensation (s. 8.1., 8.2.). Der hohe Kapillardruck bewirkt die extravasale Flüssigkeitsverschiebung (weitere nicht kardiovaskulär bedingte Formen in 10.1.1.1.).

Das kardiale Ödem ist meist komplexer Genese (im Detail s. 8.2.3.) mit mechanischer, elektrolytbedingter (Niere!) und hormoneller Komponente (Aldosteronausschüttung bei reduzierter Reizung intrathorakaler Volumenrezeptoren). Ebenso komplex ist die Entstehung des Schwangerschaftsödems (Beckenvenenkompression, verminderter onkotischer Druck bei Albuminabfall u. a.).

Bei der **Haemorrhagie** erscheint Blut extravasal, wobei man zwischen *Rhexisblutungen* (durch Gefäßzerreißung) und *Diapedeseblutungen* (Blutdurchtritt durch Gefäßwände) unterscheidet. Bei letzteren sind haemorrhagische Diathesen (s. 1.2.1.) oft ursächlich.

Die intravaskuläre Blutgerinnung, die **Thrombose**, mit ihren Hauptformen, dem *Abscheidungsthrombus* (weißer Thrombus) und *Gerinnungsthrombus* (roter Thrombus), hat drei entscheidende Ursachen (VIRCHOWsche Trias); die Verlangsamung des Blutstroms, den Gefäßwandschaden und eine veränderte Blutzusammensetzung. Die Thrombose und die **Embolie**, d. h. die Bewegung abgerissener Thromben oder anderer intravasaler Gebilde im Blutstrom, führen zwangsläufig zur partiellen oder auch totalen **Ischämie**. Bei totaler oder absoluter Ischämie entsteht dann ein anämischer Infarkt, bestehend aus einer herdförmigen Nekrose (s. 3.) mit hyperämischer Randzone. In Organen mit doppelter Blutversorgung (Lunge, Leber) entsteht der haemorrhagische Infarkt durch Blutung aus erweiterten Kapillaren des nichtischämischen Gefäßbaums (weitere Details in Lehrbüchern der Pathol. Anatomie).

8.3.3. Kreislaufschock

Der Kreislaufschock ist die komplexe Reaktion und Folge einer akuten generalisierten Gewebshypoxie, fast immer infolge kritischer Verminderung der Gewebsdurchblutung. In der Folge droht der Sauerstoffmangel lebenswichtiger Organe und damit der Tod des Organismus. Meist verursacht eine Störung der Makrozirkulation (absolute und relative Hypovolämie oder kardiale Dekompensation, Abb. 8.3.) unmittelbar oder in Verbindung mit der Gegenregulation des Organismus (Kreislaufzentralisation[5]) ausgedehnte Mikrozirkulationsstörungen der Peripherie mit Gewebshypoxie und -azidose. Jedoch kann die Kausalkette des Schocks auch wesentlich kürzer sein und auf der Ebene der Gewebshypoxie oder -azidose beginnen (dekompensierte Ketazidosen). Fast stets sind Circuli vitiosi zwischen hämodynamischen und zellulären Störungen das pathologische Hauptmoment (Abb. 8.3.). Ein kritisch reduziertes Blut-, Plasma- oder (intravasales) Flüssigkeitsvolumen[6])

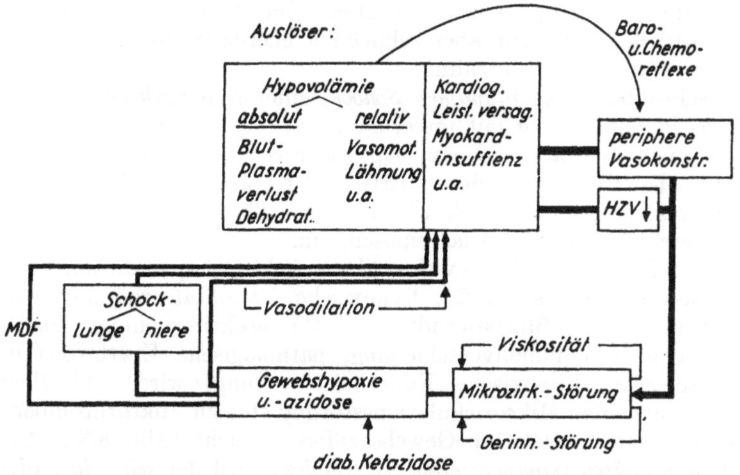

Abb. 8.3. Vereinfachtes Schema der Schockpathogenese (ohne hyperzirkulatorische Formen). (HZV ↓: reduziertes Herzzeitvolumen, MDF: Myocardial depressive factor); stark ausgezogen: entscheidender Circulus vitiosus).

[5]) Zugunsten der akut lebenswichtigen Organe Herz, Gehirn und Nebennieren zur akuten Aufrechterhaltung der Vitalfunktionen.

[6]) beim Hund führt akuter Blutverlust > 30% zum Schock, > 40% zum sofortigen Tod.

(absolute Hypovolämie) oder ein zu weites peripheres Gefäßbett (relative Hypovolämie) verursachen ebenso wie eine kritisch reduzierte kardiale Pumpfunktion auf verschiedenen Wegen (Abb. 8.3.) eine generelle Störung nutritiver Organdurchblutung. Die zunächst vital schützende ***Kreislaufzentralisation*** ist das Ergebnis chemo- und barorezeptiver Gegenregulation mit 10 bis 50facher Erhöhung des Catecholaminspiegels im Plasma. Dadurch kommt es u. a. in allen Organen mit α-Rezeptoren je nach ihrer Dichte zur Vasokonstriktion mit Mangeldurchblutung (ischämische Hypoxidose) zugunsten der Durchblutung von Herz, Gehirn und Nebennieren.

Nach metabolischer Durchbrechung der arteriellen Vasokonstriktion wird durch den jetzt erhöhten Kapillardruck Flüssigkeit extravasal verschoben (Messner). Begünstigend wirkt die hypoxische Kapillarpermeabilitätssteigerung (Lasch). Das ist der erste Abschnitt der sog. ***schockspezifischen Vasomotion*** der absoluten Hypovolämie, der weitaus häufigsten Schockform.

Bei der relativen Hypovolämie ist diese Vasokonstriktion durch die initiale Vasoparalyse unmöglich; der dadurch abgesunkene Blutdruck verursacht aber schließlich ebenfalls eine Perfusionsstörung der Endstrombahn.

Selbst beim ***hyperdynamen Schock,*** einer hyperzirkulatorischen Kreislaufeinstellung mit unvermindertem bis erhöhtem Herzzeitvolumen (Endotoxinschock, septischer Schock), tritt auch eine kritische Reduktion der nutritiven Kapillardurchblutung bei übermäßiger, metabolisch wirkungsloser Shuntdurchblutung (eröffnete arteriovenöse Anastomosen) ein.

Durch mehrere Circuli vitiosi (Staseeffekte mit plötzlichen Fluiditätsverlusten (s. 8.3.2.), hypoxische Fragilitätserhöhung von korpuskulären Blutbestandteilen, Hämatokriterhöhung durch extravasale Volumenverschiebung, pathologische Erythrozytenaggregation, hypoxische Endothelschwellung) wird schließlich die irreversible Mikrozirkulationsstörung (bis zu Mikrothromben) und damit die deletäre Gewebsazidose erreicht (Abb. 8.3.). Aus dem ***primären (kompensierten, reversiblen)*** wird der ***sekundäre (dekompensierte, irreversible) Schock.*** Bei der Mikrothrombenbildung sind zusätzlich thrombozytäre Strukturveränderungen maßgebend für die Sludge-Bildung. Neuerdings sind die aus der Thrombozytolyse freigewordenen vasoaktiven und thromboplastischen Faktoren, wie z. B. das Thromboxan TXA_2, als wesentlich beim Übergang zur manifesten bis irreversiblen Mikrozirkulationsstörung erkannt worden. Ein anderer Mechanismus ist die hypoxische Endothelläsion mit der Möglichkeit der Thrombozytenadhäsion am frei liegenden Kollagen und der Gewebsthromboplastin-Freisetzung.

Dieser Grundtyp der Mikrozirkulationsstörung erfährt je nach Schockformen bzw. betroffenen Organen Modifikationen. Besonders bemerkenswert ist im hyperdynamen Schock neben der erwähnten Störung nutritiver Kapillardurchblutung eine exzessive Gerinnungsaktivierung durch endotoxinbedingte Stimulierung der Thromboxan-Synthetase und Ausfall der Klärfunktion des mononukleär-phagozytären Systems (s. 4.4.5.) für thromboplastisches Material. Das ist bei allen Arten von Endotoxin- und septischem Schock möglich. Neben der simultanen Aktivierung des Kallikrein-Kinin-Systems (s. 4.3.1.) u. a. ist dadurch vor allem mit fodroyanten generalisierten Mikrothrombosierungen zu rechnen. Bei dieser disseminierten intravasalen Gerinnung besteht die Gefahr der *Verbrauchskoagulopathie* (LASCH, LUNDSQAARD-HANSEN), d. h. einer Blutungsneigung durch völligen Verbrauch entscheidender Gerinnungsfaktoren.

Der quoad vitam wesentliche Circulus vitiosus ist schließlich der zwischen hypoxisch bedingter Gewebsazidose, -toxinbildung und myokardialer Kontraktilitätssenkung (s. 8.2.2.). Dieser finale Mechanismus ist allen Formen im **sekundären Schock** gemeinsam. Somit ist die metabolische Azidose das zentrale pathogenetische Moment, die durch die Hypoxie selbst und die stasebedingte Gewebs-CO_2- und Milchsäure-Retention unterhalten wird. Dabei ist der Stoffaustausch und Informationsfluß (Mediatoren!) zwischen Zelle, Extrazellular- und Gefäßraum prinzipiell gestört, so daß schließlich Zell- und mitochondriale Membranen geschädigt, lysosomale Enzyme frei werden und zelltoxische Metaboliten entstehen. Im Splanchnicusbereich (extreme Ischämien durch hohe Zahl an α-Rezeptoren) treten Zellnekrosen auf, und Peptidbruchstücke und kleinere Peptide mit myokardial depressiver Wirkung entstehen (Myocardial depressive factor). Der sekundäre Schock endet letzlich im tödlichen Herzversagen.

Progredienz und Prognose jedes Schockgeschehens werden entscheidend vom **Ausmaß spezifischer Organstörungen**, wie jenen von Myokard, Lunge und Niere bestimmt. Dabei ist die erste Phase oft unspezifischer Beeinträchtigung der Organdurchblutung (Lunge, Niere und Myokard im Schock) von einer zweiten mit spezifischen Folgen meist irreversibler Art über die Mikrozirkulationsstörung hinaus zu trennen (Schocklunge, Schockniere). Nach neueren Erkenntnissen wird diese zweite Phase bei der **Lunge** durch kapillär-alveoläre Schrankenfunktionsstörung (Permeabilitätssteigerung durch Lipoxygenaseprodukte der Arachidonsäure,

Lysosomenfreisetzung, Elastaseaktivierung) mit hypoxischer Alveolarepithel- und Kapillarendothelschädigung, sekundärer Surfactantstörung und Neigung zum interstitiellem Ödem hervorgerufen. Dann besteht durch Fibrosierung (Alveolozyten Typ II, Fibroblasten) mit Alveolarwandverdickung am Ende der ersten Woche die Gefahr des irreversiblen respiratorischen Funktionsverlusts. Bei der **Niere** im Schock erfolgt der Übergang zur irreversiblen Schockniere vor allem durch die ischämisch-hypoxischen Tubulusnekrosen. Das **Myokard** liegt zwar innerhalb der Kreislaufzentralisation, ist aber wegen der Unmöglichkeit der $AVDO_2$-Erhöhung und der meist schon ausgeschöpften Koronarreserve durch die Hypoxämie besonders gefährdet.

9. Gasaustausch

Während bei Einzellern, Pflanzen und primitiven mehrzelligen tierischen Lebewesen der Gasaustausch durch Diffusion ausreicht, kann bei dem Gros tierischer Organismen und beim Menschen ein effektiver Gasaustausch erst durch spezifische Organe (kardiopulmonales System) gesichert werden. Deren Bau und Funktion (Kiemen bei Fischen, Lungen der Landwirbeltiere) bestimmen auch wesentlich die Natur krankhafter Veränderungen. Dabei sind Störungen des Gasaustausches zwischen atmosphärischer Luft und Blut (Pathologie der äußeren Atmung, s. 9.1.) und zwischen Blut und Gewebe (Pathologie des inneren Gasaustausches, s. 9.2.) zu unterscheiden. Beide Ebenen des Gasaustausches werden funktionell durch den Blutkreislauf verbunden, dessen Störungen (8) auch diese beiden Ebenen alterieren können. Eine abnorme Zusammensetzung der atmosphärischen Luft, insbesondere ein Sauerstoffmangel, bedeutet aber per se keine Gasaustauschstörung, zieht aber so starke Veränderungen auf beiden Ebenen u. a. nach sich, daß diese auch hier zu besprechen sind (9.3.).

9.1. Pathologie der äußeren Atmung

9.1.1. Pathogenetische Grundtypen und respiratorische Insuffizienz

Die grundsätzlichen pathogenetischen Möglichkeiten von Störungen der äußeren Atmung lassen sich aus dem prinzipiellen Aufbau der Lungen von Landwirbeltieren ableiten (Abb. 9.1.). Schon der

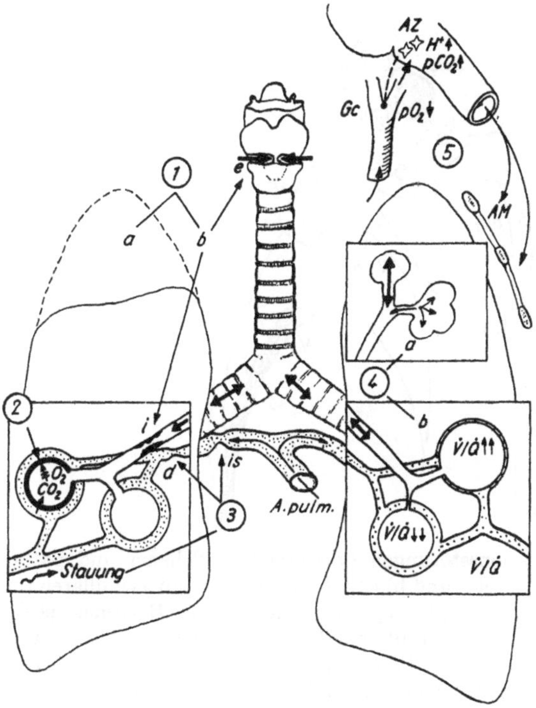

Abb. 9.1. Lungenfunktion und pathogenetische Grundtypen der gestörten (äußeren) Atmung (1: Ventilationsstörungen mit a. restriktiven und b. obstruktiven (i-intrathorakale, e-extrathorakale);
2: Diffusionsstörungen (⇸ O_2-Diffusion gestört,) 3: Perfusionsstörungen (is: isolierte, d: diffuse Pulmonalstenose), 4: Distributions- oder Verteilungsstörungen (a ventilatorische, b Störung des Ventilations-Perfusions-Verhältnisses),
5: Atemregulationsstörungen (AZ: Atemzentrum, Gc: Glomus caroticum, AM: Atemmuskulatur; Insets: schematische Darstellung der alveolokapillären Funktion)

Gasaustausch zwischen Außenluft und Alveolarräumen, die Ventilation, kann gestört sein (= *Ventilationsstörungen*). Liegt die Störung in der Gasdiffusion zwischen Alveole und Lungenkapillare, spricht man von *Diffusionsstörungen*. Betrifft diese die adäquate Lungendurchblutung (Perfusion), d. h. ein der alveolär-ventilatorischen Struktur der Lunge entsprechendes Durchblutungsmuster, entstehen *Perfusionsstörungen*. Als pathogenetisch am

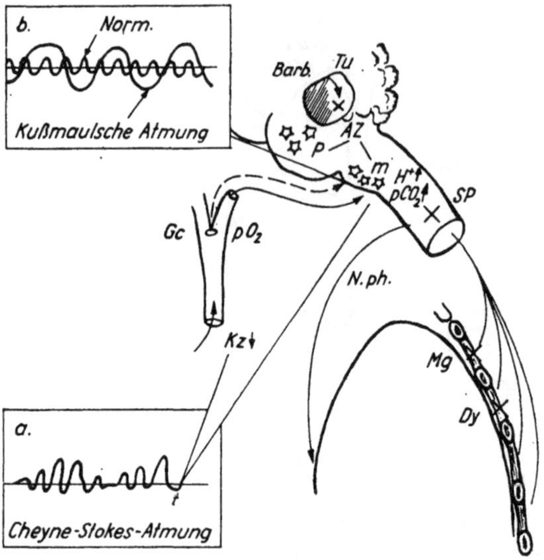

Abb. 9.2. Atemregulationsstörungen (vereinfachtes Schema und pathologische Atemtypen (Inset a und b) (AZ-Atemzentrum mit medullären (m) und pontinen Abschnitten (p); physiologische Stimuli: H^+-Ionen, pCO_2-Steigerung und über Glomus caroticum (Gc) bei deutlicher pO_2-Senkung; Barb.-Barbiturate, SP-spinale Prozesse, N.ph-N.phrenicus KZ ↓ Kreislaufzeit verlängert; Mg-Myasthenie, Dy-Muskeldystrophie, Tu-Tumoren

wichtigsten haben sich aber die ventilatorisch-perfutorischen *Verteilungs- oder Distributionsstörungen* erwiesen, d. h. eine mangelnde Übereinstimmung zwischen ventilatorischem und perfutorischem räumlichen Verteilungsmuster über der Lunge. Oft werden auch Störungen der ventilatorischen Verteilung abgegrenzt (9.1.2.), die aber zwangsläufig solche der ventilatorisch-perfutorischen Verteilung nach sich ziehen. Schließlich können Störungen der äußeren Atmung auch durch eine ungenügende Atemregulation verursacht sein (*Atemregulationsstörungen*), deren Ursachen in allen Übertragungsgliedern des neuromuskulären Regelkreises für die arteriellen Blutgase liegen können (Abb. 9.1., 9.2., s. 9.1.6.). Mit Ausnahme des letzteren Grundtypus von Störungen in der äußeren Atmung sind diese bei den einzelnen pulmonalen Erkrankungen meist nicht in isolierter Form, sondern in zahlreichen Kombinationen mit gegenseitiger Abhängigkeit zu beobachten. Deren Wechselwirkungen sind noch größtenteils unaufgeklärt.

Jede der genannten Störungen kann bei entsprechender Ausprägung einzeln oder kombiniert zu einer Minderung des arteriellen Sauerstoffdrucks (p_aO_2) über die physiologischen Schwankungen hinaus zur Hypoxämie führen, die man hier als **respiratorische Insuffizienz** bezeichnet. Das ist — neben einer zusätzlichen Erhöhung des arteriellen Kohlendioxiddruckes (p_aCO_2) in schwereren Fällen — die gemeinsame und entscheidende Konsequenz stärker gestörten pulmonalen Gasaustausches. Nur bei einem Teil wird auch eine Einschränkung der Kohlendioxidabgabe verursacht, also die genannte Erhöhung des p_aCO_2 über die physiologischen Schwankungen (4,7—6,0 kPa (= 35—45 mm Hg) auf Meereshöhe) hinaus (**respiratorische Globalinsuffizienz**). Das ist fast durchweg bei Atemregulationsstörungen und bei schweren Ventilationsstörungen zu beobachten, die zu einer starken alveolären Hypoventilation führen. Dann ist der ausreichende Austausch des alveolären Kohlendioxids mit der Außenluft gestört. Dagegen stellt die alveolokapilläre Membran wegen der Lipidlöslichkeit des CO_2 im allgemeinen kein Hindernis für den Austausch dieses Gases dar. Dies gilt möglicherweise auch für viele alveolokapillären Membranveränderungen (Fibrosen u. a.), da CO_2 wesentlich diffusibler als Sauerstoff ist (WEST). So resultiert in vielen Fällen nur eine alleinige Verminderung des p_aO_2 (**respiratorische Partialinsuffizienz**). Hierbei ist keine punktuelle Grenze für den p_aO_2 festzulegen, da durch Altersveränderungen in den Lungen der wirksame Gasaustausch ohne pathogene Konsequenzen bis um 9 kPa (= 70 Torr) reduziert werden kann, zumal die arterielle Sauerstoffsättigung dann noch ca. 95% beträgt (siehe Abb. 9.3). So ist bei einem 20jährigen ein p_aO_2 von 11 kPa (83 Torr) als suspekt, bei einen 70jährigen ein p_aO_2 von 9 kPa (70 Torr) noch als altersphysiologisch einzustufen. Generell ist ein $p_aO_2 < 8$ kPa (< 60 Torr) pathologisch. Bei leichteren pulmonalen Störungen werden dann Konsequenzen oft erst bei den erhöhten Anforderungen an den Gasaustausch unter körperlicher Belastung sichtbar. Dann spricht man von **Belastungs- oder latenter Insuffizienz** im Gegensatz zu jener unter Ruhebedingungen (**Ruhe- oder manifeste Insuffizienz**). Die Gefahr respiratorischer Globalinsuffizienz erschöpft sich nicht nur in den unmittelbaren Folgen der Gasaustauschstörungen. Bei entsprechender Ausprägung werden die Puffersysteme durch CO_2-Retention und anaeroben Stoffwechsel (Milchsäure!) erschöpft, und nach dem Stadium I (Partialinsuffizienz) und II (Globalinsuffizienz) mit **kompensierter respiratorischer Azidose** (pH normal, $p_aCO_2\uparrow$, $HCO_3^-\uparrow$) tritt mit der **dekompensierten**

respiratorischen Azidose (pH↓, p_aCO_2↑↑, HCO_3^-↑↑; Stadium III) eine deletäre Entwicklung ein. Die auftretende Azidose ist sowohl durch Kohlensäureanreicherung als auch durch hypoxisch verursachte Laktazidose gekennzeichnet.

9.1.2. Ventilationsstörungen

Ventilationsstörungen, d. h. Beeinträchtigung des Gaswechsels zwischen Außenluft und Alveolen, sind auf zwei pathogenetischen Wegen möglich. Einmal können Atemwege verengt bzw. ihr Lumen vermindert sein (obstruktive Ventilationsstörungen), oder der normale Umfang blähungsfähigen Lungengewebes ist wesentlich eingeschränkt (restriktive Ventilationsstörungen).

Bei den **obstruktiven Ventilationsstörungen** ergibt sich je nach Lage der Atemwegsbeeinträchtigung ein anderes Bild (Abb. 9.1.). Liegt die Verengung *extrathorakal* (Tumoren, Strumadruck u. a.), wird in der Regel in der Inspiration der Atemstrom stärker behindert als in der Exspiration (stärkere inspiratorische Resistance-Erhöhung), da sich hier die leichter deformierbaren Wandanteile im inspiratorischen Sog noch einander weiter nähern, nicht aber unter dem exspiratorischen Druck. So wird bei pathologischer Wandschwäche, etwa durch Einschmelzung der extrathorakalen trachealen Knorpelringe (Säbelscheidentrachea) ein so starker inspiratorischer Widerstand durch Lumeneinengung erzielt, daß der Kranke unter erheblicher Anstrengung mit inspiratorisch hörbarem Geräusch (inspiratorischer Stridor) atmet. Auch bei leichteren Störungen sind folgerichtig schon sehr früh die inspiratorischen Komponenten dynamischer Atemgrößen verändert, wie z. B. die inspiratorische 1-sec-Kapazität.

Bei *intrathorakal* gelegenen Hindernissen oder Lumeneinengungen (Abb. 9.1.) wird dagegen meist die Ausatmung stärker beeinträchtigt, da sich die Wände der Atemwege im kritischen Bereich bei Ausatmung leichter nähern, besonders bei aktiver forcierter Ausatmung unter stärkerem positiven Druck. Dagegen werden durch den inspiratorisch sich erweiternden Thorax die Atemwege eher geweitet. Bei entsprechender Ausprägung ist dann ein exspiratorisch hörbares Geräusch (exspiratorischer Stridor) der Beweis höherer Atemwegswiderstände in der Ausatmungsphase. Hier sind besonders die kleineren Atemwege (Bronchioli höherer Ordnung) betroffen, die normalerweise einen relativ großen Atemwegsquerschnitt aufweisen. Durch ihren stärkeren Anteil an glatter Muskulatur sind diese aber zu starken aktiven Konstriktionen befähigt. Diese und die pathologisch stimulierte Sekretion zähen Schleims führt zusammen mit der allergisch bzw. humoral vermittelten Schleimhautschwellung zu kritischen Lumenverengungen mit Gefahr ausgeprägter respiratorischer Globalinsuffizienz. Zwangsläufig ist zur Überwindung der hohen Atemwegswiderstände eine erhöhte Atemarbeit unter Einsatz der Atemhilfsmuskulatur zu leisten; bei Asthma bronchiale kann diese bis zum 25fachen ansteigen. Der hier durch zusätzlich gesteigerte O_2-Bedarf bei erhöhter Gewebs-CO_2-Produktion schließt zur bestehenden alveolären Hypoventilation einen gefährlichen Circulus vitiosus.

Die **restriktiven Ventilationsstörungen**, also solche mit Verminderung blähungsfähigen Lungengewebes, beschränken sich aber keinesfalls auf den unmittelbaren, morphologisch definierbaren Ausfall von Lungenabschnitten, wie etwa bei pneumonischer Hepatisation, Druckatelektasen, Lappenexstirpation u. a. Viel häufiger ist die partielle Restriktion der Blähungsfähigkeit, wie besonders bei den meisten Lungengerüsterkrankungen, wie Lungenfibrosen, Sarkoidosen u. a. Durch die verminderte Compliance wird der Alveolarbaum nicht ausreichend „aufgespannt". Damit ist der alveoläre Gasaustausch beeinträchtigt. Da bei jeder Verdickung der alveolo-kapillären Membran zwangsläufig die Compliance der Lunge abnimmt, ist bei allen derartigen Störungen auch eine restriktive ventilatorische Komponente sicher. Auch bei jeder Form linkskardialen Rückstaus mit pulmonal-interstitieller Flüssigkeitsvermehrung, später dann mit Stauungsinduration, nimmt die Lungencompliance ab. Es resultiert gleichfalls die restriktive Ventilationsstörung.

Gleiche Bedeutung hat als restriktiv wirkender Mechanismus der mehr oder weniger große Verlust der Alveolarstrukturen bei dem zentrilobulären (= zentriazinären) und besonders dem panlobulären (= panazinären) Lungenemphysem. Dadurch wird die blähungsfähige Lungenoberfläche und mit dem parallelen Verlust an alveolären Kapillaren auch die Diffusionskapazität der Lungen entscheidend reduziert.

In gewissem Sinne kann man hier auch gleichzeitig von einer Diffusionsstörung sprechen, zumal in dem reduzierten kapillaren Strombett bei zunehmender pulmonaler Hypertonie eine wesentlich höhere Durchflußgeschwindigkeit und damit eine kritische Kontaktzeit für die O_2-Aufnahme in das Blut resultiert.

Besonders gravierende restriktive Ventilationsstörungen sowohl mit partieller als auch totaler Restriktion entstehen bei den verschiedenen Typen des **Atemnotsyndroms** (respiratory distress syndrom). Beim Neugeborenen-Atemnotsyndrom, besonders der Frühgeborenen, werden durch die **mangelnde Surfactant**[1]**-Produktion** der noch zu unreifen Pneumozyten Typ 2 die Alveolen ungenügend mit dieser Substanz ausgekleidet. Dadurch wird die alveoläre Oberflächenspannung nur ungenügend reduziert. Durch seine Verminderung entstehen partielle und totale Atelektasen, ein Vorgang, der auch beim Atemnotsyndrom des Erwachsenen, besonders der Schocklunge, zumindest ein wesentlicher Teilmechanismus ist. In beiden Fällen tritt meist als Folge eine pulmonale Hypertonie mit akuter kardialer Überlastung auf. Bei Neugeborenen resultiert daraus oft ein Einstrom venösen Blutes über den noch unvollständig geschlossenen Ductus venosus Botalli und das Foramen ovale in den arteriellen Teil des großen Kreislaufs. Das verstärkt die Hypoxämie oft bis zur Depression des Atemzentrums. Beim Atemnotsyndrom des Erwachsenen, besonders der Schocklunge, ist die Perfusionsstörung (9.1.4, s. d.) das primum movens, und nach neueren Resultaten ist die druckbedingte Neigung zum interstitiellen Ödem mit deletärer septaler Sklerosierung trotz künstlicher Beatmung quoad vitam entscheidend.

Oft erhöht die sehr inhomogene Verteilung der ventilatorischen Störung über das Lungenparenchym oder lokal (**ventilatorische Verteilungsstörung**) deren Auswirkungen nochmals.

9.1.3. Diffusionsstörungen

Diffusionsstörungen, also die mangelhafte Äquilibrierung der Blutgase zwischen Lungenkapillaren und Alveolarluft, sind bei einer alveolo-kapillären O_2-Druckdifferenz von $> 1,3$ kPa (< 10 Torr) sicher. Der CO_2-Austausch wird durch Diffusionsstörungen wegen der hohen CO_2-Diffusibilität praktisch nicht beeinträchtigt. Im Mittelpunkt des pathogenetischen Interesses stehen **Störungen an den alveolo-kapillären Membranstrukturen.** Mit Sicherheit führen interstitielle Flüssigkeitsvermehrungen, wie beim interstitiellen Ödem, bei allen Lungenstauungen, Intoxikationen u. a., noch stärker aber das Alveolarödem selbst zum Diffusionsblock. Auch bei schweren Veränderungen an den Membranen

[1]) engl., hier etwa: oberflächenaktiver Stoff (Phospholezitinverbindungen)

(schwere Lungenfibrose, sog. alveolo-kapillärer Block beim HAMMAN-RICH-Syndrom, Bindegewebsproliferation nach Schocklunge) sind starke Diffusionsstörungen wahrscheinlich, aber noch nicht sicher belegt (siehe 7.1.2.). Die Diffusion ist verzögert, und die notwendige Kontaktzeit überschreitet dann die aktuelle kapilläre, so daß das Blut nur partiell aufgesättigt wird. Normalerweise ist das Blut schon nach ca. 0,25 s gesättigt, und es besteht eine zeitliche Reserve von ca. 0,5 s. Auch bei stärkerer Anstrengung mit Steigerung der pulmonalen Durchflußgeschwindigkeit tritt damit keine Diffusionsstörung auf. Jedoch dürften schon bei leichter Diffusionseinschränkung zusätzliche körperliche Belastungen kritisch werden. Das wird durch die frühe bzw. verstärkte Hypoxämie bei mäßigen Anstrengungen von Patienten mit Diffusionsstörungen belegt.

Wie aus der Definition der Diffusionsstörungen ersichtlich, zählen zu Diffusionsstörungen nicht nur solche unmittelbar an der alveolokapillären Membran. Schon durch den emphysematösen Umbau der Alveolarstrukturen resultiert eine Diffusionsbeeinträchtigung: der Gasaustausch zwischen zentralen Teilen des Alveolarraumes und der Alveolarwand geschieht nämlich ebenfalls per diffusionem. Durch die mangelhafte Durchmischung wird das effektive alveolokapilläre Diffusionsgefälle geringer.

Auch *nach den alveolo-kapillären Membranstrukturen* entstehen *Diffusionshindernisse.* So ist eine *begrenzte kapilläre Durchflußgeschwindigkeit* entsprechend der optimalen Kontaktzeit (s. o.) Voraussetzung für eine ausreichende Sauerstoffaufnahme in den Lungenkapillaren. Dort ist wiederum eine günstige räumliche Lage der Erythrozyten notwendig. Bei Stauungslungen mit extrem erweiterten Kapillarbereich und verlängerten Diffusionsstrecken zwischen Membranen und Einzelerythrozyt ist die Diffusion mittelbar reduziert (*sekundäre Diffusionsstörung*).

9.1.4. Perfusionsstörungen

Alle den physiologischen Gasaustausch beeinträchtigenden pulmonalen Durchblutungsveränderungen werden als Perfusionsstörungen bezeichnet. Schon normalerweise ist die Durchblutung in abhängigen Lungenpartien größer, also beim stehenden Menschen an der Lungenbasis, im Liegen in dorsalen Abschnitten. Dies bleibt aber bis in das Alter ohne pathogenetische Konsequenzen, und die physiologischen Reserven werden erst bei stärkeren Durchblutungsveränderungen unterschritten. Zu den Perfusionsstörungen im weiteren Sinne können auch alle arteriovenösen Kurzschlüsse (Shunts) im kleinen Kreislauf gerechnet werden, wozu funktionell auch solche zwischen rechtem und linkem Herzen gehören. Diese letzteren *extrapulmonalen Shuntursachen* sind am häufigsten (Vorhof- und Kammerseptumdefekte, offener Ductus Botalli, arteriovenöse Fisteln). Durch die Beimengung nicht arterialisierten Blutes, das normalerweise durch die Lungenkapillaren fließen würde, wird ein vollständiger physiologischer Gausaustausch unmöglich.

Das pathogenetisch einfachste Modell von Perfusionsstörungen ist jenes der *pulmonalen Widerstandserhöhung* bei der isolierten oder diffusen Pulmonalstenose (Abb. 9.1.). Trotz der kompensatorischen Steigerung der Arbeitsleistung des rechten Herzens mit zwangsläufiger pulmonaler Hypertonie reicht die Gesamtlungendurchblutung nicht mehr für einen effektiven alveolokapillären Gasaustausch. Praktisch noch bedeutsamer sind die Konsequenzen linksventrikulärer Insuffizienz o. a. Ursachen der *Stauungslunge* (Myokardinfarkt, dekompensierter Linksherzfehler oder starke Hypertonie). Trifft das Ereignis die Lungenstrombahn akut ohne vorherige Kompensationsmöglichkeit, dann überschreitet der Druck in den Kapillaren den kolloidosmotischen (> 3,3 kPa (> 25 mm Hg)); es resultiert das ***interstitielle Ödem***, schließlich das *Alveolarödem*. Schon beim interstitiellen Ödem wird die Durchblutungssituation in den Kapillaren nicht nur durch den linksventrikulären Rückstau, sondern auch durch den erhöhten Gewebsdruck verschlechtert und schließlich das rechte Herz überlastet. Natürlich wird durch das interstitielle Ödem gleichzeitig eine starke Diffusionsstörung und Einschränkung der Vital- und Totalkapazität verursacht, die beim Alveolarödem noch wesentlich stärker ist.

9.1.5. Distributions- oder Verteilungsstörungen

Auch in der normalen Lunge sind die topologischen Muster der alveolären Ventilation und der kapillären Lungendurchblutung funktionell nicht optimal abgestimmt. Wie in 9.1.4. erörtert, ist die Durchblutung in den abhängigen Lungenpartien höher. Dagegen ist die Ventilation in den höherer gelegenen größer, so daß in den ventilatorisch-perfutorischen Relationen ($\dot{V}/\dot{Q}$-Quotient[2])) in Ruhe

---

[2]) $\dot{V}$ — tidal volume, $\dot{Q}$ — Herzzeitvolumen

Unterschiede um den Faktor 2,2 entstehen (physiologische $\dot{V}/\dot{Q}$ von 0,67 bis 1,44). Das bleibt aber bei den beträchtlichen funktionellen Reserven der Lunge hinsichtlich des Gasaustausches ohne pathogene Folgen. Erst wenn diese Reserven durch noch stärkere Ungleichheiten zwischen ventilatorischer und perfutorischer Verteilung unterschritten werden, entsteht eine Hypoxämie und damit die respiratorische Insuffizienz. Dann erhalten einesteils gut perfundierte Lungenkapillaren zu wenig Sauerstoff aus angrenzenden hypoventilierten Alveolen, und andererseits wird dieser über ausreichend ventilierte Alveolen durch kapilläre Hypoperfusion nicht genügend aufgenommen. Als Ursachen der Durchblutungsminderung kommen neben einer solchen aus hydrodynamischen Gründen (wie z. B. bei Rechtsherzschwäche, Pulmonalstenose u. a.) vor allem Reduktionen des kapillären Lungenstrombettes in Betracht, wie typischerweise beim substantiellen Lungenemphysen.

Zwar wurde ein lokaler Regulationsmechanismus in der reflektorischen Vasokonstriktion in Bereichen deutlicher alveolärer Hypoventilation beschrieben (EULER-LILJESTRAND-Reflex). Dieser scheint aber Verteilungsstörungen nach neueren Resultaten nicht wesentlich ausgleichen zu können; vielmehr führt er bei starker alveolärer Hypoventilation zu weitgehender Vasokonstriktion mit kritischer Widerstandserhöhung im Lungenkreislauf (siehe 9.1.6.). Insgesamt sind die Distributions- oder Verteilungsstörungen das weitaus häufigste und wichtigste pathogenetische Moment des gestörten pulmonalen Gaswechsels.

9.1.6. *Atemregulationsstörungen*

Die Homoöstase der arteriellen Blutgase wird durch einen vorwiegend nervös organisierten Regelkreis erreicht, dessen Störungen in den einzelnen Übertragungsgliedern die pathogenetischen Grundtypen der Atemregulationsstörungen darstellen (Abb. 9.2). Meßfühler und Regler bei physiologischen Atemgasverhältnissen sind in den Neuronen des sog. Atemzentrums, d. h. in medullären aber auch in pontinen Strukturen (motorische Steuerung) vereint[3]). Ihre Beeinträchtigung, wie z. B. durch Drogen mit stark atemdepressiver Wirkung (Morphine, Barbiturate u. a.) und bei

[3]) die kurzfristige Atemzyklusregulation über Lungen- und propriozeptive Rezeptoren wird hier außerachtgelassen (bis auf 9.1.3.)

schweren Stammhirnstörungen (Blutungen, Tumoren, schwere Stoffwechselstörungen) führt zu lebensgefährlicher Sensitivitätsminderung und Sollwertreduktionen an Meßfühlern und Regler (Abb. 9.2). Deren gestörte Informationsübertragung zu den Stellgliedern (Atemmuskulatur), wie bei hohen spinalen Prozessen, Nervenschäden (z. B. Polyneuritis von GUILLAIN-BARRÉ-Typ) und Störungen der neuromuskulären Übertragung (Myasthenie), führt genauso, wie unmittelbare Stellgliedschwäche (fortgeschrittene Stadien von Muskeldystrophien), auch zu alveolärer Hypoventilation als wesentlichem pathogenetischen Moment dieser Formen respiratorischer Insuffizienz (Abb. 9.2). Besonders charakteristisch ist die gleichzeitige Beeinträchtigung des Kohlendioxidaustausches und damit die respiratorische Globalinsuffizienz, da trotz guter Diffusibilität kein ausreichendes kapillär-alveoläres Druckgefälle besteht.

Aus diesen Gründen sind alle Störungen des Gasaustausches über die *alveoläre Hypoventilation* (also auch durch obstruktive u. a. Ventilationsstörungen) besonders folgenschwer für den Gesamtorganismus. Neben der unausweichlichen Gewebshypoxie mit metabolischer Azidose infolge glykolytischer Milchsäureproduktion in schwerem Sauerstoffmangel führt die CO_2-Retention selbst zur zusätzlichen respiratorischen Azidose. Der Organismus versucht, durch vermehrte renale Säureausscheidung und Erhöhung der Pufferkapazität in Blut und Liquor die Folgen zu kompensieren. Da aber durch die stärkere Pufferung nur noch schwächere Protonenanstiege resultieren, wird der Atemantrieb relativ schwächer. Steigt der arterielle $pCO_2 > 9{,}3$ kPa (> 70 Torr) wirkt die Hyperkapnie selbst depressiv auf das Atemzentrum. Dann werden wesentliche Atemantriebseffekte (wie auch bei sonstigem deutlichen O_2-Mangel) durch die stärkere Hypoxämie über die (peripheren) Chromorezeptoren vermittelt (Abb. 9.2.). Bei diesen Prozessen im steilen Abschnitt der HbO_2-Dissoziationskurve haben geringe Ventilationsänderungen starke O_2-Sättigungsverschiebungen zur Folge. Die Homöostase kann dann instabil werden. Obwohl diese Situation einen günstigeren O_2-Transfer zum Gewebe gestattet, wird die zunehmend niedrigere O_2-Sättigung des Hb maßgebend.

Atemregulationsstörungen können neben diesen quantitativen auch zu vordergründig qualitativen Änderungen der Atmung, sog. **pathologischen Atemmustern**, führen. Sie sind aus der Regler- oder Regelkreisdynamik zu erklären, so bei der CHEYNE-STOKES'schen Atmung (Abb. 9.2a) aus periodischen Sensitivitätsänderungen des medullären Reglers verschiedener Genese (organische Stammhirnschäden) und/oder Feed-back-Verzögerungen zwischen Stellgliedeffekt und Meßfühlerinformation, wie bei starker Verlängerung der zentralnervösen Kreislaufzeiten (schwere Herzkreislaufinsuffizienz). Ob die bei Höhenhypoxie auftretende CHEYNE-STOKES-Atmung allein auf die hypoxisch veränderte neuronale Aktivität zurückzuführen ist, bleibt noch unklar. Bei der KUSSMAUL'schen Atmung (Abb. 9.2b) wird die Reglercharakteristik durch Intoxikation (diabetisches und urämisches Koma) stark verändert. Das Atemmuster sehr unreifer Frühgeborener ähnelt z. T. dem CHEYNE-STOKES'schen, z. T. der BIOT'schen Atmung (Atempausen zwischen normalen Atemzügen). Anscheinend reagieren die unreifen Hirnstamm-Neurone im Sinne einer Zweipunktregelung. Störungen der Atemregulation sind aber nicht nur durch reduzierte, sondern auch durch erhöhte Atemantriebe möglich. Schon bei der KUSSMAUL'schen Atmung entsteht eine vertiefte Atmung durch die metabolische Azidose, wegen der Reglerintoxikation aber auch eine extreme, entscheidende Frequenzverlangsamung. Mit der metabolischen Azidose verschiedenster Genese ist die Hauptursache erhöhten Atemantriebs mit Hyperventilationsfolge genannt. Diese wirkt teilkompensierend.

9.2. Pathologie des inneren Gasaustausches

Der Gasaustausch mit den Geweben hängt nicht nur von arteriellen Gaspartialdrücken, sondern z. B. hinsichtlich des Sauerstoffs auch von der O_2-Bindungs- bzw. Transportkapazität des Blutes, dem Herzzeitvolumen (HZV) und der effektiven peripheren Durchblutung bzw. Blutstromverteilung ab. Die O_2-Transportkapazität kann durch Reduktion der Hämoglobinmenge (gestörte Blutbildung, starke Blutverluste, erhöhter Blutabbau) oder toxische Bindung eines Teils des Hämoglobins (wie zum Met-Hb o. a.) kritisch vermindert werden. Eine entscheidende Reserve bei Hypoxämien für die O_2-Gewebsversorgung stellt die *konstante oder erhöhte O_2-Ausschöpfung mit* niedrigerem venösen pO_2 dar, bei Durchblutungsminderung z. T. die deutliche Erhöhung der arteriovenösen Sauerstoffdifferenz. Das ist durch den bleibenden oder erhöhten O_2-Druckgradienten zum Gewebe möglich; bei Durchblutungsminderung mit Strömungsverlangsamung führt auch die längere kapilläre Kontaktzeit zu höherer Ausschöpfung. Ein wesentlicher organismischer Regulationsmechanismus bei chronischen Hypoxämien (9.3.) ist die *Erhöhung des erythrozytären 2,3-Diphosphoglyzerats* (2,3-DGP) mit dem Effekt der Rechtsverschiebung der Hb-O_2-Dissoziationskurve (Abb. 9.3.). Auch Temperaturerhöhung (Arbeitshyperthermien, Fieber!) und ebenfalls pCO_2-Erhöhung bzw. pH-Senkung führen zu dieser Rechtsverschiebung mit Erleichterung der Sauerstoffabgabe an das Gewebe. Gegensinnige Veränderungen führen zur Linksverschiebung (Abb. 9.3.). Das kann zum Beispiel beim Erfrierungsschock mit ohnehin stark reduziertem Herzzeitvolumen zur kritischen pathogenetischen Komponente werden.

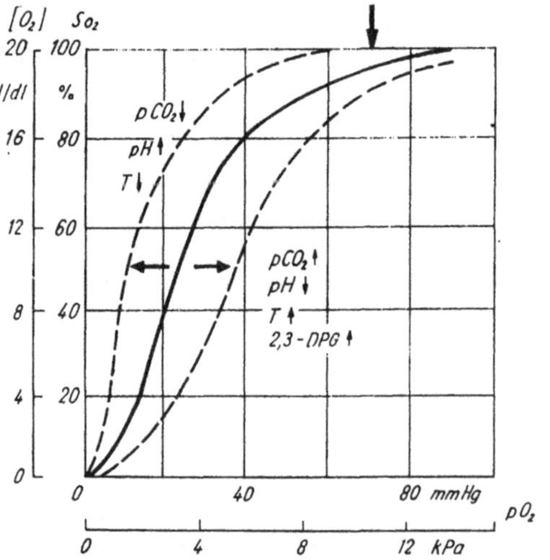

Abb. 9.3. O_2-Dissoziationskurven des Erwachsenen-Hb bei Normalbedingungen (mittlere starke Kurve) und deutlicher Hypokarbie (pCO_2 ↓), Alkalose (pH ↑) und Temperatursenkung (linksverschobene Kurve) und Hyperkarbie (pCO_2↑), Azidose (pH↓), Temperatursteigerung (T↑) und 2,3-DPG-Vermehrung (2,3-DPG↑). (Starker Pfeil am Oberrand: 95% Sättigung bei pO_2 von 70 mm Hg).

Mit der kapillären Sauerstoffabgabe ist aber eine ausreichende Gewebsversorgung noch nicht gewährleistet. Auf dem Wege zu den zellulären O_2-Akzeptoren (vorwiegend mitochondriale Atmungskette) sind Behinderungen möglich, wie beim Transitstreckenblock, einer besonderen pathogenetischen Komponente bzw. einem Teil ischämischer Myokarderkrankungen exemplarisch zu zeigen ist. Mesenchymale Veränderungen, auch kritische Vergrößerungen der Transitstrecke (zwischen Kapillaren und Mitochondrien) beeinträchigen die O_2-Diffussion. Schließlich kann eine Hemmung der Zytochromoxydase, des Schlüsselenzyms der mitochondrialen Atmungskette, z. B. durch HCN und ihre Salze, eine histotoxische Hypoxie verursachen (Abschn. 9.3.).

Auch *Störungen der CO_2-Transportfunktion* des Blutes können pathogenetische Schlüsselstellungen erlangen. Neben der gefährlichen CO_2-Retention bei alveolärer Hypoventilation (Abschn. 9.1.6.) ist ein vermehrter CO_2-Anfall dann besonders kritisch, wenn die Pufferkapazität z. B. durch Hb-Mangel gesenkt ist. Bei Anämien ist deshalb auch mit einer frühen azidotischen Dekompenssation bei verschiedenen Situationen metabolischer Azidose zu rechnen.

9.3. Hypoxie

Da bei reduziertem Sauerstoffpartialdruck in der Atmosphäre (*normobare Hypoxie*) oder bei Aufenthalt in größeren Höhen (*hypobare Hypoxie*) das Partialdruckgefälle zwischen Außen-, Alveolarluft und kapillärem pO_2 kritisch reduziert, schließlich unterschritten wird (*aerogene Hypoxie bzw. Hypoxämie*), müssen hierdurch gleichfalls Störungen des Gasaustausches bis zum Gewebe auftreten. Diese Hypoxieform mit kritischer Verminderung des Sauerstoffpartialdrucks (*hypoxische Hypoxie*), die hier vordergründig besprochen wird, ist zu trennen von den dargestellten durch gestörten Gasaustausch in der Lunge (*pulmonale Hypoxie*), durch O_2-Mangel infolge Reduktion der Sauerstoffträger im Blut (*anämische Hypoxie*), infolge Durchblutungsminderung (*ischämische Hypoxie*) und durch gestörte O_2-Abgabe an das Gewebe oder Hemmung der mitochondrialen Atmung (*histotoxische Hypoxie*).

Bei **akuter hypoxischer Hypoxie** verfügt der Organismus über eine Reihe von pulmonalen, kardialen u. a. sympathikoton vermittelten Kompensationsmechanismen, die zusammen mit der Art der O_2-Hb-Bindung die Auswirkung leichter pO_2-Minderung für die Gewebssauerstoffversorgung im wesentlichen ausgleichen. So wird eine Hypoxie mit einem atmosphärischen pO_2 bis 13,3 kPa (= 100 Torr oder 14 Vol.%) nur mit einer milden Ventilationssteigerung infolge Chemorezeptorenreizung beantwortet, eine solche von 9,3 kPa (70 Torr oder 10 Vol.%) führt trotz deutlicher Hyperventilation schon zu einer Verminderung der arteriellen

Sauerstoffspannung auf 40 Torr (5 kPa) und bei ca. 4 kPa (ca. 30 Torr oder 4 Vol.%) steigt die Ventilation beim Menschen auf ihr Maximum (40 l/min), was aber nur wenige Minuten ohne Kollaps toleriert wird. Parallel werden über chemorezeptorisch vermittelte Reflexe sympathiko-adrenaler Art Herzfrequenz und Schlagvolumen erhöht, ohne daß damit bei stärkerer Hypoxie noch eine Kompensation möglich wäre. Der Zusammenhang zwischen O_2-Gehalt und Durchblutung ist nach $[O_2]_a$ = Organdurchblutung × $AVDO_2$ stark nichtlinear, so daß bei niedrigen O_2-Partialdrücken schließlich extreme Durchblutungssteigerungen für ein gleiches O_2-Gewebsangebot notwendig sind. Selbst für die lebenswichtigen Organe Herz, Gehirn und Nebenniere, die aus der hypoxisch bedingten Vasokonstriktion zugunsten ihrer Durchblutung ausgenommen sind (Kreislaufzentralisation, siehe auch 8.3.3.), kann nur bis zu einer gewissen Hypoxie (pO_2 = ca. 4 bis 5 kPa) kurzfristig eine hinreichende O_2-Versorgung gewährleistet werden. Die hypoxisch bewirkte Hyperventilation verursacht eine respiratorische Alkalose mit inhibitorischer Wirkung auf das Atemzentrum. Nach Stunden beginnt die kompensatorische Ausscheidung alkalischer Valenzen (vor allem Natriumbikarbonat), und nach Tagen hat sich der pH normalisiert, bei der Höhenhypoxie erst wesentlich später. Damit sind schon einige Adaptationsprozesse der **chronischen hypoxischen Hypoxie** skizziert. Die dauerhafte Herzzeitvolumensteigerung (siehe akute Hypoxie) bewirkt eine globale Myokardhypertrophie, wie bei schweren chronischen Anämien und rezidivierenden Blutverlusten. In der Folge (nach ca. 2 Tagen) steigt der 2,3-DPG- und ATP-Gehalt der Erythrozyten, und die Erythropoesesteigerung ruft eine Polyglobulie mit zirkulatorisch ungünstiger Blutviskositätserhöhung hervor. Hypoxien und Hypoxämien im frühen Lebensalter verursachen außerdem eine gesteigerte Vaskularisierung vieler Organe, wie bei kongenitalen Herzfehlern mit Mischungszyanosen. Der permanent angeregte alveolo-kapilläre Reflex (Euler-Liljestrand) verursacht eine pulmonale Hypertonie, die langfristig quoad vitam entscheidend wirkt. Das beschränkt die Lebenserwartung von Mensch und Tier in großen Höhen (Andenbewohner!).

Ab welchem arteriellen pO_2 eine kritische, d. h. zu irreversiblen Schäden führende Hypoxie im Gewebe (Hypoxidose) ausgelöst wird, hängt neben der erwähnten haemodynamischen Steigerungskapazität und der mikrozirkulatorischen Dynamik (z. B. günstige asymmetrische Durchströmung im Kapillarnetz, Grunewald) vor allem von dem Organstoffwechsel ab. So hat das Gehirn die größte, gleichfalls der Herzmuskel eine sehr hohe Empfindlichkeit auf Sauerstoffmangel. Dabei ist nicht **ein** kritischer O_2-Gewebspartialdruck anzugeben, sondern entsprechend der Angioarchitektur ein O_2-Frequenzhistogramm (LÜBBERS), also die O_2-Distribution. Mitochondriennahe sind O_2-Partialdrücke bei hinreichender Zellfunktion von 0,13 kPa (1 Torr) und darunter gemessen worden, so daß wahrscheinlich sehr geringe intrazelluläre O_2-Partialdrücke ausreichend sein können, wenn nur ein ständiger Druckgradient garantiert ist. Hypoxie wird deshalb auch als kritischer Abfall des Gewebs-O_2-Partialdrucks mit Einschränkung des mitochondrialen aeroben Stoffwechsel definiert (NUNN). Das ist klinisch nützlich, bezeichnet aber eigentlich nur pathogenetisch wesentliche Hypoxiegrade. Ansonsten wird mit Hypoxie generell eine gegenüber der Norm reduzierte O_2-Spannung in einem Medium bezeichnet, was nichts über deren pathogenetische Folgen bzw. Effekte im Körper präjudiziert. Erst die *Beeinträchtigung bis Unterbrechung der oxidativen Phosphorylierung* ist der Nachweis kritischer mitochondrialer pO_2-Senkung (NUNN) mit Glykolysebeginn (COHEN). Nach NUNN ist aber schon ab 0,3 kPa (2 Torr) mit Verminderungen des oxidativen Stoffwechsels zu rechnen, unter 0,13 kPa (1 Torr) mit schweren Störungen. Offensichtlich gibt es nicht unbeträchtliche Organdifferenzen mit großer Sensitivität der Organe mit hohem Energieverbrauch (Herz, Hirn, Niere und Leber).

Die Kriterien reversibler und irreversibler zellulärer Störung durch Hypoxien sind noch nicht klar. Kaliumverlust der Zelle bis zu extrazellulären Steigerungen > 20 mM infolge hypoxischer Schädigung der K^+-Na^+-Pumpe und intrazellulärem pH $= 6{,}7$ gehen mit irreversiblen Hirnschäden parallel (HALSEY), während andere Organe derartige hypoxisch-azidotische Belastungen ohne irreversible Schäden überstehen. Dann werden zerebral starke mitochondriale Veränderungen (Cristolysen u. a.) sichtbar. Dabei sind besonders Ca^{++}-Verschiebungen mit Aktivierungen lipo- und proteolytischer Enzyme zu erwarten, die irreversible zelluläre Strukturveränderungen auslösen.

Besondere Sensitivität gegenüber O_2-Mangel kann auch in spezifischen pathologischen Reaktionen des Gewebes beruhen. Nervenzellen der grauen Substanz des Gehirns, die mehrfach empfindlicher als die weiße auf Hypoxie reagiert, neigen infolge initialer, noch mäßiger Depolarisation (K^+-Efflux!) ihrer Membranen zu epileptischen Dauerentladungen. Im Circulus vitiosus mit dem erhöhten Energiekonsum der Krampfaktivität wird diese Tendenz verstärkt, bis in der energetischen Erschöpfung der Krampf sistiert, jedoch das Gewebe besonders leicht irreversibel geschädigt ist. Die hypoxische Schädigung der Ionenpumpen löst hier außerdem mit der Hirnödementwicklung einen weiteren Circulus vitiosus aus.

10. Störungen des Wasser-, Elektrolyt- und Säure-Basenhaushaltes

Der Organismus verfügt über verschiedene Regulationsmechanismen, die der Kontrolle der Osmolarität, der spezifischen ionalen Zusammensetzung der Körperflüssigkeiten und des gesamten Flüssigkeitsvolumens dienen. Auf diese Weise ist es ihm möglich, trotz des täglichen Wasser- und Elektrolytumsatzes, der erheblichen Schwankungen unterliegen kann, die Isoionie, Isotonie und Isohydrie zu wahren. Alle Regulationsmechanismen setzen im extrazellulären Flüssigkeitskompartiment an, von dem besonders die intravasalen und transzellulären Flüssigkeitsvolumina betroffen sind. Erst sekundär wirken sich die Veränderungen über osmotische Kräfte auf den Intrazellulärraum aus. In die Kontrolle des Wasser- und Elektrolythaushaltes sind vor allem die Nieren, aber auch die Lunge, der Darm und die Haut einbezogen.

Störungen im Wasser-, Elektrolyt- und Säure-Basenhaushalt werden sowohl durch exogene als auch durch endogene Faktoren ausgelöst. Erhebliche Einschränkungen in der Wasserzufuhr oder extreme Abweichungen hinsichtlich der Elektrolytzufuhr sind u. U. durch die physiologischen Regulationsmechanismen nicht mehr zu kompensieren, so daß pathologische Veränderungen der Volumina, der Osmolarität oder des pH-Wertes resultieren. Zahlreiche Erkrankungen nehmen andererseits ihren Ausgang von Störungen in den an der Kontrolle des Wasser-, Elektrolyt- und Säure-Basenhaushaltes beteiligten Organen. Akut und chronisch entzündliche Erkrankungen der Niere und des Darmes, genetische Defekte, von denen mehr oder weniger komplexe Leistungen dieser Organe betroffen sind, oder hormonale Dysregulationen (s. 12.2.), durch die die physiologischen Kontrollfunktionen von Niere, Darm und Haut beeinträchtigt werden, führen zu Störungen unterschiedlichen Schweregrades.

10.1. Störungen des Wasser- und Elektrolythaushaltes

Zwischen Veränderungen im Wasserhaushalt und solchen im Elektrolythaushalt besteht ein enges Wechselverhältnis. Der Grund dafür ist in den Basismechanismen der Elektrolytaufnahme und -abgabe sowie in der engen Vermaschung der hormonalen Kontrollsysteme, die der Aufrechterhaltung der Isoionie, Isotonie und Isohydrie dienen, zu finden. Die enge Kopplung von Transportsystemen für Elektrolyte (z. B. Ionensymport und -antiport) bedingt schließlich, daß stets mehrere Kationen und Anionen in die für den Flüssigkeits- und Elektrolytumsatz notwendigen Mechanismen einbezogen sind und sich demzufolge Störungen in den meisten Fällen in sehr komplexer Weise manifestieren.

Störungen im Wasser- und Elektrolythaushalt treten bei pathologischen Veränderungen der entsprechenden hormonalen Regulationsmechanismen für Na^+, K^+ oder Ca^{2+} auf. Die Insuffizienz der Nebennierenrinde oder der Epithelkörperchen oder eine gesteigerte Abgabe von Hormonen beeinflußt beispielsweise die Resorptions- oder Ausscheidungsvorgänge von Elektrolyten, so daß es zu Änderungen ihrer Plasmakonzentrationen mit entsprechenden Folgen im Wasserhaushalt kommt. Mitunter sind spezifische Funktionsstörungen der Nieren Ausgangspunkt für pathologische Veränderungen im Elektrolythaushalt. In Anbetracht der Tatsache, daß Na^+ und K^+ auch über das Renin-Angiotensin-System kontrolliert werden, ist auch eine Beeinträchtigung der Nierendurchblutung — beispielsweise durch eine Arteriolosklerose der renalen Gefäße — als Ursache für mögliche Störungen der Isoionie zu berücksichtigen.

Bei pathologischen Veränderungen der transzellulären Flüssigkeiten (z. B. Diarrhoe, Erbrechen) sind gleichermaßen die Elektrolyte wie das Flüssigkeitsvolumen in die Pathogenese einbezogen. Häufig handelt es sich aber auch um primäre Störungen im Flüssigkeitshaushalt mit sekundärer Beteiligung der Elektrolyte (z. B. Wasserdiurese, osmotische Diurese, Hyperventilation). Die enge Kopplung des Transportes von Protonen mit dem von Na^+ bzw. K^+ macht verständlich, daß bei Azidosen oder Alkalosen Veränderungen in den Konzentrationen der genannten Elektrolyte zu erwarten sind (s. 10.2.). Schließlich kann es in seltenen Fällen in Regelkreisen zu Veränderungen des Reglers kommen, so daß die Regelgröße auf einen neuen Sollwert eingestellt wird (z. B. idiopathische Hypernatriämie).

Eine Erhöhung bzw. Erniedrigung des extrazellulären Volumens bezeichnet man als **Hyperhydrie** bzw. **Hypohydrie**. Sofern bei Volumenveränderungen im extrazellulären Raum die Osmolarität gewahrt bleibt, handelt es sich um isotone Formen einer Hyper- bzw. Hypohydrie (Abb. 10.1.). Bedingt durch die jeweiligen ätiopathogenetischen Mechanismen dissoziieren jedoch bei vielen

Erkrankungen die Veränderungen des Volumens und der Osmolarität, so daß **hypertone** oder **hypotone Zustände** resultieren. Da die extrazelluläre Flüssigkeit Natrium als wesentliches Kation (142 mMol/l) enthält, sind die disproportionalen Veränderungen mit einer Hyper- bzw. Hyponatriämie gleichzusetzen.

Bei disproportionalen Veränderungen resultiert infolge osmotischen Druckausgleiches ein Wassertransport zwischen intrazellulärem und extrazellulärem Kompartiment, so daß sich, wie aus den DARROW-YANNET-Diagrammen ersichtlich ist, sekundär Veränderungen der Osmolarität und des Volumens der intrazellulären Flüssigkeit ergeben. Durch das Einschalten hormonaler Kontrollmechanismen (Renin-Angiotensin-System, ADH, Mineralocorticoide) bzw. infolge der Beeinflussung transzellulärer Transportvorgänge durch die veränderte Osmolarität kommt es in vielen Fällen im weiteren Verlauf einer derartigen Störung zu Änderungen in der Elektrolytzusammensetzung der Zellen.

Bei Verminderung des Plasmaproteingehaltes oder bei Erhöhung des hydrostatischen Druckes im venösen Schenkel ist vor allem das interstitielle Kompartiment des Extrazellularraumes von der Volumenzunahme betroffen. Einen derartigen Zustand bezeichnet man als **Ödem** (s. 10.1.1.1.). **Von Transsudaten bzw. Exsudaten** spricht man, wenn Flüssigkeit vermehrt in vorgebildete Körperhöhlen (Pleura, Peritonealraum) einströmt. Diese Flüssigkeiten weisen eine Elektrolytzusammensetzung auf, die weitgehend der des Plasmas entspricht; das Exsudat ist jedoch gegenüber dem Transsudat durch seinen hohen Eiweißgehalt, der Rückschlüsse auf eine entzündliche Genese zuläßt, gekennzeichnet.

10.1.1. Hyperhydrie

Die **isotone Hyperhydrie** ist durch einen Volumen- und Natriumüberschuß im extrazellulären Kompartiment gekennzeichnet, ohne daß jedoch eine Hypernatriämie resultiert (Abb. 10.1.). Einer derartigen Veränderung liegt entweder die übermäßige Zufuhr physiologischer Kochsalzlösung oder ein generalisiertes Ödem zugrunde.

Die **hypotone Hyperhydrie** basiert auf einer Volumenzunahme und einer relativen Verarmung an Natrium. Bei entsprechender Vergrößerung des interstitiellen Kompartimentes ist es nicht ausgeschlossen, daß trotz der Hyponatriämie eine Vermehrung des gesamten Natriumgehaltes vorliegt. Infolge Volumenausgleiches zwischen beiden Flüssigkeitskompartimenten sind sowohl der extrazelluläre als auch der intrazelluläre Raum von der Volu-

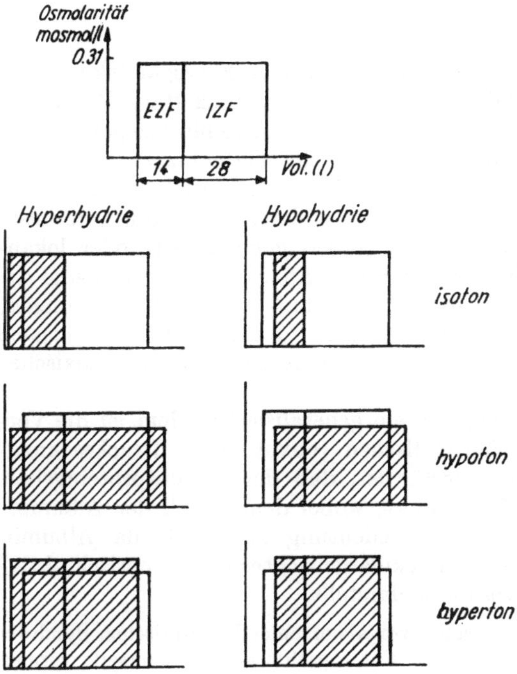

Abb. 10.1. DARROW-YANNET-Diagramme zur Erfassung von Störungen im Wasser- und Elektrolythaushalt. Die gestreiften Flächen entsprechen den jeweils angezeigten Störungen und berücksichtigen die nichthormonalen Kompensationsmechanismen, die durch den Wassertransport in das Kompartiment mit der höheren Elektrolytkonzentration bedingt sind.

menvergrößerung betroffen. Ursachen für eine hypotone Hyperhydrie stellen die übermäßige Sekretion von ADH (SCHWARTZ-BARTTER-Syndrom), die unphysiologisch hohe Wasserzufuhr bei Leber-, Nieren- und Herzkrankheiten („Wasservergiftung") oder die Infusion größerer Mengen isotoner Glukoselösungen dar.

Als **hypertone Hyperhydrie** bezeichnet man eine Volumenzunahme, die mit einem absoluten und relativen Natriumüberschuß einhergeht. Auch hier sind infolge der disproportionalen Veränderungen von Volumen und Osmolarität das extra- und intrazelluläre Kompartiment betroffen. Sowohl eine übermäßige Aldosteronsekretion, wie sie bei der Überfunktion der Nebennierenrinde (CONN-Syndrom) auftritt, als auch die Seewasservergiftung bewirken eine hypertone Hyperhydrie.

10.1.1.1. Ödeme

Zwischen intravasalem und interstitiellem Flüssigkeitskompartiment findet ein ständiger Flüssigkeitsaustausch statt. Wie STARLING (1909) an der isoliert durchströmten Extremität zeigen konnte, basiert dieser Flüssigkeitsstrom auf der Differenz zwischen dem vaskulären hydrostatischen und onkotischen Druck einerseits und den gleichen Drücken des Gewebes andererseits. Störungen dieser balancierten Druckverhältnisse haben generalisierte oder lokalisierte **interstitielle Ödeme** zur Folge. Abzutrennen davon sind die **intrazellulären Ödeme**, die im Ergebnis von Zellschädigungen, insbesondere membrangebundener Iontransportmechanismen (z. B. Plasmamembran-ATPase) auftreten (z. B. cytotoxischer Typ des Hirnödems).

Als eine der Ursachen für ein **generalisiertes Ödem** ist die Verminderung des **kolloidosmotischen (onkotischen) Druckes** anzusehen. Voraussetzung hierfür ist, daß der Gesamtproteingehalt des Plasmas unter 50 g/l sinkt, wobei dem Abfall der Albuminkonzentration die größere Bedeutung zukommt, da Albumin wegen seines geringeren Molekulargewichtes den osmotisch aktivsten Teil der Plasmaproteine darstellt.

Hohe Proteinverluste treten vor allem beim Nephrotischen Syndrom oder bei der eiweißverlierenden Enteropathie auf. Andererseits vermag auch eine verminderte Proteinsynthese bei Lebercirrhose oder Proteinmangelernährung zu einer so weit gehenden Senkung des Plasmaproteinspiegels zu führen, daß der Rückstrom der interstitiellen Flüssigkeit im postkapillären Bereich nicht mehr gewährleistet ist. Als Konsequenz der Vergrößerung des interstitiellen Raumes beobachtet man einen verstärkten Abstrom von Flüssigkeit über die Lymphgefäße, die jedoch nicht zu einer vollständigen Kompensation des Volumenanstieges im interstitiellen Kompartiment führt.

Die Erhöhung des **hydrostatischen Druckes**, die im Niederdruckbereich bei Herzinsuffizienz oder bei verschiedenen Lebererkrankungen, die mit Verringerung des effektiven Gefäßquerschnittes einhergehen, auftritt, stellt eine weitere Ursache für Ödeme dar (s. 8.3.2.). Schließlich sind auch Veränderungen der **Gefäßwandpermeabilität** pathogenetisch von Bedeutung (z. B. nephritisches Ödem, vasogener Typ des Hirnödems, toxisches Ödem, Lungenödem, perikapilläres Ödem bei Hypoxie).

In seltenen Fällen sind Störungen des Lymphabflusses für die Bildung generalisierter Ödem verantwortlich zu machen, wobei es sich sowohl um angeborene als auch um erworbene, vorwiegend entzündliche Veränderungen im Bereich der Lymphgefäße handelt (*Lymphödeme*).

Unmittelbare Folge des Flüssigkeitsstromes in das Interstitium ist eine Verminderung der intravasalen Flüssigkeitsmenge. Die dadurch verringerte Durchblutung der Niere löst den Renin-Angiotensin-Aldosteron-Mechanismus aus, so daß Natrium vermehrt rückresorbiert wird. Der damit verbundene Anstieg der Osmolarität des Plasmas sowie der verminderte Reiz, der auf die Dehnungsrezeptoren im linken Vorhof des Herzens ausgeübt wird, stimulieren die ADH-Sekretion, so daß auch die Wasserretention gesteigert wird. Die Auffüllung des Kreislaufes schafft aber wiederum die Vorbedingung für ein vermehrtes Abströmen von Blutflüssigkeit in das Interstitium, so daß sich auf diese Weise ein schwer zu durchbrechender Circulus vitiosus entwickelt. Verstärkend auf die Ödembildung wirken auch ein verminderter Abbau des Aldosterons, wie er für die kardiale Insuffizienz und bei chronischen Lebererkrankungen beschrieben wurde, sowie eine gesteigerte ADH-Sekretion, die bei der Herzinsuffizienz trotz bestehender Hypoosmolarität zu beobachten ist.

Die Bildung **örtlich begrenzter Ödeme** kann die Folge von Veränderungen der Permeabilität an Venen und Lymphgefäßen sein, wobei im allgemeinen entzündliche Ursachen im Vordergrund stehen. Nicht selten sind es Immunreaktionen vom Typ I oder III (s. 5.1.), die in der Haut oder Schleimhaut zu umschriebenen Flüssigkeitsansammlungen im Interstitium führen. Neben der Permeabilitätsänderung spielt auch der Verschluß von Venen oder Lymphgefäßen, wie er bei obliterierenden Erkrankungen oder radikalen operativen Eingriffen (z. B. Tumoroperationen) auftritt, eine Rolle in der Pathogenese lokalisierter Ödeme.

10.1.2. Hypohydrie

Die **isotone Hypohydrie**, bei der ausschließlich der extrazelluläre Raum durch eine proportionale Verminderung der Flüssigkeit und der Elektrolyte betroffen ist, wird durch den Verlust isotoner Körperflüssigkeiten ausgelöst. Erbrechen, Diarrhoe, großflächige Verbrennungen und Wunden, sowie massiver Blutverlust stellen hierfür mögliche Ursachen dar.

Die **hypotone Hypohydrie** ist durch eine hochgradige Salzverarmung bei mäßigen Wasserverlusten gekennzeichnet. Infolge des osmotisch bedingten Volumenausgleiches liegen gegensinnige Veränderungen der extrazellulären und intrazellulären Flüssigkeitskompartimente vor (Abb. 10.1.). Die häufigste Ursache ist in der verminderten Aldosteronsekretion zu sehen, wie sie bei der Nebennierenrindeninsuffizienz auftritt. Eine weitere Ursache der hypotonen Hypohydrie stellt die chronische Niereninsuffizienz dar, wenn besonders hohe Natriumverluste zu verzeichnen sind (Salzverlust-Niere).

Bei der **hypertonen Hypohydrie** übersteigen die Wasserverluste die der Elektrolyte. Infolge der hypertonen Verhältnisse im Extrazellularraum strömt Wasser aus dem Intrazellularraum, so daß in beiden Flüssigkeitskompartimenten hypertone Zustände bei insgesamt verminderten Volumina vorliegen. Sowohl eine mangelnde Wasseraufnahme als auch Flüssigkeitsverluste durch Hyperventilation, Schwitzen oder Polyurie bei chronischen Nierenerkrankungen führen zu diesem Zustand. Nicht selten ist eine *osmotische Diurese,* wie sie beim Diabetes mellitus auftritt, der Ausgangspunkt für eine hypertone Hypohydrie. Mitunter stellt eine gesteigerte *Wasserdiurese,* wie sie für den Diabetes insipidus (relativer oder absoluter ADH-Mangel, s. 12.2.1.) kennzeichnend ist, die Ursache für eine hypertone Hypohydrie dar.

10.2. Störungen des Säure-Basenhaushaltes

Die Senkung des Blut-pH-Wertes unter 7,36 wird als **Azidose** bezeichnet, wobei sowohl ein Säureüberschuß als auch ein Basendefizit (negativer Basenüberschuß) zu dieser Störung im Säure-Basenhaushalt führen können. Von einer **Alkalose** spricht man, wenn der pH-Wert des Blutes höher als 7,44 liegt. In diesem Falle ist es entweder ein Säuredefizit oder ein Basenüberschuß, der die Verminderung der Protonenkonzentration im Blut bedingt. Aus der HENDERSON-HASSELBALCH-Gleichung

$$pH = pK + \log \frac{[HCO_3^-]}{pCO_2} \qquad (10.1.)$$

ist ableitbar, daß sowohl respiratorische als auch metabolische Formen einer Störung möglich sind. Die graphische Darstellung der HENDERSEN-HASSELBALCH-Gleichung erfolgt entweder nach DAVENPORT (Bicarbonat vs. pH) oder nach SIGGARD-ANDERSEN (pCO_2 vs. pH; s. Abb. 10.2.).

Metabolische Veränderungen greifen am Bicarbonat an, das im Falle einer **metabolischen Azidose** verstärkt verloren geht oder infolge Retention nichtflüchtiger Säuren aus dem Blut verdrängt wird, so daß ein Basendefizit resultiert. Die **metabolische Alkalose**

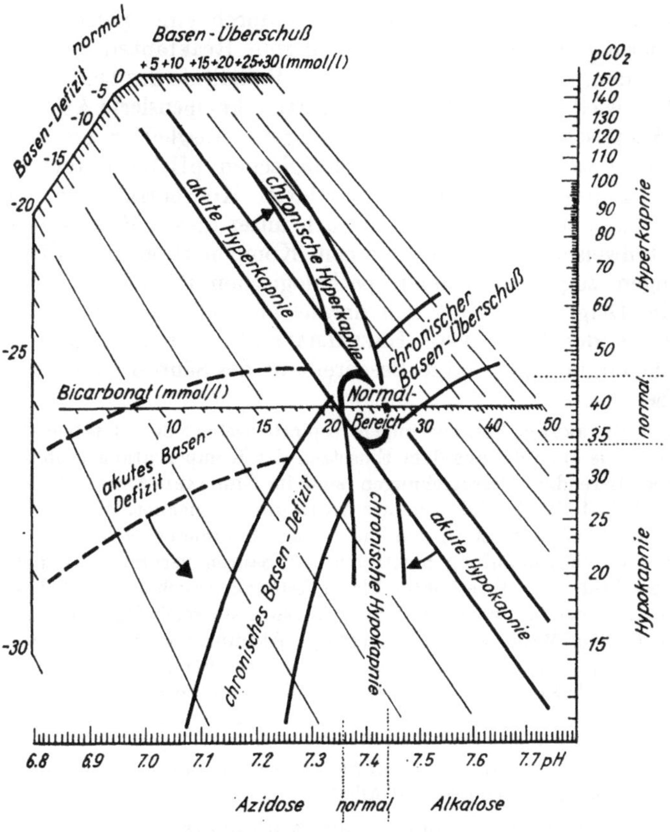

Abb. 10.2. Darstellung akuter und chronischer Störungen des Säure-Basenhaushaltes im SIGGAARD-ANDERSEN-Diagramm
Erläuterungen s. Text

dagegen ist durch eine erhöhte Retention von Bicarbonat oder in seltenen Fällen durch einen verstärkten Verlust nichtflüchtiger Säuren gekennzeichnet (positiver Basenüberschuß). Respiratorische Veränderungen werden über den CO_2-Gehalt des Blutes wirksam, in dem eine verminderte Ventilation zu einem erhöhten CO_2-Partialdruck (Hyperkarbie) und damit zur **respiratorischen Azidose** führt. Die **respiratorische Alkalose** geht dagegen mit einem verminderten pCO_2 (Hypokarbie) einher.

Die durch die Veränderung des Verhältnisses von [Bicarbonat]/pCO_2 gekennzeichneten metabolischen bzw. respiratorischen Azidosen oder Alkalosen können jeweils durch eine gleichsinnige Veränderung des primär nicht beteiligten Reaktanten kompensiert werden, so daß das ursprüngliche Verhältnis des Quotienten von 20:1 wieder hergestellt wird. Derartige **kompensierte Azidosen** bzw. **Alkalosen** weisen je nach Umfang des Ausgleiches nur noch geringe Abweichungen vom physiologischen pH-Wert auf; die Erhöhung bzw. Senkung der absoluten Konzentrationen von Bicarbonat und CO_2 läßt jedoch auch unter diesen Bedingungen einer teilweisen oder vollständigen Kompensation den diesen Störungen zugrundeliegenden pathologischen Prozeß erkennen. Für die Diagnostik leitet sich daraus ab, daß mindestens zwei Parameter der HENDERSON-HASSELBALCH-Gleichung erfaßt werden müssen, um eine exakte Beschreibung des Säure-Basen-Status zu geben.

Sowohl die akuten Veränderungen respiratorischer oder metabolischer Parameter als auch die aus dem Einsetzen der Kompensationsmechanismen resultierenden Verschiebungen sind im SIGGAARD-ANDERSEN-Diagramm (Abb. 10.2.) durch bestimmte Areale gekennzeichnet. Wie aus dem Diagramm ersichtlich ist, liegen die beiden Parameter pCO_2 und pH bei einer durch Anhäufung nichtflüchtiger Säuren verursachten metabolischen Azidose (z. B. erhöhter Plasmaketonkörpergehalt bei Diabetes mellitus) in einer breiten Zone links vom Normalbereich (akutes Basendefizit). In dem Maße, wie durch vertiefte Atmung eine respiratorische Kompensation einsetzt, verschiebt sich dieser Bereich entsprechend dem Pfeil, so daß die über einen längeren Zeitraum bestehende kompensierte metabolische Azidose wiederum durch einen spezifischen Arbeitsbereich gekennzeichnet ist (chronisches Basendefizit). Ähnlich charakteristische Areale ergeben sich auch für die anderen, in Tab. 10.1. zusammengefaßten Formen der Azidose und Alkalose.

Die unmittelbare Kopplung von Kationentransportprozessen an der Plasmamembran in Form des Natrium-Kalium bzw. Natrium-H^+-Antiports bedingt, daß sich Störungen im Säure-Basenhaushalt auf den Stoffwechsel anderer Elektrolyte auswirken. Bei der Azidose kommt es im allgemeinen zu einer mehr oder weniger stark ausgeprägten Hyperkaliämie, da Protonen aus dem Blut gegen Zellkalium ausgetauscht werden. Sofern keine Störungen renaler Funktionen vorliegen, wird dieses Kalium im verstärkten Maße über die Tubuluszellen der Niere ausgeschieden, so daß trotz hohen Kaliumverlustes eine Normokaliämie vorliegen kann (z. B. Coma diabeticum). Sieht man einmal von der renal-tubulären Azidose ab, tritt bei den renal bedingten Azidosen eine Hyperkaliämie auf. Im Gegensatz dazu ist die Alkalose im allgemeinen mit einer Hypokaliämie verbunden. Die Ursache ist in dem kompen-

Tabelle 10.1.

Metabolisch und respiratorisch bedingte Störungen des Säure-Basenhaushaltes

1.	**Azidosen**
1.1.	Metabolische Azidosen
1.1.1.	Renal bedingte Azidosen
1.1.1.1.	Azidose bei chronischem Nierenversagen
1.1.1.2.	Azidose bei akutem Nierenversagen
1.1.1.3.	Renal-tubuläre Azidose
1.1.1.4.	Hyperchlorämische Azidose ohne Urämie
1.1.2.	Azidose bei Diarrhoe
1.1.3.	Azidose bei Diabetes mellitus
1.1.4.	Azidose bei NNR-Insuffizienz
1.1.5.	Azidose infolge gesteigerter Laktatbildung
1.1.6.	Azidose durch NH_4Cl- und $CaCl_2$-Applikation
1.2.	Respiratorische Azidosen
1.2.1.	Azidose durch mangelnde Abatmung von CO_2
1.2.1.1.	Mechanische Verlegung des Broncho-Tracheal-Traktes
1.2.1.2.	Störung des Gasaustausches
1.2.1.3.	Störung der Regulation der Atmung
1.2.2.	Verstärkte Aufnahme von CO_2
2.	**Alkalosen**
2.1.	Metabolische Alkalosen
2.1.1.	Alkalose bei chronischem Erbrechen
2.1.2.	Hypochlorämische Alkalose mit K^+-Mangel
2.1.3.	Alkalose mit Hypercalciämie
2.1.4.	Iatrogene Alkalose
2.2.	Respiratorische Alkalosen
2.2.1.	verstärkte Abgabe von CO_2

satorischen Einstrom von Protonen aus den Zellen in die extrazelluläre Flüssigkeit zu sehen, der im Austausch gegen Plasmakalium erfolgt.

Da Bicarbonat und Laktat Calcium binden, wirkt sich jede Veränderung des Säure-Basen-Status auch auf die Calciumkonzentrationen in der extrazellulären Flüssigkeit aus. In der Regel beobachtet man bei einer Azidose einen leichten Anstieg der Calciumkonzentration, während die akute Alkalose mit einer mäßigen Hypercalciämie vergesellschaftet ist. Sofern renale Ursachen für eine Azidose vorliegen, komplizieren sich die Verhältnisse insofern, als es jetzt auch zum Abbau von Knochengewebe kommt (renale Osteopathie), was infolge Freisetzung puffernder Anionen zu einer Verminderung des Basendefizits führt. Andererseits begünstigt die Nierenschädigung den renalen Calciumverlust, so daß chronische Nierenerkrankungen im allgemeinen mit einer Hypocalciämie einhergehen.

11. Verdauung

11.1. Pathogenetische Grundprinzipien

Aus den morphofunktionellen Hauptleistungen der Verdauungsorgane der Säugetierreihe sind die pathogenetischen Grundprinzipien abzuleiten: Motorik (oder Motilität), Sekretion, Digestion und Resorption können isoliert oder häufig komplex geschädigt sein, wobei eine der genannten Funktionen jeweils besonders beeinträchtigt ist. Danach existieren trotz der Vielfalt nosologischer Entitäten mit *motorischen* oder *Motilitätsstörungen* (11.2.), *sekretorischen* (11.3.), *digestiven und Resorptionsstörungen* (*Malassimilation* 11.4.) relativ wenige pathogenetische Grundprinzipien. Auch eine verminderte Schleimhautresistenz kann in diesem Zusammenhang isoliert und mit anderen Faktoren pathogenetisch wirksam sein (11.3.3.).

Oft haben Störungen in einer dieser Leistungen solche in den anderen zur Folge, wie neuerdings zwischen Motilität und Sekretion beimUlcus ventriculi (11.3.3.) gezeigt wurde, oder zwischen Sekretion, Digestion und Resorption (11.4. und 11.5.). Morphologische Veränderungen, wie durch Tumoren, Entzündungen, Atrophien, Narbenbildungen u. a. ausgelöst, beeinflussen zunächst oft nicht derartige Kardinalfunktionen, da beträchtliche morphofunktionelle Reserven existieren (z. B. können Jejunum und Ileum operativ bis zu 30% der Länge meist folgenlos gekürzt werden). Jedoch folgen bei entsprechender Ausprägung morphologischer Prozesse zwangsläufig funktionelle Störungen. Dann sind oft Circuli vitiosi zwischen primärer morphologischer Schädigung, wie z. B. Schleimhautatrophien im Antrum ventriculi, und funktionelle Folgen, wie reduzierte Barrierenfunktion des Magenschleims und -epithels beim Ulcus ventriculi, zusätzliche pathogenetische Momente.

11.2. Motorische oder Motilitätsstörungen

Organisch verursachte Motilitätsstörungen wirken sich zumindest primär mehr lokal aus (Abb. 11.1.). Das Gros funktioneller Störungen betrifft größere Abschnitte des Verdauungskanals, was a

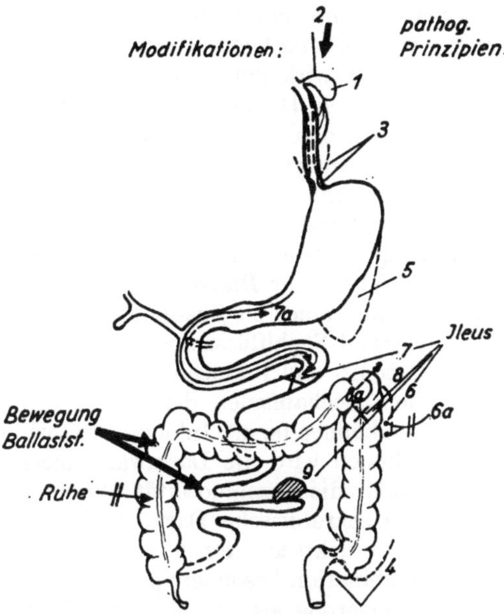

Abb. 11.1. Schema wesentlicher Motilitätsstörungen (1 Ösophagusdivertikel, 2 zu starke nervöse Aktivierung (Ösophagusspasmus), 3 Kardiaachalasie mit Megaösophagus, 4 Megakolon, 5 Magenatonie, 6 paralytischer Ileus mit (6a) Vagusatonie, 7 hochsitzender Ileus mit Block der gastrointestinalen Saftzirkulation und Rückstau (7a), 8 tiefsitzender Ileus mit Durchwanderungsperitonitis (8a), 9 mechanischer Ileus (hier Tumorobturation; starke schwarze solide Pfeile: pathologische u. a. Erregung, schwache Pfeile mit Doppelquerstrich: pathologische Hemmung).

priori zu komplexen, oft die Sekretion einschließenden Störungen führt (11.3.). Das ist schon wegen der starken vagalen Kopplung beider Grundfunktionen zu erwarten, zumal die meisten funktionellen Motilitätsstörungen neurovegetativ bedingt sind.

11.2.1. Krankhafte Motilitäts- bzw. Tonussteigerungen

Das Spektrum neurovegetativer Ursachen schließt neben direkten auch mittelbare Störungen ein (Abb. 11.1.). Beim diffusen Oesophagusspasmus (spastischer Oesophagus) treten langdauernde Kontraktionen der gesamten Oesophagusmuskulatur bei regelrechter Kardiafunktion auf. Vagale Übererregung ist wahrscheinlich.

Magentonus und -peristaltik sind bei übermäßigen vagalen Reizen pathologisch erhöht, wie oft beim Ulcus duodeni mit Vagotoniker-Profil, nach Gabe längerwirkender Cholinergika, bei chronischen seelischen Überlastungen. Dabei wird über H_1-Rezeptoren der Belegzellen neben der cholinergen Stimulierung der glatten Muskulatur eine Durchblutungssteigerung in den Magenwandkapillaren und über H_2-Rezeptorenstimulierung auch eine Sekretionssteigerung (11.3.3.) ausgelöst.

Abnorme Motilitätssteigerung im Dünn- und Dickdarmbereich aus verschiedensten Ursachen führen zur **Diarrhoe**, d. h. einer zu häufigen Entleerung (> 3 pro die) eines zu flüssigkeits- bzw. zu elektrolytreichen Stuhls (> 200 ml Stuhlflüssigkeit[1])). Allerdings sind häufiger intestinale Sekretions- und Permeabilitätssteigerung die primären pathogenetischen Mechanismen der Diarrhoe, die diese auch schon allein erzeugen können (s. u.). Infolge sekretorisch vergrößertem intestinalen Volumen wird die Darmwand mechanisch gereizt und somit sekundär die Darmmotilität abnorm erhöht. Dabei ist aber auch die sekretorische Darmwandreizung, wie bei verminderter Gallensäurerückresorption u. a., ein wesentliches Moment und oft die Kombination besonders pathogenetisch wirksam. Alleinige Motilitätssteigerung als Ursache der Diarrhoe wird durch stärkere emotionelle Bewegungen erreicht. Dabei kann besonders nach Nahrungsaufnahme ein hyperaktiver gastrokolischer Reflex zu Diarrhoen führen.

Vorwiegend neurovegetative Übererregung führt bei dem neuerdings klinisch sehr beachteten Colon irritabile (Reizkolon) zur spastischen Motilitätssteigerung mit und ohne Durchfall. Bei der Colitis ulcerosa, meist durch pathogene Immunreaktionen, aber auch psychovegetative Störungen verursacht, führt die (sekundäre) Motilitätssteigerung zur Diarrhoe.

11.2.2. Verminderungen der Motilität

Die aktuelle Motilität des Darmkanals von Wirbeltieren ist die Resultante mehrerer Faktoren, wie neurovegetativer Tonus, Füllungszustand des Verdauungsrohres, Bewegungsaktivität des Organismus u. a. (Abb. 11.1.). Diese Faktoren bewirken bei ihrem Mangel je nach aktuellem Gewicht einzeln oder komplex eine abnorme bis krankhafte Tonus- und Motilitätssenkung. Das klinische Erscheinungsbild ist die *Obstipation*, d. h. die zu seltene Entleerung eines Stuhls vermehrter Konsistenz. Dieser größten-

[1]) physiologisch < 60 ml

teils atonischen Obstipation ist die seltene permanente Tonuszunahme mit Passageverzögerung gegenüberzustellen (spastische Obstipation), gleichfalls funktioneller Genese (starker Vagotonus).

11.2.3. Störungen der motorischen Koordination

In jüngster Zeit wurde die physiologische und pathologische Bedeutung lokaler vegetativer Innervation des Verdauungskanals an Ganglienzellausfällen als experimentum naturae näher beschrieben. Sowohl am Oesophagus (Kardiaachalasie, Abb. 11.1.) als auch an unteren Kolonabschnitten (Hirschsprungsche Krankheit) wird dadurch die peristaltische Koordination gestört, also die zwischen fortlaufender Erschlaffung und Kontraktion (siehe 12.3.2) schließlich mit proximaler Wanddehnung und Lumenerweiterung bis zum Megaoesophagus bzw. Megakolon. Als Koordinationsstörung kann auch der mangelhafte Kardiaverschluß mit pathologischem Reflux von Mageninhalt in den Oesophagus angesehen werden (Refluxoesophagitis), wenn dieser funktioneller Genese ist. Bei Hiatushernien u. a. ist der morphologische Defekt maßgebend für das Störungsausmaß.

Allein funktionelle Störungen der Motilität sind neuerdings auch beim Ulcus ventriculi sicher, beim Ulcus duodeni wahrscheinlich 11.3.3.).

11.2.4. Extremer Motilitätsverlust und schwere Passagebehinderung (Magenatonie, Ileus)

Akute Unterbrechung der intestinalen Darmpassage (Ileus) und völliger Verlust von Magentonus und -motilität (akute postoperative Magenatonie) sind die Hauptformen lebensbedrohlicher motorischer Funktionseinschränkung im Verdauungskanal (Abb. 11.1.).

Die **akute postoperative Magenatonie** ist — ähnlich wie der paralytische Ileus nach Operationen — das Ergebnis plötzlichen extremen (vagalen) Tonusverlustes nach Laparatomien, abdominalen Verletzungen, septischen Infektionen u. a., wobei auch ein Elektrolytverlust (besonders K^+-Störungen nach Erbrechen und permanenten Diarrhoen mit der Folge deprimierter Erregbarkeit der Magenwandmuskulatur) zu diesem gefährlichen Tonus- und Motilitätsverlust führen kann. Mageninhalt und dessen vermehrte Sekrete werden nicht weitertransportiert mit der Gefahr des hypovolämischen Schocks.

Hauptformen der **Passagebehinderung im Magen** bei zumindest primär erhaltener Peristaltik sind der Pylorospasmus der Säuglinge (antrale Muskelhypertrophie) und die Pylorusstenose, meist durch Ulcusnarben verursacht. Von den Karzinomen wirkt besonders der Scirrhus, eine breitflächige Form des Magenkarzinoms passagebehindernd, dabei sowohl durch Wandstarre (Peristaltikverlust) als auch Lumeneinengung.

Die essentielle Stellung vagaler Innervation für den koordinierten Nahrungstransport zum Duodenum wurde an den Folgen trunkulärer, d. h. nicht selektiver Vagotomie deutlich. Bei extrem reduzierter Motilität entwickelte sich meist eine funktionelle Pylorusstenose (Denervierungshypersensitivität?) mit schweren Entleerungsstörungen.

Im **Intestinalbereich** sind die Formen akuten Passagestops noch vielfältiger. Sowohl organische als auch funktionelle Ursachen können zum **Ileus** führen. Im ersteren Falle spricht man von *mechanischem,* im letzteren von *dynamischem* oder *funktionellem Ileus.*

Je nach der Form *mechanischer Unterbrechung* der Darmpassage werden ein Obturations-, Strangulations- oder Invaginationsileus und der Volvulus unterschieden (Abb. 11.1.). Pathogenetisch entscheidend ist der Sitz der Störung. Ein **hochsitzender Ileus** (proximaler Dünndarm, Abb. 11.1) unterbricht den Kreislauf zwischen gastrointestinaler Saftsekretion und deren Resorption mit dem Nahrungsbrei auf kritische Weise mit der Gefahr des kurzfristig eintretenden hypovolämischen Schocks. Bei Erbrechen von Magendarmsaft (initiale proximale Motilitätssteigerung) wird diese Tendenz noch gesteigert. Dagegen stehen beim **tiefsitzenden Ileus** (distaler Dünndarm und Dickdarm) lokale Darmwandveränderungen im Vordergrund. Der stagnierende Darminhalt bietet ein gutes Milieu zur Bakterienvermehrung mit Endotoxinbildung. Hierdurch wird nach neueren Resultaten die Adenylatzyklase in den Membranen der Schleimhautzellen aktiviert und über das intrazellulär vermehrt gebildete cAMP die Darmsekretion enorm gesteigert (siehe auch 11.3.1.). Somit sind sowohl bei hoch- als auch tiefsitzendem Ileus Sekretionsstörungen im weitesten Sinne ein wesentliches sekundäres pathogenetisches Moment. Da diese Sekretionsstörungen beim tiefsitzenden weniger fodroyant als beim hochsitzenden Ileus sind, kommt es hier erst später zum hypovolämischen Schock Auf ähnlichem Wege und durch Säurewirkung nimmt auch die intestinale Permeabilität im betroffenen (proximalen) Darmabschnitt zu, wodurch Toxine und fakultativ pathogene Keime die Darmwand leichter befallen und durchwandern (Durchwanderungsperitonitis). Lokale Entzündungen, Gangrän und Nekrosen entstehen hierbei (lokale Ischämien!) mit der Gefahr der Wandruptur (siehe auch 11.3.).

Beim *dynamischen oder funktionellen Ileus* sind — wie nach 11.1. zu erwarten — ganze Darmabschnitte und weniger lokale Hindernisse pathogenetisch wirksam. Fast immer ist der vollständige Tonusverlust der Darmwand (paralytischer Ileus) Ursache dieser Ileusform. Sehr selten ist der spastische Ileus, ein Passagestop durch extreme Wandkontraktionen.

In Analogie zur Magenatonie wird der paralytische Ileus durch Laparatomien, dabei wahrscheinlich mit entsprechender mechanischer Irritation lokaler Ganglienzellgruppen u. a. (*postoperativer Ileus*) oder auch durch Toxineinwirkung auf vagale Strukturen ausgelöst. In jedem Fall resultiert ein extremer Vagotonusverlust (Abb. 11.1.) Bemerkenswert ist eine *extraabdominale Verursachung* des paralytischen Ileus bei schweren Pneumonien mit entsprechender Toxinbildung. Elektrolyt- und Flüssigkeitsverlust und lokale Darmwandveränderungen kombinieren sich bei diesen funktionellen Ileusformen je nach Ausmaß dieser akuten Darmparalyse.

11.3. Sekretionsstörungen

Diese Störungen beschränken sich naturgemäß auf Abschnitte des Verdauungskanals mit wesentlicher Sekretionstätigkeit, also Magen, Duodenum, Jejunum und z. T. Ileum (Abb. 11.2.). In pathologischen Situationen sind weitere Bereiche zur abnormen Sekretion befähigt, wie das Kolon bei schweren Darminfektionen (Ruhr, Cholera u. a., Abb. 11.2.,) oder zur Ausscheidung von Schwermetallen nach Vergiftungen.

11.3.1. Pathologisch gesteigerte Sekretion

Im Vordergrund dieser Störungen steht ein Großteil der Diarrhoen, wobei hier sekundär Motilitätssteigerungen im Circulus vitiosus die Darmpassage noch beschleunigen. Pathogenetisches Hauptmoment ist hier — ähnlich wie bei der krankhaften Sekretionsanregung des tiefsitzenden Ileus durch Endotoxine (11.2.4.) — die Sekretionssteigerung über infektiös bedingte Adenylatzyklase-Stimulierung (siehe 11.2.4.). Daneben scheint auch die Permeabilitätssteigerung des Darmepithels gegenüber Wasser und Elektroly-

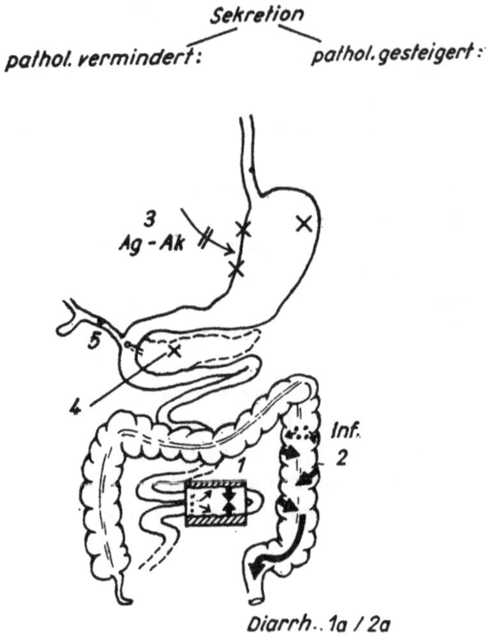

Abb. 11.2. Schema wesentlicher Sekretionsstörungen (1 jejunale Sekretionssteigerung bei bakteriell-toxischer Darmwandreizung (Inset) mit Diarrhoe (1a), 2 Pathologische Dickdarmresektion bei Ruhr und Cholera mit starker Diarrhoe (2a), 3 durch Autoimmunreaktion (Ag-AK) ausgelöste Schleimhautatrophie, wie bei perniziöser Anämie mit Achylie, 4 pankreatogene Sekretionsstörung, 5 hepatobiliäre Sekretionsstörung (Gallenwegsverschluß).

ten durch Läsion der zellulären Abschlußleisten (tight junctions) wesentlich zu sein. Hier ist der „zytotoxische“ Effekt von Gallensäuren, auch die Fettsäurewirkung wichtig.

11.3.2. Krankhaft verminderte Sekretion

Ursächlich sind hier organische Störungen, besonders Magenschleimhautveränderungen, pankreatische Schäden, seltener auch ausgedehnte Darmerkrankungen wesentlich (Abb. 11.2.). Ausmaß und Charakter der Magenschleimhautveränderungen bestimmen den Grad der Sekretionsstörungen.

Besonders bei autoimmunogen entstandener *Magenschleimhaut-Atrophie* ist die Sekretion schließlich drastisch reduziert bis aufgehoben (Achylia gastrica). Dann wird zusätzlich das Fehlen eines im Magen produzierten Resorptionsvermittlers („intrinsic factor") Ursache der Vit-B_{12}-Resorptionsstörung und damit der perniziösen Anämie. Intestinale Folgen der gastralen Sekretionsstörung sind mangelhafte Nahrungsaufbereitung, oft mit der Auswirkung (gastrogener) Diarrhoe. Ähnliche Sekretionsstörungen werden durch ausgedehnte Magenkarzinome verursacht.

Pankreatogene Sekretionsstörungen, wie bei akuten und chronischen Pankreatitiden, der Pankreassklerose u. a. (Abb. 11.2.) bedingen graduelle Störungen der finalen Digestion. Der mangelhaft aufgeschlossene Darminhalt verursacht oft eine (pankreatogene) Diarrhoe. Quoad vitam sind aber bei Pankreasentzündungen die aggressiven Wirkungen besonders des Trypsins über gestörte Blut-Gewebsschranken des Organs und in der Folge in der Blutbahn mit Schockfolge (8.3.3.) entscheidend. Dadurch werden Kinine und über den Hagemannfaktor das Gerinnungs- und auch das Fibrinolysesystem aktiviert. *Hepatobiliäre Sekretionsstörungen* sind auf schwere Lebererkrankungen und mechanische Blockierungen im Gallengangsystem zurückzuführen (Abb. 11.2). Unmittelbare Folgen sind infolge mangelnder Fettaufbereitung die Steatorrhoe (Fettstuhl). *Intestinal bedingte Sekretionsminderungen,* wie durch Schleimhautatrophien und Schäden nach Einwirkung energiereicher Strahlen (Strahlenkrankheit), müssen ausgedehnt sein, um Verdauungsstörungen zu erzeugen.

11.3.3. Qualitativ veränderte Sekretion und beeinträchtigte Schleimhautresistenz

Beide Mechanismen führen in unterschiedlicher Betonung zu den verschiedenen Formen des **Ulcus pepticum** (Abb. 11.3.), einer Erkrankung fast aller Bereiche des Verdauungskanals mit Salzsäurekontakt („Ohne Säure kein Ulcus"). Als Ulcus wird eine Magenwandläsion mit Durchbruch durch die Muscularis mucosae, u. U. mit Vordringen in tiefere Magenwandschichten bezeichnet.

Dabei ist nach neueren Resultaten bei wesentlichen Formen (besonders Ulcus ventriculi) auch der zusätzliche, z. T. vermittelnde Einfluß von Motilitätsstörungen gesichert. Das komplexe Wirkgefüge läßt sich als *Imbalance zwischen aggressiven und protektiven (= defensiven) Mechanismen* zugunsten der ersteren erklären. Aggressive Mechanismen sind meist aus der Funktionskette der Säure- und Pepsin(ogen)bildung, ihrer Wirkung und stimulierenden Beeinflussungen abzuleiten. Protektive Mechanismen sind mit einer wirksamen Schleimhautbarriere (incl. Schleimbarriere) identisch.

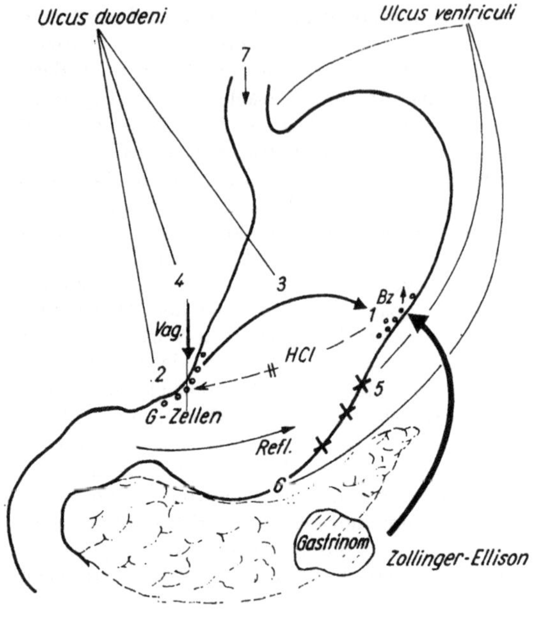

Abb. 11.3. Pathogenese des Ulcus pepticum (1 Belegzellzahl-(Bz)-Erhöhung, 2 G-Zellaktivitätserhöhung, 3 verstärkte phasische und/oder permanente Gastrinämie, 4 Vagotonussteigerung; 5 reduzierte Schleimhautresistenz; chron.-atroph. Gastritis, 6 Gallereflux u. a., 7 exogene Noxen

Zur Schleimhautschädigung mit Ulcusfolge kommt es einmal bei permanenter Einwirkung hyperaziden Saftes bzw. Nahrungsbreis[2]) auf eine primär meist nicht eindeutig veränderte Duodenalschleimhaut (**Ulcus duodeni**). Da aber nicht alle Individuen mit derartiger Hyperazidität (Basalsekretion > 3 mmol $\cdot$ h^{-1}, maximale Säuresekretion > 25 mmol $\cdot$ h^{-1}) ein Ulcus duodeni zeigen, auch nicht alle Ulcus duodeni-Träger derartige Säuregrade erreichen, müssen noch weitere Kausalfaktoren beteiligt sein.

Hier werden neuerdings diskutiert

1. eine vorzeitige Entleerung zu sauren Mageninhaltes in das Duodenum (als motorische Koordinationsstörung).
2. Noxen mit beeinträchtigender Wirkung auf die Schleimhautbarriere, wie chronischer Alkohol- und Nikotinabusus (Raucher erkranken doppelt so häufig),

---

[2]) gleichzeitig auch Pepsin(ogen)vermehrung

3. Resistenzschwäche bestimmter duodenaler Schleimhautbereiche, da Ulcera immerfort an gleicher Stelle entstehen.

Die Hyperazidität wird verursacht (Abb. 11.3.) 1. durch Belegzellvermehrung (bis auf das Doppelte), 2. durch hyperaktive (antrale) G-Zellen mit vermehrter nahrungsstimulierter Gastrinproduktion und 3. teilweise durch permanente Hypergastrinämie, wohl infolge insuffizientem negativen Feedback zwischen Protonenkonzentration und Gastrinfreisetzung, der letztere normalerweise begrenzt (1/5 der Ulcus-duodeni-Träger). Vagotonussteigerung erhöht die Sensitivität der antralen G-Zellen auf Stimuli aus dem Nahrungsbrei (Peptidwirkung).

Unter der dauernden Stimulation der so bewirkten erhöhten Gastrinfreisetzung könnte eine Belegzellvermehrung eintreten. Da Vagotonus auch direkt die Säuresekretion dieser Zellen vermehrt, könnte übermäßiger vagaler Dauererregung eine Schlüsselstellung in der Pathogenese des Ulcus duodeni zukommen. Die erhöhte G-Zellreaktion könnte als vagal bewirkte Führungsgrößenänderung im HCl-Gastrin-Feedback angesehen werden. Tatsächlich, aber nicht immer zeigen Ulcus-duodeni-Träger ein vagal betontes neurovegetatives Profil (s. a. Abb. 11.3.).

Magendarmulzera entstehen im Tierexperiment (Nager, Karnivoren, Primaten) bei psychosozialem Dauerstress, auch bei Reizung limbischer Strukturen. Zumindest sind ungünstige Wirkungen der gleichzeitig angeregten adrenergen Mechanismen (Noradrenalinwirkung auf die Schleimhautdurchblutung), auch der Übererregung der limbisch-hypophysären Steuerung der Glukokortikoproduktion wahrscheinlich. Letztere Mechanismen scheinen bei Ulzera nach akutem Streß (Immobilisationsstreß der Ratte, schwere Traumen, Verbrennungen, Operationen beim Menschen) wesentlich zu sein, dem sog. **Streß-Ulcus.** Dieser ist allerdings ansonsten nicht unmittelbar mit den genannten, stets chronischen Formen des Ulcus pepticum pathogenetisch vergleichbar.

Daß die Hyperazidität mit zunehmender Ausprägung auch das einzige pathogenetische Moment derartiger Ulzera sein kann, zeigen die meist ausgedehnten peptischen Geschwüre beim **Zollinger-Ellison-Syndrom.** Diese infolge autonomer exzessiver Gastrinproduktion mehr oder weniger reifzelliger Pankreastumoren (Gastrinome) erreichte Übersäuerung führt besonders zu ausgedehnten Duodenalulzera (s. a. 11.4.2). Neuerdings wird auch ex juvantibus die dominierende Rolle der Hyperazidität bei ihrer Blockierung durch H_2-Rezeptorblocker (Cimetidin, Ranitidin) mit $>$ 60%iger Heilung bewiesen (Bragden).

Dagegen ist beim **Ulcus ventriculi** (Abb. 11.3.) der Magensalzsäure keine dominierende pathogenetische Stellung einzuräumen. Hier ist wahrscheinlich die primär reduzierte Barrierenfunktion der Schleimhaut (chronisch-atrophische Gastritis im unteren Magendrittel) und deren zusätzliche Beeinträchtigung durch Einwirkung von Noxen (Gallen- und Pankreassaftreflux, Salizylatwirkung) der entscheidende pathogenetische Prozeß. Eine reduzierte Schleimhautresistenz wird dann durch die oft chronisch-atrophische Gastritis bei Reflux wahrscheinlich.

Dann reichen schon normale oder verminderte Säuregrade bzw. Pepsinwirkungen für eine „Andauung" der Magenwand aus. Zytotoxische Wirkungen der Gallensäuren am Schleimhautepithel könnten die Magensaftwirkung verstärken. Daneben könnte auch eine veränderte Schleimzusammensetzung für das Einbringen der Protonen günstig sein. So wurde ein verminderter Gehalt an N-Azetylneuraminsäure im Magenschleim von Ulcus ventriculi-Trägern festgestellt, der im Sinne eines Ionenaustausches normalerweise die H^+-Rückdiffusion verhindert.
Ob tatsächlich die beobachtete Hypergastrinämie über ihre Tonussenkung am Pylorussphinkter den Reflux verursacht, ist noch nicht völlig sicher. Die Hypergastrinämie bleibt offensichtlich infolge Verminderung von Haupt- und Belegzellzahl ohne wesentlichen Effekt.

11.4. Malassimilation

Unter dem Begriff Malassimilation werden alle diejenigen Erkrankungen zusammengfaßt, die aus einer Störung der intraluminalen Verdauung (**Maldigestion**) oder der ungenügenden Resorption der abgebauten Nahrungsbestandteile (**Malabsorption**) resultieren. Da eine Reihe hydrolytisch wirksamer Enzyme in der Mikrovillimembran lokalisiert sind und die Produkte dieser enzymatischen Reaktionen auf Grund der räumlichen Wechselbeziehungen zwischen dem Enzym und dem in der Membran gelegenen Carriern bevorzugt in die Mukosaepithelien transportiert werden, ist nicht immer eine derart scharfe Trennung zwischen Malabsorption und Maldigestion möglich.

11.4.1. Maldigestion

Einer gestörten intraluminalen Spaltung der zugeführten Nahrungsbestandteile können vielfältige Ursachen zugrunde liegen. Man unterscheidet daher gastrische, pankreatische, chologene und enterale Formen der Maldigestion.

Die *gastrischen Formen* werden durch funktionelle oder morphologische Veränderungen der Magenschleimhaut bedingt. Als Ursachen kommen die veränderte Magensaftsekretion (Hyper- bzw. Anazidität, 11.3.3.) sowie die Verödung der Magenschleimhaut (Atrophie) in Frage. Aus einer verminderten oder fehlenden Pepsinsekretion ergeben sich im allgemeinen keine schwerwiegenden Konsequenzen, da der Eiweißabbau durch die Enzyme des Pankreas weiterhin gewährleistet ist. *Vom Pankreas ausgehende Formen* der Maldigestion sind vorwiegend auf entzündlich-degenerative Prozesse oder Tumoren zurückzuführen. Dabei kann die Sekretion von Enzymen (Amylase, Lipase, Proteasen) und von Bikarbonat unterschiedlich betroffen sein. Je nach dem Ausmaß der Schädigung des Pankreas kommt es zur Beeinträchtigung der hydrolytischen Spaltung von Eiweißen, Fetten und Kohlenhydraten. Die unverdauten Bestandteile gelangen in das Kolon, wo sie dem bakteriellem Abbau unterliegen, so daß infolge der Glykolyse Gärungsdyspepsien bzw. auf Grund der Aufspaltung der Eiweiße und der damit verbundenen Entstehung von Ammoniak und Indolderivaten Fäulnisdyspepsien auftreten. Die mangelhafte Verdauung der Fette führt zu Fettstühlen (Steatorrhoe, s. a. 11.3.2). Letzteren liegen häufig Störungen im Stoffwechsel der Gallensäuren zugrunde (*chologene Maldigestion*).

Da die Gallensäuren für die Aktivierung der Pankreaslipase und die Emulgierung der Fette erforderlich sind, führen eine verminderte Sekretion sowie ein massiver Verlust, der nicht mehr durch eine Neusynthese zu kompensieren ist, zu Fettstühlen. Sofern Gallensäuren infolge ungenügender Resorption im Bereich des Ileum in das Kolon gelangen, bewirken sie auf Grund ihrer Reizwirkung auf die Schleimhaut eine Diarrhoe (s. a. 11.3.2. u. Abb. 11.2) Ausgangspunkt für pathologische Veränderungen im enterohepatischen Kreislauf der Gallensäure können ein Verschluß der Gallenwege durch Steine oder Tumoren sowie eine abartige Darmflora sein, wie man es häufig bei „blinden Schleifen" des Intestinums (blind loop-Syndrom) beobachtet. Infolge der anomalen bakteriellen Besiedlung dieser Darmabschnitte werden die Gallensäuren in den blinden Schleifen in weitaus stärkerem Maße als in den übrigen Darmsegmenten abgebaut, so daß sie dem enterohepatischen Kreislauf verloren gehen. Resorptionsstörungen werden weiterhin nach partieller Resektion des Ileum (mehr als 1 m) oder infolge rascheren Transportes der Ingesta bei entzündlichen Darmerkrankungen gesehen (s. a. 11.2.1. u. Abb. 11.2.). Schließlich verhindern auch Fisteln oder ein operativ bedingter bypass die vollständige Resorption der Gallensäuren.

Zu den *vom Intestinum ausgehenden Formen der Maldigestion* zählen die isolierten Enzymdefekte wie der Mangel an α- bzw.

β-Glukosidasen (Saccharase-, Isomaltase-Mangel und Alactasie I). In Abhängigkeit vom Angebot entsprechender Disaccharide mit der Nahrung wird ein Teil von ihnen nicht aufgespalten, so daß sie in das Kolon gelangen, wo sie auf Grund ihrer osmotischen Wirksamkeit und infolge ihres glykolytischen Abbaus durch Bakterien zur Diarrhoe und Gärungsdyspepsie führen.

11.4.2. Malabsorption

Je nach Art der Schädigung unterscheidet man **große** und **kleine Malabsorptionssyndrome.** Erstere sind dadurch gekennzeichnet, daß infolge ausgedehnter morphologischer oder funktioneller Veränderungen alle Resorptionsvorgänge gestört sind. Wegen der stark eingeschränkten Aufnahme von Kohlenhydraten, Fetten und Aminosäuren resultiert im allgemeinen ein Kalorienmangel. Außerdem beobachtet man auf Grund der ungenügenden Resorption den Verlust von Elektrolyten und Flüssigkeit. Klinisch gehen die großen Malabsorptionssyndrome mit breiigen Massenstühlen (mehr als 400 g pro Tag), Gewichtsverlust und Muskelschwäche, häufig auch mit Ödemen (Eiweißmangel), einer Anämie und Zeichen der Hypovitaminose einher. Der Mangel an Vitamin B 12 und Folsäure hat Dermatitiden, der von Vitamin K und C hämorrhagische Diathesen zur Folge. Durch die ungenügende Kalzium- und Magnesium-Resorption kommt es zu Skelettveränderungen, nicht selten auch zur Tetanie.

Zu den großen Malabsorptionssyndromen zählen die durch einen Vitamin B 12- und Folsäuremangel bedingte tropische Sprue, die auf einer Gliadinunverträglichkeit beruhende einheimische Sprue (Zöliakie), der durch intestinale Lymphabflußstörungen gekennzeichnete Morbus WHIPPLE sowie die chronisch-entzündlichen Dickdarmerkrankungen, wie der Morbus CROHN und die Colitis ulcerosa.

Im Gegensatz zu den großen Malabsorptionssydromen sind die kleinen durch die Störung einzelner Stoffwechselmechanismen der Mucosaepithelien gekennzeichnet, so daß es zum Ausfall spezifischer Funktionen kommt, beispielsweise des Transportes von Aminosäuren oder Kohlenhydraten.

Für die sich aus einem Malabsorptionssyndrom ergebenden klinischen Symptome sind nicht allein die Größe des durch die Schädigung betroffenen Darmstückes entscheidend, da die intakten Abschnitte über eine hohe Anpassungsfähigkeit verfügen. Es hängt somit auch von den qualitativen Veränderungen in dem geschädigten Darmabschnitt ab, welche Folgen sich für den Stoffwechsel ergeben.

Die *Ursachen* für die Malabsorptionssyndrome können sowohl endogener als auch exogener Natur sein. Wie aus Tabelle 11.1. hervorgeht, sind die primären Störungen nicht immer im Magen-Darmtrakt lokalisert, so daß beispielsweise endokrine Regulationsstörungen oder pathogene Immunmechanismen die Resorption der Ingesta beeinträchtigen. Zu den primär von der Darmschleimhaut ausgehenden Resorptionsstörungen gehören die genetischen Defekte von Enzymen und Carriern für Kohlenhydrate und Aminosäuren.

Tabelle 11.1.

Ätiopathogenese der Malabsorption

1. Primäre Veränderungen der Darmwand
2. Störungen der enteralen Bakterienflora
3. Endokrinopathien
4. Iatrogene Ursachen
5. Malabsorption bei Dermatosen
6. Pathologische Immunmechanismen

Bei der Glukose-Galaktose Malabsorption fehlt der entsprechende Carrier, so daß es infolge der osmotischen Aktivität der nichtresorbierten Zucker zur Diarrhoe und auf Grund ihres intraluminalen Abbaus durch Bakterien zur Gärungsdyspepsie kommt. Aus dem Defekt von Aminosäurecarriern resultieren verschiedene Erkrankungen, die aber im allgemeinen nicht zu einem schweren Mangel an essentiellen Aminosäuren führen, da durch die unabhängig von den Aminosäurecarriern erfolgende Resorption von Dipeptiden ein solcher verhindert wird. In den meisten Fällen sind die Carrierdefekte auch gleichzeitig in den Nierentubuli zu beobachten, so daß es zu einem zusätzlichen Verlust von Aminosäuren infolge mangelnder Rückresorption aus dem Primärharn kommt.

Zu den Enzymdefekten gehört die Alactasie II. Bei dieser Erkrankung ist der Abbau der resorbierten Lactose gestört, was Schädigungen der Nieren zur Folge hat, da das nichtgespaltene Disaccharid über die Niere ausgeschieden wird und dort toxisch wirkt. Resorptionsstörungen werden in vielen Fällen durch pathogene Bakterien ausgelöst, wobei zwischen iuvasiven und nichtinvasiven Erregern zu unterscheiden ist.

Häufig stellen auch virale *Infektionen* oder der Befall mit Parasiten die Ursache für die gestörte Darmfunktion dar. Eine verstärkte Sekretion von Darmsaft, die häufig durch eine toxinbedingte Stimulierung der mukosalen Adenylatzyklase zustande kommt (11.3.1), sowie der raschere intraluminale Transport der Ingesta infolge Erhöhung der Darmmotilität (s. 11.2.1.) sind weitere Ursachen für die verminderte Resorption von Nahrungsbestandteilen.

Seltener werden die Resorptionsstörungen durch *degenerative Prozesse* (z. B. Amyloideinlagerung) oder Veränderungen an den intramuralen Blut- und Lymphgefäßen ausgelöst. Schließlich sind Störungen der Resorption auch bei *starker Verringerung der Absorptionsfläche* durch operative Eingriffe oder strahlenbedingte Gewebszerstörungen zu erwarten.

Endokrine Regulationsstörungen können ebenfalls Ausgangspunkt für die Malabsorption sein. Zu den extraenteralen Ursachen gehören die Über- und Unterfunktion der Schilddrüse, bei denen es zur Steigerung bzw. Verminderung der Resorptionsgeschwindigkeit kommt, so daß beispielsweise bei einer Hyperthyreose Hyperglykämien beobachtet werden. Steatorrhoen sind seit langem beim Morbus Addison, beim Hyperparathyreoidismus, sowie beim Diabetes mellitus bekannt, für die es jedoch bisher keine befriedigende Erklärung gibt. Man macht vor allem Motilitätsstörungen verantwortlich.

Großes Interesse haben in den letzten Jahren **Störungen** des **gastro-entero-pankreatischen Drüsensystems** ausgelöst. Die Zellen des **APUD**-Systems (**a**mine **p**recursor **u**ptake and **d**ecarboxylation-System) produzieren zahlreiche Peptidhormone und finden sich mit unterschiedlicher Häufigkeit in den verschiedenen Abschnitten des Gastrointestinaltraktes einschließlich des Pankreas. In ihrer Gesamtheit stellen sie eine beachtliche Kapazität endokrin aktiver Zellen dar, die vor allem für die Kontrolle der Verdauungs- und Resorptionsprozesse Bedeutung haben. Eine Reihe von Störungen ist bekannt geworden, die auf eine Hyperplasie oder Tumorbildung dieser Zellsysteme zurückzuführen sind.

Das **Zollinger-Ellison-Syndrom** (s. a. 11.3.3.) hat seine Ursache in einer gesteigerten Gastrinproduktion, die vorwiegend von pankreatischen Tumoren ausgeht. Nicht selten liegt jedoch eine hereditäre endokrine Polyadenomatose vor, wo neben den Inselzelltumoren solche der Nebennieren und der Hypophyse beobachtet werden. Das vermehrt sezernierte Gastrin stimuliert ständig die Belegzellen des Magens zur Säuresekretion. Neben dem durch die Hypersekretion bedingten rezidivierenden Ulcera beobachtet man sehr häufig eine Diarrhoe. Infolge des vermehrten Magensaftangebotes im Duodenum kommt es nicht nur zur Inaktivierung bzw. mangelnden Aktivierung der pankreatischen Enzyme, sondern auch zur Schädigung der Mucosaepithelien mit Beeinträchtigung der Funktion der Mikrovillienzyme.

Das **VIPom** (Werner-Morrison-Syndrom) geht mit einer erhöhten Sekretion von VIP (Vasoaktives intestinales Peptid) einher. Das Hormon stimuliert die mucosale Adenylatzyklase, hat außerdem eine glucagonähnliche Wirkung auf den Glukosestoffwechsel und ist durch eine vasodilatatorische Komponente gekennzeichnet. Folgen einer Überproduktion sind die wäßrige Diarrhoe infolge Stimulierung der Adenylatzyklase, eine dadurch ausgelöst Hyperkaliämie und Hyperhydrie, sowie infolge des Bikarbonatverlustes eine metabolische Azidose.

12. Allgemeine Biopathologie hormonaler und neuraler Steuer- und Kontrollprozesse

12.1. Generelle Struktur homöostatischer Steuerung und Kontrolle des Organismus und der Organismus-Umweltbeziehungen

Mit dem hormonellen System für überwiegend langfristige und langsamere Regulationen und den nervalen für schnellere und kurzfristige entstehen in der Phylogenese eigenständige Organstrukturen. Dem entspricht auch eine mehr oder weniger spezifische Pathologie (Regulationskrankheiten). Spezifika leiten sich vor allem aus der komplexen Wirkung negativer Rückkopplungen und von gestörten Informationsprozessen ab. So werden bei hormonellen, z. T. auch neuralen Störungen pathogenetische Prozesse oft mehr durch die Regulationsdynamik als durch die auslösende Störung determiniert. Letztere müssen dann nicht mehr das vordergründige pathogenetische Moment sein (z. B. beim adrenogenitalen Syndrom, 12.2.). Auch können sich vermaschte Regulationsstrukturen in ihrem Gleichgewicht stören. Dann verändert sich auch die Bedeutung des unversehrten Regulationsabschnittes (z. B. bei Spastik und Beugerstarre, s. 12.3. und 12.3.4.). Dieses früh beobachtete häufige Phänomen (Diaschisis nach v. Monakow) wird so im einzelnen erklärbar (s. 12.3.).

12.2. Endokrine Regulationsstörungen

Entsprechend der Definition von Bayliss und Starling (1905) betrachtet man **Hormone** nach wie vor als Botenstoffe oder Informationsträger, die in drüsigen Organen oder auch in speziellen Zellen gebildet und an das Blut bzw. das umgebende Gewebe abgegeben werden. Durch Wechselwirkung mit Rezeptoren an der Plasmamembran oder im Cytosol lösen sie an den Zielorganen bzw. -zellen einen physiologischen Effekt aus. Hormone haben somit Kontrollfunktionen und gewährleisten die Homöostase im Organismus. Mit dem Übergang vom einzelligen zum mehrzelligen Lebewesen machte sich ein derartiger Kontrollmechanismus erforderlich, der im Verlauf der Evolution einen immer höheren Grad an Komplexizität annahm. Ein entwicklungsgeschichtlich jüngeres Kontrollsystem stellt das Nervensystem dar, das sich jedoch nicht unabhängig vom ersteren herausbildete. Dieser Tatsache ist zuzuschreiben, daß nicht immer eine scharfe Trennung zwischen Hormonen und den Überträgerstoffen (Transmittern) des Nervensystems möglich ist und daß über die Neurosekretion — etwa durch die hypothalamischen Neurone — eine enge Verflechtung von nervaler und hormonaler Regulation existiert.

Die Verknüpfung von hormonaler und nervaler Kontrolle bedingt, daß Störungen im Nervensystem krankhafte Veränderungen in der endokrinen Regulation nach sich ziehen können. Eine Schaltstelle, an der sich derartige Störungen bemerkbar machen können, ist die Kontrolle der hypophyseotropen Areale des Hypothalamus durch Neurotransmitter wie Dopamin, Noradrenalin oder Serotonin, deren Ausschaltung durch Pharmaka die Sekretion von PIF oder CRH beeinflußt. Aus Tierexperimenten ist außerdem abzuleiten, daß krankhafte Veränderungen im limbischen System die Aktivität der hypophyseotropen Regionen des Hypothalamus beeinträchtigen. Andererseits beeinflussen Störungen der hormonalen Regulation die Tätigkeit des Nervensystems. So kann durch einen Mangel an Schilddrüsenhormonen in der Pränatalperiode die Entwicklung des Nervensystems geschädigt werden.

12.2.1. Ätiopathogenetische Mechanismen endokriner Regulationsstörungen

Die endokrine Kontrolle weist unterschiedlich hierarchische Strukturen auf. Neben den drei hypothalamisch-hypophysären-Systemen mit peripherem endokrinen Organ (Gonaden, Schilddrüse, Nebennierenrinde) existieren solche, bei denen das hypophysäre Hormon direkten Einfluß auf das Zielorgan nimmt (STH, MSH, ADH, Prolactin). Unabhängig von der Kontrolle durch Releasing-Hormone des Hypothalamus oder durch glandotrope Hormone der Hypophyse sind die A- und B-Zellen des Pankreas, die Nebenschilddrüse und das Nebennierenmark sowie die hormonproduzierenden Zellen des Magen-Darm-Traktes. Je komplexer die Regelkreise aufgebaut sind, um so vielfältiger erweisen sich die auftretenden Störungen. Im Falle der oben genannten drei hierarchischen Systeme existieren long-, short- und ultra-short-Feedback-Kontrollen (Abb. 12.1.), über die die Homöostase der peripheren Hormonspiegel gewährleistet wird. Auf jeder der genannten Ebenen können ebenso wie im Erfolgsorgan Störungen auftreten, die zu Veränderungen der hormonalen Regelkreise führen. Art und Ausmaß der jeweiligen Störung entscheiden darüber, inwieweit die Homöostase aufrecht erhalten wird und in welchem Umfang Krankheitserscheinungen manifest werden.

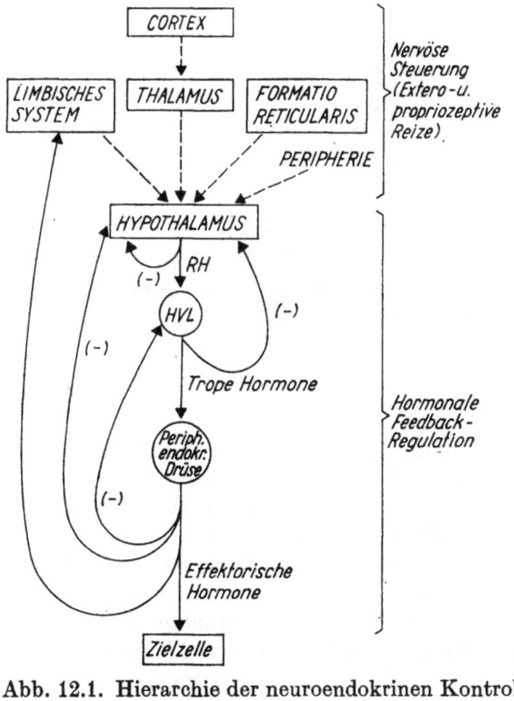

Abb. 12.1. Hierarchie der neuroendokrinen Kontrolle mit Feedback-Regulationsmechanismen
HVL, Hypophysenvorderlappen; RH, Releasing-Hormone;

Eine verminderte Bildung von Schilddrüsenhormonen, beispielsweise bei Jodmangel, löst eine vermehrte Sekretion von TSH aus, so daß auf Grund der trophen Wirkung dieses Hypophysenvorderlappenhormons eine Hypertrophie der Schilddrüse (Struma) resultiert. die einen euthyreoten Zustand gewährleistet, so lange infolge Vermehrung des Schilddrüsengewebes ausreichend Jod in das Thyreoglobulin eingebaut werden kann. Erst wenn dies nicht mehr der Fall ist, treten Symptome einer Hypothyreose auf. Die vermehrte Aktivität des vorgeschalteten Zentrums bleibt jedoch erfolglos, wenn etwa auf Grund einer Aplasie keine Reaktion der peripheren Drüse erfolgen kann (athyreoter Kretinismus).

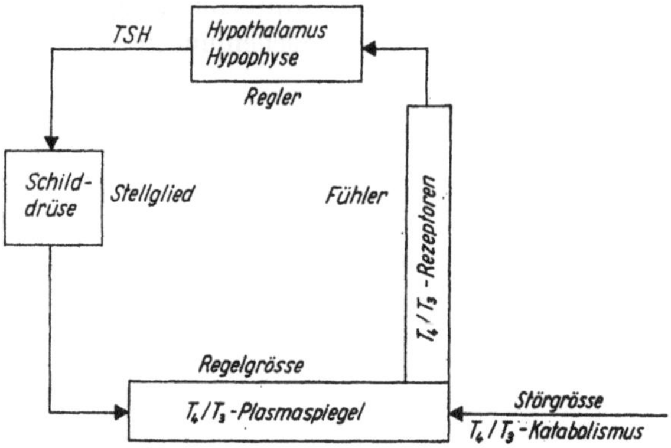

Abb. 12.2. Darstellung eines hormonalen Regelkreises am Beispiel der Hypothalamus-Hypophysen-Schilddrüsenachse

Pathologische Veränderungen innerhalb eines hormonalen Regelkreises (Abb. 12.2.) können die Synthese des Hormons selbst sowie dessen Sekretion betreffen (s. 12.2.2.). Bei den drei hypothalamisch-hypophysär kontrollierten endokrinen Organen ist eine derartige Störung auf jeder der drei Ebenen möglich. Störungen treten auch hinsichtlich der Wechselwirkung mit dem Erfolgsorgan (s. 12.2.4. und 12.2.5.) sowie ihres Abbaues und der Ausscheidung (s. 12.2.6.) auf. In Abb. 12.3. sind am Beispiel der Hypothalamus-Hypophysen-Nebennieren-Achse die verschiedenen Ebenen hervorgehoben, auf denen pathologische Veränderungen vorkommen.

Es darf nicht außer acht gelassen werden, daß in einigen Regelkreisen Substrate als Regelgröße dienen (z. B. Glukose, Calcium, Natrium), die nicht allein durch das Hormon kontrolliert werden, sondern zahlreichen anderen Einflußgrößen (z. B. extrem erhöhte Zufuhr, verstärkte Ausscheidung) unterliegen. Langanhaltende Konzentrationsänderungen dieser Parameter können ebenfalls Störungen der endokrinen Regulation verursachen.

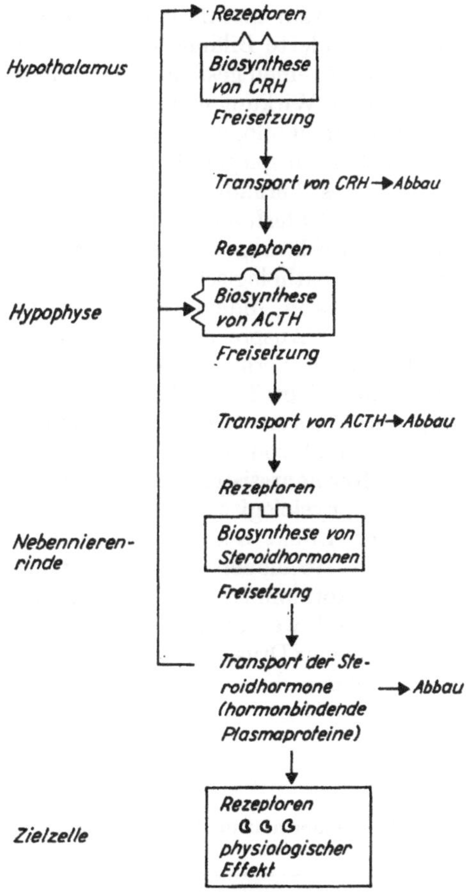

Abb. 12.3. Ebenen möglicher Störungen der Hypothalamus-Hypophysen-Nebennierenachse

Schließlich sind Wechselwirkungen zwischen verschiedenen endokrinen Regelkreisen Ausgangspunkt pathologischer Veränderungen. Die permissive Wirkung von Hormonen ist seit langem bekannt; sie umschreibt die Tatsache, daß für die normale Funktion eines endokrinen Regelkreises Hormone nötig sind, die diesem nicht angehören. Das gilt beispielsweise für die insulinabhängige Kontrolle des hepatischen Kohlenhydratstoffwechsels, die der Gegenwart der Glukocorticoide bedarf, oder für die Abhängigkeit der Langzeitwirkungen von Östrogenen auf den Uterus von der intakten Funktion der Hypophyse und der Schilddrüse (s. 12.2.4.).

Störungen der endokrinen Regulation manifestieren sich entweder als vermehrte oder als verminderte Bildung und Sekretion von Hormonen. Es wäre jedoch falsch, einen gesteigerten Hormonplasmaspiegel mit einer verstärkten Wirkung gleichzusetzen und eine entsprechende klinische Symptomatologie zu erwarten. Biologische Antwort und Plasmahormonspiegel können sowohl **konkordantes** als auch **diskordantes Verhalten** zeigen, was in gleicher Weise für die **Über-** und die **Unterfunktion** der peripheren Drüsen zutrifft (Tab. 12.1.). Die Erklärung hierfür ist darin zu suchen, daß der Ausgangspunkt für pathologische Veränderungen auch im Zielorgan lokalisiert sein kann, indem Defekte auf der Rezeptor- oder Postrezeptorebene die Ansprechbarkeit gegenüber dem Hormon verändern. Diskordantes Verhalten bei gesteigerter Hormonproduktion, das unter dem Begriff der Hormonresistenz subsummiert werden kann, wurde bereits 1942 von ALBRIGHT hinsichtlich des PTH beschrieben und von ihm als Pseudohypoparathyreoidismus bezeichnet. **Hormonresistenz** wäre demnach ein Zustand, in welchem eine physiologische Plasmahormonkonzentration einen subnormalen Effekt auslöst. Die oben erwähnte permissive Wirkung von Hormonen läßt verständlich werden, warum auch bei einem Hormonmangel ein verstärkter Effekt auf das Zielorgan beobachtet werden kann. Zu trennen von der Über- oder Unterfunktion einer Drüse ist die **Dysfunktion,** die im Gegensatz zu jenen Störungen durch ein qualitativ verändertes Hormonspektrum charakterisiert ist.

Tabelle 12.1.

Konkordanz und Diskordanz von Plasmahormonspiegel und biologischer Antwort am Beispiel des Insulins

Biologische Antwort	Plasmainsulinspiegel	
	gesenkt	gesteigert
vermindert	Typ I-Diabetes	Typ II-Diabetes STH-Überschuß Cortisolismus Insulinresistenz Urämie
verstärkt	Hypocortisolismus STH-Mangel Anorexia nervosa	Inselzelltumoren

Es hat sich bewährt, eine Untergliederung der Störungen in den hierarchischen Kontrollsystemen in primäre und sekundäre vorzunehmen. Als **primäre Endokrinopathie** bezeichnet man alle diejenigen Prozesse, die ihren Ausgangspunkt vom peripheren Drüsenorgan nehmen und sich als Über- oder Unterfunktion manifestieren (z. B. primärer Hyper- und Hypoparathyreoidismus, primärer Hyper- und Hypocortisolismus, primärer Hypogonadismus usw.). Ursachen derartiger primärer Störungen sind maligne bzw. benigne Tumoren oder auch eine Hyperplasie des endokrinen Organs. Alle pathologische Prozesse, deren Ursachen außerhalb der peripheren Drüse lokalisiert sind, werden als **sekundäre Störung** betrachtet. Miunter ist auch nach Beseitigung der Ursache einer sekundären Endokrinopathie keine Rückkehr zur normalen Hormonbildung zu beobachten; die Hyperplasie der endokrinen Drüse hat somit über einen noch unbekannten Mechanismus zur autonomen Hormonproduktion geführt. Derartige Störungen werden als **tertiär** beschrieben (tertiärer Aldosteronismus, tertiärer Hyperparathyreodismus).

12.2.2. Pathologische Synthese und Sekretion von Hormonen

In Abhängigkeit vom Syntheseweg vermögen die Hemmung oder ein genetisch bedingter Defekt einzelner Enzyme die Hormonproduktion wesentlich einzuschränken oder vollständig zu verhindern. Genetische Enzymdefekte sind vor allem für die Steroidhormonsynthese und die Thyroxin- bzw. Trijodthyroninbildung beschrieben worden, treffen aber auch für die Synthese von Peptidhormonen zu (z. B. STH-Mangel).

Wie Abb. 12.4. zeigt, sind in der Nebennierenrinde, in der die Synthese der Steroidhormone erfolgt, eine Reihe von Enzymdefekten nachgewiesen worden, aus denen sich je nach der Stellung des Enzyms sehr unterschiedliche Hormonmuster und damit auch differente Krankheitsbilder ergeben. Am häufigsten begegnet man dem adrenogenitalen Syndrom, dem sowohl ein 21β-Hydroxylasemangel als auch ein solcher der 11β-Hydroxylase zugrunde liegen kann. Beim Defekt der 21β-Hydroxylase kommt es entweder zur Störung der Synthese von Glukocorticoiden und Mineralcorticoiden oder der Defekt wirkt sich nur auf die Bildung des 11-Desoxycortisols aus. In beiden Fällen resultiert aus der mangelnden Hormonbildung und dem Fehlen einer Rückkopplung auf Hypothalamus und Hypophyse eine gesteigerte ACTH-Produktion, die ein erhöhtes Angebot an Progesteron zur Folge hat. Die vermehrte Bereitstellung von Vorläufern führt zwangsläufig zur Bildung von androgenen Hormonen, so daß sich beim weiblichen

Träger dieser Erkrankung ein Pseudohermaphroditismus femininus[1]) (alle Zwischenstufen zwischen männlichen und weiblichen äußeren Genitalien möglich) und beim männlichen eine vorzeitige Pubertät (Pseudopubertas praecox) entwickelt. Sobald beide Synthesewege vom 21-β-Hydroxylasedefekt betroffen sind, tritt außerdem infolge Mangels an Mineralcorticoiden ein Salzverlustsyndrom auf.

Die isolierte Beeinflussung einzelner Schritte des Syntheseprozesses ist durch Pharmaka oder toxische Substanzen möglich.

Diagnostisch macht man sich die Enzymhemmung zunutze, indem beispielsweise die 11-β-Hydroxylase durch Metopiron blockiert wird, so daß unter physiologischen Bedingungen infolge Senkung des Plasmacorticoidspiegels eine verstärkte ACTH-Produktion resultiert. Bei sekundärer NNR-Insuffizienz kommt es zu keinem Anstieg der adrenalen Steroide oder des ACTH, sofern nicht noch Reserven hinsichtlich der hypophysären Funktion existieren. Der Metopirontest ist auch zur Differentialdiagnose des Hypercortisolismus (Cushing-Syndrom) geeignet.

Eine verminderte Produktion von Hormonen resultiert auch aus Schädigungsmechanismen, die zum Verlust hormonproduzierender Zellen führen. Hierzu zählen vor allem Autoimmunprozesse, wie sie beim Morbus Addison und bei chronischen Thyreoiditiden beschrieben wurden und für bestimmte Formen des Diabetes mellitus zutreffen (s. 5.3.1.). Weitere Beispiele von Endokrinopathien, für die Autoimmunprozesse ursächlich sind, stellen die Orchitis granulomatosa und die idiopathische Ovarialinsuffizienz dar. Für die immunologisch bedingten Endokrinopathien läßt sich nicht mit Sicherheit sagen, inwieweit ausschließlich humorale Reaktionen ätiopathogenetische Bedeutung haben. Auch die Frage nach einer möglichen Modifizierung normaler Antigenstrukturen von Plasmamembranen, etwa durch eine Virusinfektion, bleibt noch unbeantwortet. Bezüglich der Einbeziehung zellulärer Reaktionen müssen sowohl die antikörperabhängige zellvermittelte Cytotoxicität als auch die Blockierung von Suppressor-T-Zellen in Betracht gezogen werden.

Weitere Ursachen der Unterfunktion endokriner Drüsen bilden Entzündungen, Traumen, intensive Strahlenbelastung, hormoninaktive Tumoren, die durch ihr infiltratives und destruierendes Wachstum das Drüsengewebe zerstören, ischämische oder hypoxische Zustände sowie die partielle oder totale operative Entfernung. Schließlich kann es auf Grund von Entwicklungsstörun-

---

[1]) Ein Pseudohermaphrodit ist ein genetisch männlich oder weiblich determiniertes Individuum, das durch hormonelle Dysbalance sekundäre Geschlechtsmerkmale des anderen Geschlechtes aufweist.

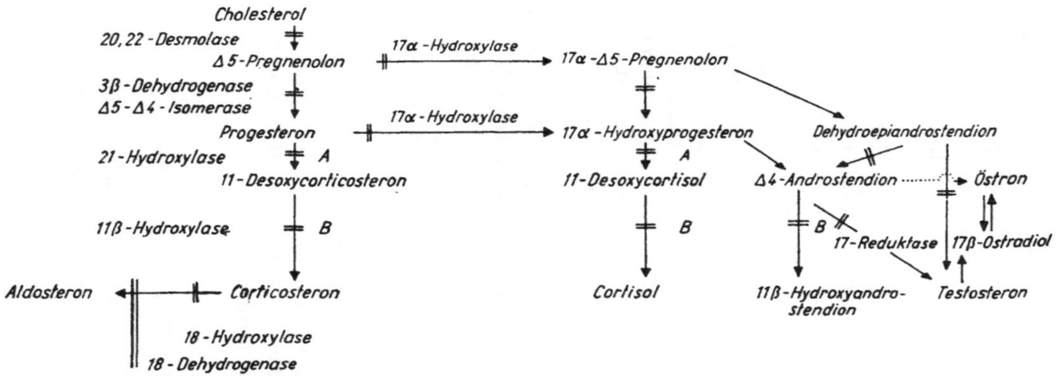

Abb. 12.4. Genetische Defekte von Enzymen der Steroidhormonsynthese

⇸ bedeutet einen nachgewiesenen genetischen Defekt. Der Mangel an 21-β-Hydroxylase (A) oder an 11-β-Hydroxylase (B) führt zum adrenogenitalen Syndrom.

gen zum Fehlen (Aplasie) oder zur mangelhaften Ausbildung (Hypoplasie) des endokrinen Organs kommen. Beispiele dieser Art sind die Aplasie bzw. Hypoplasie der Schilddrüse beim athyreoten Kretinismus oder die Unterentwicklung der Testes beim primären Hypogonadismus. Fehlerhafte Entwicklungen (Dysgenesien) der Gonaden treten bei Genommutationen wie dem KLINEFELTER-Syndrom (47,XXY) oder dem ULLRICH-TURNER-Syndrom (45,X) auf (s. 6.5.1.).

Eine pathologische Steigerung der Hormonsynthese kann primärer, sekundärer oder tertiärer Natur sein. Häufig beobachtet man eine Hyperplasie von Drüsen (z. B. primärer Cortisolismus, primärer Hyperparathyreoidismus, primärer Aldosteronismus), deren Ursache unbekannt ist. Möglich sind aber auch Adenome, die zu einer autonomen Hormonproduktion führen (z. B. Adenome der Nebennierenrinde oder des Nebennierenmarkes, der Epithelkörper, der Schilddrüse, Insulinome, Glukagonome). Im Falle von Tumoren der Schilddrüse, der Nebennierenrinde und der Gonaden ist die Kontrolle der Hormonproduktion durch Hypothalamus und Hypophyse aufgehoben. Nicht selten handelt es sich bei den hormonproduzierenden Tumoren um Adenocarcinome (Schilddrüse, Epithelkörper, Nebennierenrinde, Ovarien und Testes). Auf Grund versprengter Keimanlagen (s. 7.1.) oder infolge einer pathologischen Differenzierung von Tumorzelen (s. 7.3.11.2.) ist die ektopische Hormonbildung möglich, d. h. die Synthese von Hormonen außerhalb der entsprechenden endokrinen Drüse.

Sekundäre Störungen treten auf, wenn ein Adenom oder Adenocarcinom der übergeordneten endokrinen Drüsen (z. B. eosinophile oder basophile Adenome der Hypophyse) das periphere Organ ständig stimuliert und auf Grund des autonomen Charakters des Prozesses nicht mehr der negativen Rückkopplung durch den Plasmahormonspiegel unterliegt.

12.2.3. Störungen des Hormontransportes

Abgesehen von den lokal wirkenden Gewebshormonen ist der Transport der Hormone im Blut zu dem durch seine spezifischen Zellrezeptoren gekennzeichneten Erfolgsorgan erforderlich. Während die Peptidhormone überwiegend in freier Form transportiert werden, sind Steroid- und Schilddrüsenhormone an Plasmaproteine gebunden, so daß entsprechend den Bindungskonstanten eine Fraktion des Hormons in gebundener und eine weitere in freier Form vorliegt. Für beide Hormongruppen gilt, daß ausschließlich das freie Hormon biologisch wirksam ist. Die Änderung der freien Hormonkonzentration infolge Aufnahme in die Zelle oder durch die Bindung an Oberflächenrezeptoren hat die Dissoziation weiterer Hormonmoleküle von ihrem Trägerprotein zur Folge. Da im Falle der Steroid- sowie der Thyreoideahormone die Konzentration der freien Hormone kontrolliert wird, ist eine Erhöhung oder Senkung der totalen Hormonkonzentration ohne besondere diagnostische Aussagekraft, wenn nicht gleichzeitig die Konzentration der Transportproteine oder die der freien Hormone bestimmt wird. Daraus erklärt sich auch, daß Veränderungen in der Konzentration der Transportproteine im allgemeinen keine größere pathogenetische Bedeutung erlangen.

12.2.4. Ätiopathogenese rezeptorbedingter Störungen

Die Rezeptorforschung hat zu einer Reihe von Erkenntnissen geführt, die auch für die Auffindung pathogenetischer Mechanismen von weitreichender Bedeutung waren. Krankheitsbilder, die lange Zeit als einheitlich in ihrer Ursache betrachtet wurden, konnten in dem Maße differenziert werden, wie es gelang, Hormonrezeptoren hinsichtlich ihrer Eigenschaften zu charakterisieren.

Rezeptoren stellen Proteine mit Molmassen zwischen 75 und 500 kdalton dar, die in der Plasmamembran oder im Cytosol lokalisiert und durch ihre hohe Affinität für bestimmte Liganden gekennzeichnet sind (K_D 10^{-9}—10^{-11} M). Der Begriff Rezeptor impliziert die Tatsache, daß sie für die Informationsübertragung verantwortlich sind. Dabei mag entweder die Adenylatzyklase oder ein anderes Enzym unmittelbarer Empfänger dieser Information sein. Diese wenigen Hinweise machen heute bereits deutlich, daß sowohl die Bindungsreaktion als auch die nachfolgenden Prozesse, die der Signalwandlung dienen, Ausgangspunkt für krankhafte Veränderungen sein können. Nicht zuletzt muß auch berücksichtgt werden, daß die Funktion des Hormonrezeptorkomplexes durch Beeinflussung der Fluidität der Plasmamembran (Phospholipid- und Fettsäuremuster, Cholesterolgehalt) beeinträchtigt werden kann.

Es darf nicht außer acht gelassen werden, daß die Rezeptorzahl bereits unter physiologischen Bedingungen einer hohen Dynamik unterliegt. Körperliche Belastung, Ernährung, Tagesrhythmen, Wachstums- und Differenzierungsprozesse, Metabolit- und Hormonkonzentrationen bestimmen die für die Hormonbindung verfügbare Rezeptorzahl, was bei der Interpretation von Rezeptorbindungsstudien zu berücksichtigen ist.

12.2.4.1. Genetisch bedingte Rezeptordefekte

Störungen, die als extreme Hormonresistenz bekannt sind, beruhen auf genetischen Defekten von Rezeptoren. Infolge einer Mutation wird der Rezeptor überhaupt nicht mehr gebildet oder es entsteht ein stark modifizierter Rezeptor, dessen Bindungseigenschaften erheblich verändert sind. Verschiedene Formen der Androgen- und Insulinresistenz, des Pseudohypoparathyreoidismus und des Diabetes insipidus renalis basieren auf genetisch bedingten Rezeptordefekten.

Bei den durch Rezeptordefekte ausgelösten Formen der Androgenresistenz (komplette und inkomplette testikuläre Feminisierung, REIFENSTEIN-Syndrom) führt die fehlende oder unzureichende Bindung von Testosteron bzw. Dihydrotestosteron an den Rezeptor zu einem erhöhten Plasmatestosteronspiegel und infolge der ausbleibenden Rückwirkung auf Hypothalamus und Hypophyse zu einem gesteigerten LH-Spiegel. Letzter löst eine verstärkte 17β-Östradiolsekretion durch die Testes aus, so daß sich, ergänzt durch die fehlende Ansprechbarkeit der Testosteronrezeptoren, ein weiblicher Phänotyp herausbildet. Die Androgenresistenz ist die häufigste Ursache des männlichen Pseudohermaphroditismus. Beim Pseudohypoparathyreoidismus fehlen im Zielorgan die PTH-Rezeptoren, so daß eine Unterfunktion der Epithelkörperchen vorgetäuscht wird, obwohl diese infolge der gestörten Calciumhomöostase eine Hyperplasie aufweisen. Der Diabetes insipidus renalis kann u. a. durch das Fehlen von ADH-Rezeptoren in den Tubuluszellen der Niere bedingt sein, so daß eine unzureichende Wasserrückresorption in den Sammelrohren resultiert.

12.2.4.2. Erworbene Störungen der Hormon-Rezeptor-Interaktion

Eine verminderte Bindung von Hormonen an die spezifischen Zellrezeptoren resultiert entweder aus einer Änderung der maximalen Bindungskapazität oder aus einer solchen der Affinität zum Liganden. Eine Erhöhung der Insulinkonzentration im Blut führt beispielsweise zur Verringerung der Insulinrezeptoren an Muskel-, Leber- und Fettgewebszellen. Derartige Veränderungen lassen sich sowohl bei Adipösen als auch bei hyperinsulinämischen Diabetikern beobachten, wobei durch diätetische Maßnahmen eine weitgehende Normalisierung zu erreichen ist. Letzteres spricht gegen die ätiopathogenetische Bedeutung der Verminderung der Rezeptorzahl für den Diabetes mellitus Typ II. Bei der Überproduktion von STH (z. B. bei hypophysärem

Riesenwuchs oder Akromegalie[2]) kommt es ebenfalls zu einer Reduzierung der Zahl der Insulinrezeptoren an Adipozyten und Muskelzellen, was kompensatorisch einen Hyperinsulinismus nach sich zieht. Aus der ständig erforderlichen Überproduktion von Insulin resultiert in vielen Fällen infolge Überlastung der B-Zellen ein sekundärer Diabetes mellitus.

Durch chronisch gesteigerte Catecholaminspiegel im Blut kann eine Verminderung von β-Rezeptoren ebenso wie eine Änderung des Verhältnisses von α- zu β-Rezeptoren an der Plasmamembran verursacht werden; es handelt sich hierbei um Bedingungen, wie sie sowohl beim Phäochromozytom, einem katecholaminproduzierenden Tumor des Nebennierenmarkes, oder bei langzeitiger Therapie des Asthma bronchiale mit β-adrenergen Agonisten vorliegen.

Eine verminderte Affinität des Hormons zum Rezeptor bei konstanter Zahl der Bindungsstellen führt gleichfalls zum Bild der Hormonresistenz, wie es etwa beim Hypercortisolismus bezüglich der Insulinbindung an Adipozyten oder Muskelzellen der Fall ist. Der daraus resultierende Hyperinsulinismus begünstigt letzlich bei einem hohen Prozentsatz der Patienten mit einer Überproduktion von Glukocorticoiden (CUSHING-Syndrom) das Entstehen eines Diabetes mellitus.

Die bereits erwähnte Diskordanz von Plasmahormonspiegel und physiologischer Wirkung (Tab. 12.1.) kann auch bei verminderter oder normaler Hormonkonzentration auftreten, wenn das Hormon mit höherer Affinität an den Rezeptor gebunden wird oder sich deren Zahl erhöht. Die permissive Wirkung von Hormonen (s. 12.2.1.) ist zum Teil auf die Kontrolle der Zahl und Affinität der Rezeptoren durch heterologe Hormone zurückzuführen.

Eine Hyperthyreose steigert beispielsweise die Zahl von β-Rezeptoren am Herzmuskel und senkt die der α-Rezeptoren, so daß gegenüber β-Agonisten eine erhöhte Sensitivität besteht, auf die die Tachykardie bei einer Schilddrüsenüberfunktion zurückzuführen ist. Aber auch Glukagon- und Insulinrezeptoren finden sich im hyperthyreoten Zustand vermehrt, was sehr wahrscheinlich mit den gesteigerten Stoffwechselleistungen der Gewebe im Zusammenhang steht. Von den Östrogenen ist bekannt, daß sie die Affinität der entsprechenden Rezeptoren für Oxytocin und Prolactin erhöhen. Schließlich findet man beim Hypocortisolismus eine

---

[2]) Unter Akromegalie versteht man eine nach Abschluß des Wachstums auftretende Vergrößerung der Hände, Füße, Ohren sowie des Kinns und der Nase, die als Folge einer Überproduktion von STH anzusehen ist.

deutlich gesteigerte Affinität der Rezeptoren zum Insulin. Die pathogenetische Bedeutung dieses Phänomens ist jedoch noch nicht endgültig zu beurteilen.

12.2.4.3. Bindung heterologer Liganden an den Rezeptor

Als heterologe Liganden sind vor allem Antirezeptorantikörper zu betrachten (s. 5.3.1.), deren pathogenetische Bedeutung für den Morbus Basedow, die Myasthenia gravis und den Diabetes mellitus Typ B nachgewiesen werden konnte. Die Besetzung von Zellrezeptoren mit heterologen Liganden führt sowohl zur übermäßigen Aktivierung von Stoffwechselprozessen (Morbus Basedow) als auch zur Hormonresistenz (Diabetes mellitus Typ B), was u. a. von der Art der Antikörper abhängt.

1956 fand Adams im Serum von Patienten mit Morbus Basedow einen als LATS (lon acting thyreoidea stimulator) bezeichneten Faktor, der sich als ein gegen den TSH-Rezeptor gerichteter Antikörper erwies. Mittlerweile sind verschiedene dieser Antikörper aufgefunden worden, die man insgesamt als thyreoideastimulierende Immunoglobuline (TSI) zusammenfaßt. IgG findet man normalerweise an die Plasmamembran von Zellen der Schilddrüse gebunden. Beim Morbus Basedow jedoch verdrängen sie infolge ihrer hohen Affinität das TSH vom Bindungsort. Allerdings sind ausschließlich bivalente Antikörper wirksam, während sich monovalente zwar an die Plasmamembran binden, aber keine Stimulierung der Hormonproduktion verursachen. Die Ursache für die Bildung der Antirezeptorantikörper ist nicht in Veränderungen des TSH-Rezeptors zu suchen, sondern vielmehr in einem Defekt eines Klons von Suppressor-T-Zellen, so daß ein sonst unterdrückter Klon von Helferzellen nach Wechselwirkung mit dem Rezeptor B-Lymphozyten zur Antikörperbildung anregt.

In den letzten Jahren mehren sich die Hinweise, daß auch ein als Spillover bezeichnetes Phänomen pathogenetisch von Bedeutung ist. Hierbei handelt es sich um die Tatsache, daß Rezeptoren durch heterologe Hormone besetzt werden können, so daß im Falle einer Erhöhung ihres Plasmaspiegels trotz normaler Konzentration des homologen Hormons eine Überfunktion resultiert. Molekulare Grundlage dieser Erscheinung ist die Existenz von Hormonfamilien. Auch wenn man im allgemeinen von einer hohen Spezifität der Bindung zwischen Rezeptor und Hormon ausgehen kann, muß man die strukturellen Ähnlichkeiten beispielsweise zwischen den zum Opiomelanocortin gehörenden Hormonen (ACTH und α-MSH) oder zwischen den Steroidhormonen berücksichtigen. Auf Grund der geringeren Affinität der heterologen Hormone können diese erst bei höheren Konzentrationen an den Rezeptor eines strukturverwandten Hormons gebunden werden und unter diesen Bedingungen einen physiologischen Effekt auslösen. Das Spillover-Phänomen wurde u. a. bei Corticosteroiden beobachtet.

12.2.5. Postrezeptordefekte

Alle Störungen, die eine Realisierung der durch den Hormonrezeptorkomplex übertragenen Information beeinträchtigen, werden zu den Postrezeptordefekten gezählt. Bei der rezeptorpositiven Androgenresistenz, die ebenso wie die komplette oder inkomplette testikuläre Feminisierung (s. 12.2.4.1.) zum männlichen Pseudohermaphroditismus führt, sind die Zahl und Affinität der Rezeptoren für die androgenen Steroide unverändert. Die eigentliche Ursache ist jedoch bei dieser Erkrankung unbekannt. Für einige Fälle von Pseudohypoparathyreoidismus kann ebenfalls als sicher gelten, daß Postrezeptorstörungen Ursache der PTH-Resistenz sind. Neben einem hohen PTH-Spiegel findet man, wenn mit PTH stimuliert wird, eine normale cAMP-Bildung in der Niere, nicht dagegen die Phosphaturie oder eine Erhöhung des Calciumspiegels. Nach neueren Erkenntnissen spielen Postrezeptorstörungen auch bei der Pathogenese des Diabetes mellitus Typ II eine Rolle.

12.2.6. Störungen des Abbaues und der Ausscheidung von Hormonen

Da sich die steady state-Konzentration eines Hormons aus dem Gleichgewicht zwischen Synthese und Abbau ergibt, müssen auch Störungen des Katabolismus als mögliche Ursachen endokriner Erkrankungen in Erwägung gezogen werden. In diesem Zusammenhang spielt die Leber eine besondere Rolle, da sie auf Grund ihrer Enzymausstattung die Biotransformation von Hormonen bewirkt. Dies gilt beispielsweise für die Steroidhormone, die in der Leber durch die Phase I- und Phase II-Reaktion zu Metaboliten umgewandelt und über die Niere und die Gallenflüssigkeit ausgeschieden werden. Chronische Lebererkrankungen, besonders die Lebercirrhose, führen zur verminderten Kapazität hinsichtlich des Steroidabbaues. Die beim männlichen Lebercirrhotiker auftretende Feminisierung ist jedoch nicht ausschließlich die Folge des verminderten Östrogenabbaues, vielmehr wird auch der infolge Hodenatrophie auftretende hypergonadotrope Hypogonadismus für eine verstärkte 17-β-Östradiolbildung verantwortlich gemacht. Auch für den sehr häufig bei Cirrhotikern zu beobachtenden Hyperaldosteronismus ist nicht der verzögerte Abbau des Aldosterons der entscheidende Faktor.

Nierenfunktionsstörungen können gleichfalls Veränderungen

in der Hormonausscheidung bedingen, indem entweder bei Tubulopathien bzw. beim nephrotischen Syndrom eine verstärkte Elimination erfolgt oder bei chronisch entzündlichen Erkrankungen eine Einschränkung der glomerulären Filtrationsrate mit einer verminderten Abgabe einhergeht. Endokrine Störungen werden sich jedoch erst in dem Moment einstellen, wenn die Rückkopplungsmechanismen, die für einen konstanten Plasmaspiegel an freiem Hormon sorgen, nicht mehr funktionieren bzw. die Syntheseleistung der endokrinen Drüse überfordert wird.

12.3. Störungen der neuralen Steuer- und Kontrollmechanismen

12.3.1. Die verschiedenen Funktionsebenen und Grundtypen der Störungen

Beim Übergang zu den Vertebraten wird die vordergründig metamere bzw. segementale Funktionsstruktur des Nervensystems zugunsten einer zentralen Repräsentation nach Funktions- und weniger topologischen Einheiten (W. R. Hess) im Gehirn zurückgedrängt (*Enzephalisation*). Diese stärkere funktionelle Strukturiertheit (s. 1.1.2.) wird noch bei höheren Wirbeltieren, besonders den Primaten, durch die Übernahme vegetativer und sensomotorischer Koordinationen auf Vorderhirnebene gesteigert (*Kortikalisation der Funktionen*). Die nach peripher zunehmend „automatische“ Funktion der subalternen Ebene wird durch die jeweils höhere (mit größerer topischer und funktioneller Reichweite) stärker modifiziert (s. 12.3.3.). Diese Hierarchie ist nicht das Resultat linear-segmentaler, sondern komplexer phylogenetischer und ontogenetischer Prozesse mit entsprechenden biopathologischen Konsequenzen (s. 7.1.5.).

Aus diesem hierarchischen Aufbau leiten sich Charakteristika von Störungen nervaler Regulation bei höheren Tieren und beim Menschen ab. Subalterne, für sich intakte Ebenen sind zeitweise und schließlich permanent durch übergeordnete zu stören, z. B. im Sinne abnormer bzw. pathologischer Führungsgrößenvorgaben (s. 12.3.4.). Andererseits ist ein Ausfall basaler Ebenen, wie z. B. der lokalen, gleichbedeutend mit dem Verlust aller Steuer- und Kontrollmöglichkeiten trotz ansonsten intakter vegetativer und motorischer Hierarchie, da die funktionelle Endstrecke fehlt (s. 12.3.2.). Die Organisation des Neurovegetativums, wie z. T. in gut abgrenzbaren Regelkreisen auf mittlerem Niveau autonomer

Funktion nach W. R. HESS, auch die der neuromuskulären Regulation (s. 12.3.3.), bedingen eine spezifische Störungsdynamik. So entstehen dynamische Instabilitäten bei Übererregung (Oszillieren homöostatischer Parameter besonders bei kritischen Belastungsmustern, s. 12.3.4.). Die vertikale neurovegetative Struktur mit ergotropen bzw. sympathischen und trophotropen bzw. parasympathischen Abschnitten bewirkt meistens einen funktionellen Synergismus (KOLLAI und KOIZUMI).

So ist für eine effektive kardiale hämodynamische Pumpfunktion in ergotrop-sympathischer Einstellung auch eine begrenzende Optimierung der Herzfrequenz durch zusätzliche vagale Efferenzen beobachtet worden. Dadurch wird die Wirkung der inotropen Kontraktilitätssteigerung nicht durch mangelnde diastolische Füllung infolge kritischer Herzfrequenzsteigerung begrenzt.

Besonders durch koordinative zerebrale Leistungen in Abstimmung mit dem hormonellen System werden derartige Leistungen erreicht (s. 12.3.5.). Dieses Zusammenwirken kann pathologisch „dissoziieren“ (s. 12.3.5., „vagovasale“ Synkopen).

12.3.2. Störungen auf lokaler Ebene

Wesentliche Störungen am Einzelorgan (Abb. 12.5.) sind morphologische Ausfälle besonders vagaler Ganglienzellschichten (Plexus myentericus) in Hohlorganen mit motorischer Transportfunktion, wie am Oesophagus bei der Kardiaachalasie (Kardiospasmus), am Kolon bei der Hirschsprung'schen Krankheit und an den Ureteren. Die Ursachen reichen von angeborenen Atresien bis zu metabolisch bedingten Ganglienzelluntergängen. Bei deutlichen Ausfällen resultiert letzlich eine enorme Erweiterung des Abschnitts vor dem ganglienzellatretischen Anteil (Megaoccophagus, Megacolon, Megaureter).

Der pathogenetische Kernmechanismus ist nach neueren Untersuchungen sehr wahrscheinlich der Ausfall der Erschlaffungswelle distal von dem sich gerade kontrahierenden Muskelring (Abb. 12.5.), der den Hohlrauminhalt vorwärtsschiebt. Ursache hierfür ist die fehlende neurale Inhibition im ganglienzellosen Muskelabschnitt. Normalerweise wird dieser z. B. über inhibitorische Interneurone um so stärker motorisch gehemmt, je stärker die Exzitation der Neurone in dem sich aktuell kontrahierenden Muskelring ist. Die fehlende Hemmung und zusätzlich wahrscheinlich der erhöhte Tonus der „denervierten“ Muskelabschnitte (Denervierungssensibilität) auf mechanische Reize verursachen eine Verengung vor dem Hohlrauminhalt, die durch erhöhte Muskelaktivität proximaler Abschnitte

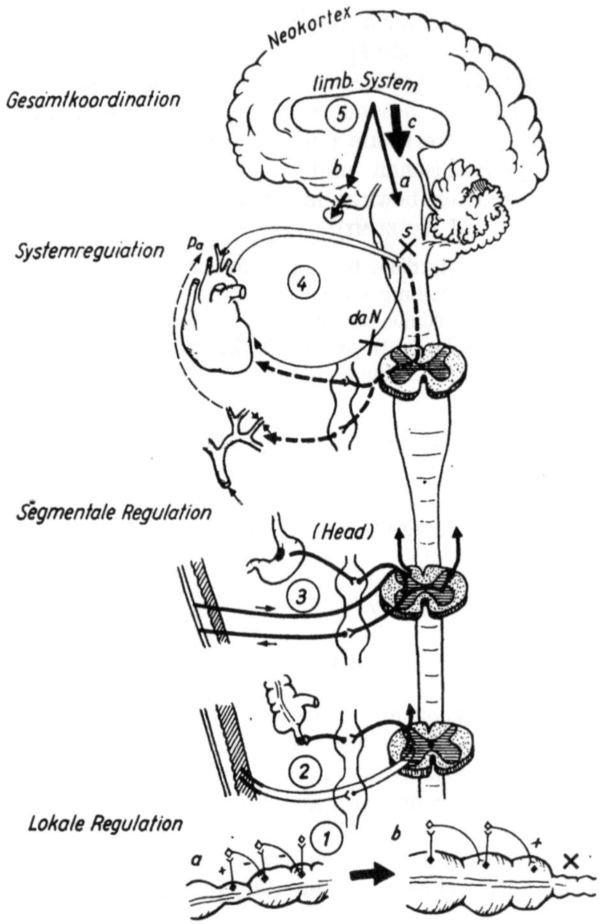

Abb. 12.5. Grundtypen neurovegetativer Regulationsstörungen (1a = normale nervöse Koordination der Dickdarmperistaltik (+ erregte Ganglienzelle, — Hemmkollateralen) 1b = Megakolon (X — nicht erschlaffungsfähiger Abschnitt mit mangelhafter Ganglienzellversorgung), 2 — viszeromotorischer Reflex, 3 — viszerokutaner Prozeß bei Magenulkus, 4 — Blutdruckregelung (p_a: Regelgröße arterieller Blutdruck, 5 — Stammhirnprozeß, da N: diabetische autonome Neuropathie; durchgezogen: vagale, gestrichelt: sympathische Übertragung); 5 — nervöse Sollwertvorgabe für (a) vegetative und (b) hormonelle Regelkreise, c — abnorme vegetative Stimulierung; nach Tiedt/Zwiener, s. d.).

überwunden werden muß. Schließlich dekompensiert die überlastete Muskulatur mit der Folge beträchtlicher Hohlraumerweiterungen.

Dieser pathogenetische Grundprozeß ist bei den einzelnen Erkrankungen wahrscheinlich noch mit weiteren lokalen (z. B. Gastrinüberempfindlichkeit der Muskulatur) und allgemeinen pathogenetischen Komponenten (vegetative Tonuslage) verknüpft oder wird durch diese modifiziert.

Auch sekretorische Leistungen können durch morphologische Schädigungen von zugehörigen Ganglienzellgruppen reduziert werden oder ausfallen, wie die Tränen- und Speichelsekretion. Viszero-viszerale Reflexe (zwischen Bauchorganen) sind häufig krankhaft aktiviert. Es treten z. B. nach Nahrungsaufnahme Diarrhoen auf (hyperexzitatorischer gastrokolischer Reflex), wie durch abnorme psychische Aktivierung zu provozieren.

Derart und auch auf intersegmentaler Ebene (s. 12.3.3.) wirken Eingeweidereflexe zwischen Herz, Gallenblase, ableitenden Harnwegen u. a. So werden z. B. beim Herzinfarkt schwere Gallenblasendyskinesien, durch letztere Ureterkoliken usw. ausgelöst.

12.3.3. Reaktionen und Störungen auf segmentaler und intersegmentaler Ebene

Grundlage für die segmentale Koordination sind vielfältige spinale vegetative und motorische Reflexbögen und ihre Interaktionen (Abb. 12.5.). Bei den häufigen exzitatorischen Störungen werden einzelne Komponenten vegetativer und vegetativ-motorischer Abläufe stark provoziert und damit zum Indikator des auslösenden Primärprozesses. So treten bei krankhaften Prozessen im Bauchraum (Appendizitis, besonders bei Peritonitis, fast immer beim „akuten Bauch“) **supernormale viszeromotorische Reflexe** auf (Abb. 12.5.), bei denen Schmerzafferenzen aus den Eingeweiden in gleichen Segmenten spinal die α-Motoneurone der Bauchdeckenmuskulatur permanent erregen. Damit wird eine Abwehrspannung (defénse musculaire) ausgelöst, die auch auf der Höhe der Extremitätensegmente bei lokalen schmerzhaften Prozessen in „Schonhaltungen“ mit erhöhtem Muskeltonus sichtbar wird. Hierbei werden auch **übermäßige viszero-kutane Reflexe** ausgelöst, z. B. starke vasomotorische u. a. Reaktionen. Identische segmentale und/oder supraspinale Projektionen derartiger Eingeweide- und Hautafferenzen des gleichen Segments verhindern oft deren bewußte Unterscheidung. So werden korrespondierende Hautpartien überempfindlich bzw. schmerzhaft (**Headsche Zonen**).

Diese dienen bis zum gewissen Grade einer topischen Diagnostik in der Humanmedizin.

Besonders einschneidend wirken sich morphologische Schäden in den lumbosakralen Reflexbögen der Blasen- und Mastdarmentleerung aus. Wird bei einer spinalen Schädigung der gesamte Rückenmarkquerschnitt betroffen (**Querschnittssyndrom**), resultiert unmittelbar danach ein vollständiger Ausfall aller neuraler Funktionen unterhalb dieses „Querschnitts" (**spinaler Schock**) Das ist vor allem auf den ausfallenden Erregungshintergrund für die segmentalen Reflexe zurückzuführen, der ständig durch das Gros absteigender Bahnen geliefert wird. Je nach phylogenetischer Höhe (Enzephalisation und Kortikalisation, s. 12.3.1.) ist das Rückenmark mehr oder weniger schnell in der Lage, durch intraspinale Umorganisation einen ausreichenden Erregungshintergrund aufzubauen. Dies dauert beim Frosch Minuten, bei der Katze Stunden, beim Affen Tage und beim Menschen Wochen. Zwar werden die nicht unmittelbar geschädigten Segmente unterhalb des Querschnitts wieder funktionell aktiv, jedoch bleiben Blasen- und Mastdarmfunktion auch weiterhin nicht willkürlich kontrollierbar, und ab einem bestimmten Füllungsdruck (Reiz) leert sich die Blase reflektorisch (Reflex- oder Automatenblase).

Die motorische Halte- und Bewegungsregulation wird dabei analog verändert, wie der Eigenreflex sowohl phasischer als auch tonischer Art (über phasische und tonische α-Motoneurone, Erregung über Muskelspindel und γ-Afferenz, Abb. 12.5.). Trotz morphologisch intakter segmentaler Reflexkette (umschriebene Läsionsstelle ausgenommen) erlöschen die Reflexe wegen des fehlenden supraspinal vermittelten Erregungshintergrundes. Bei Primaten ist der Ausfall der Pyramidenbahn für die Schockauslösung entscheidend, da diese α- und γ-Motoneurone bahnt (Abb. 12.5.) weniger die Interneurone. Bei Karnivoren werden entscheidende exzitatorische Effekte aber über vestibulo- und retikulospinale Bahnen auf spinale Interneurone vermittelt. Schon isolierte Durchtrennung dieser Bahnen löst hier spinalen Schock aus, dagegen bei Primaten erst zusätzliche Pyramidenbahndurchtrennung.

Nach dem völligen Funktionsverlust stellt sich überwiegend wieder der *Beugertonus* bis zu supernormalen Graden ein. Das erklärt sich aus der stärker segmental und intersegmental organisierten Bahnung der Beugermotoneurone (im Gegensatz zu jener der Strecker, s. 12.3.4.). Zumindest die parallele *Überaktivierung der Beugereflexe* hat noch weitere Ursachen, wie nach neuropathologischen Studien das sog. „Sprouting“ (7.2.) segmental-spinaler Nervenfasern. Es resultieren Massenreflexe der Beuger nach sensiblen, z. B. kutanen Reizungen.

12.3.4. Störungen auf Stammhirnebene

Durch die Zusammenfassung vitaler Regulationen (Herzkreislauffunktionen, Atmung) in systematischen Regelungen auf medullärem Niveau (Abb. 12.5.) werden **vegetative Systemregulation und Gesamtkoordination** im Sinne der phylogenetisch gewachsenen Erfordernisse optimiert. Gleichzeitig wird der Gesamtorganismus aber gegenüber Schäden dieser medullären Regler vital anfällig: Schon teilweiser Ausfall (Ischämie, Hypoxie, Blutungen, Tumoren, Hirnödemdruck; Abb. 12.5.) führt zu metabolisch-hämodynamisch desolater Lage und oft zum Tod. Hier ist das Ausmaß des Circulus vitiosus zwischen reduzierter medullärer Regulationsleistung und deren Rückwirkung (pO_2, pCO_2, Hämodynamik) auf die neuronalen Reglerstrukturen wesentlich (s. 7.1.5.; 9.1.6.). Eine charakteristische homöostatische Instabilität wird bei der CHEYNE-STOKES'schen Atmung erreicht (9.1.6.).

Neuere tierexperimentelle Resultate an Nagern und Karnivoren (HILTON, KORNER) deckten bei krankhaften Belastungen (Hypoxie u. a.) auch entscheidende dienzephale Rückkopplungen zumindest der Blutdruckhomöostase auf. Danach sind supramedullär nicht nur Führungsgrößenvorgaben und Regelkennwerteinstellungen für die bulbären Zentren, sondern parallele stabilisierende Rückkopplungen im Sinne vermaschter Regelkreise möglich.

Auch Störungen an weiteren Übertragungsgliedern dieser Regelkreise verursachen *schwere vegetative Dyregulationen*, besonders bei morphologischen Schädigungen afferenter und efferenter Nerven, wie etwa bei der häufigen diabetischen autonomen Neuropathie (Abb. 12.3.1. z. B. mit orthostatischen Hypotonien, Oesophagusdysphagien). Diese kann z. T. auch auf lokaler und segmentaler Ebene (z. B. Miktionsstörungen) zu vegetativen Regulationsstörungen führen. Auch hinsichtlich der Auswirkung supramedullärer Reize und Schäden haben diese vegetativen Systemregelungen eine Schlüsselstellung, da über sie die ersteren hauptsächlich wirksam werden (s. 12.1.). So führen dienzephale organische Prozesse, auch übermäßige psychonervale Erregungssteigerungen, zur instabilen Reglerdynamik (Ausbrechen aus der Homöostase, wie der des Blutdrucks mit Oszillieren der Stell- und Regelgrößen).

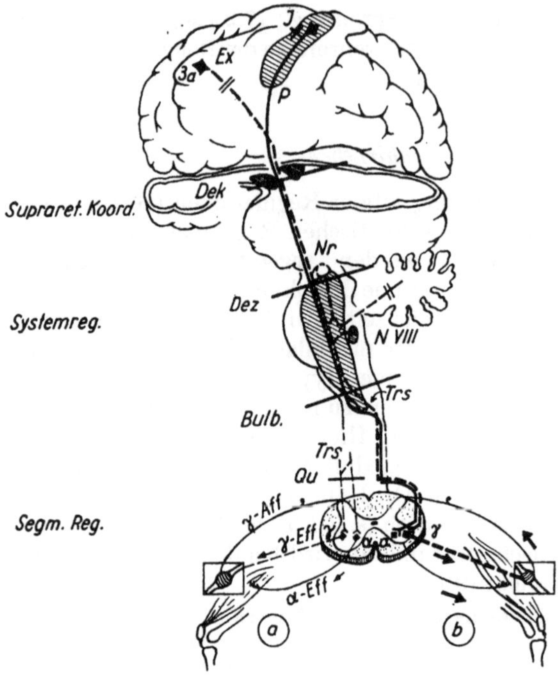

Abb. 12.6. Grundtypen motorischer Regulationsstörungen (Segmentale Regulation (Segm. Reg.): a = segmentale Dynamik (Eff. = Efferenz, Aff. = Afferenz, Inset im Muskel: Muskelspindel, α = α-Motoneuron, Blockierung des Tractus reticulospinalis (Trs), der Pyramidenbahn (P) u. a. b = gleiche Strukturen bei Enthemmung der zerebro-spinalen α-γ-Efferenz (Trs) mit Spastik.
Systemregulation: Bulb. = Bulbärhirnsyndrom, N VIII: Nuclei vestibulares, Dez. = Dezerebrierungsstarre
Supraretikuläre Koordination (Supraret. Koord.): Dek. = Dekortizierungsstarre; Nr. :Nucl. ruber; Ex: überwiegend inhibitorische extrapyramidale Bahnen zur retikulo-spinalen γ-Efferenz, wie von Area 3a; I: ischämischer Ausfall der Pyramidenzellen.)

Innerhalb der **motorischen Regulation** wirkt die Stammhirnebene ebenfalls als systematischer Integrator (Haltungs- und Stellreflexe, Muskeltonus u. a.), wobei das Vorderhirn aber bei höheren Säugern wesentliche Funktionen übernimmt (s. 12.3.1.). Für die *krankhafte Regulation des Muskeltonus* sind bei den Säugetieren pathologisch enthemmte exzitatorische Zuflüsse vom Stammhirn, besonders über die (spinalen) Interneurone zu den α- und γ-Motoneuronen und direkt zu diesen wirksam. Dadurch werden α-Motoneurone pathologisch gebahnt und Teile der Muskelspindeln kontrahiert (Abb. 12.6.) und deren rezeptive Bereiche insgesamt wesentlich empfindlicher auf muskuläre Dehnungsreize, da sie als Dehnungsrezeptoren parallel mit der Arbeitsmuskulatur liegend jetzt schon bei geringeren Längenänderungen des Muskels reagieren. Fällt die permanente supraretikuläre Kontrolle des lateralen Teils der absteigenden Formatio reticularis und der unten erwähnten vestibulo-spinalen Zuflüsse aus (Abb. 12.6.), wird diese exzitatorische α- und γ-Efferenz (Streckerbahnung) pathologisch enthemmt. Es resultiert neben einer krankhaft erhöhten Eigenreflextätigkeit (enthemmter phasischer Eigenreflex) ein krankhaft erhöhter Muskeltonus (enthemmter tonischer Eigenreflex = *Spastizität,* Abb. 12.6.). Dabei ergeben sich biopathologische Parallelen zum oben zitierten Homöostaseverlust in vegetativen Systemen. So verursacht die Übererregung des segmentalen Regelkreises über diese Streckerbahnung (Abb. 12.3.2.) oft eine oszillierende Stellgliedreaktion (*Klonus* = schneller Wechsel zwischen Muskelkontraktion und -erschlaffung). Tatsächlich konnte neuerdings durch Registrierung der Spindelafferenzen und des Ausgangs der α-Motoneuronen im Klonus des spastischen Patienten (Hagbarth) die Übererregung des Regelkreises der Muskelhaltung selbst als Ursache der Oszillationen bewiesen werden.

Das morphologische Substrat der supraretikulären, vorwiegend inhibitorischen Kontrolle dieser bahnenden retikulospinalen α- und γ-Efferenz sind vor allem extrapyramidal-neokartikale Vorderhirnabschnitte (Area 3a, wahrscheinlich auch Stammganglienanteile, Abb. 12.6.). Daneben sind auch neozerebellare Abschnitte (besonders der Lobus anterior) mit vorwiegender Inhibition auf vestibulo-(retikulo)-spinale α- und γ-Efferenzen wirksam. Diese funktionelle Organisation erhellt aus Ausschalteexperimenten an Primaten (Wiesendanger).

Die vestibulo-(retikulo)-spinale α-Motoneuronenbahnung dient vor allem der Auslösung von Halte- und Stellreflexen der aktiven Orientierung im Raum. Fallen beide inhibitorischen Kontrollen aus (Abb. 12.3.2.), entsteht eine besonders ausgeprägte Muskeltonussteigerung und Enthemmung der Eigenreflexe. Da die Extensoren wesentlich stärker durch die retikulospinale α- und γ-Efferenz gebahnt werden (Antigravitation), die Beuger dagegen ihre bahnenden Zuflüsse stärker von spinal-segmentaler Ebene erhalten (s. 12.3.3.), resultieren starre Körperhaltungen in Streckstellung aller vier Extremitäten (= Streckerstarre). Da dabei meist größere Hirnabschnitte ausgefallen sind, spricht man hier auch von *Enthirnungs- oder Dezerebrierungsstarre* (Abb. 12.6.). In der Humanmedizin ist dieser Status Bestandteil des (ausgeprägten) Mittelhirnsyndroms. Daß tatsächlich die intakten kaudalen Anteile der Formatio reticularis die entscheidenden Bahner der α- und γ-Aktivität sind, ist bei deren zusätzlichem Ausfall zu sehen. Dann wird die Muskulatur größtenteils hypoton (Bulbärhirnsyndrom, Abb. 12.6.).

Bei isoliertem Ausfall der zerebellaren Inhibition der Streckerbahnung werden nach neueren Resultaten besonders α-Motoneurone übermäßig tonisch erregt. Die Spastik bleibt dann auch bei Ausschaltung der γ-Afferenz (von den Muskelspindeln) bestehen. Deshalb spricht man hier jetzt auch von α-Spastik.

Werden nur Teile der inhibitorisch wirksamen Vorderhirnabschnitte ausgeschaltet, so resultiert nur eine starke Streckertonuszunahme der unteren Extremitäten mit entsprechender Hyperreflexie. Die oberen Extremitäten verharren in leichter Beugehaltung mit ebenfalls erhöhtem Muskeltonus (*Entrindungs- oder Dekortizierungsstarre*, Abb. 12.6.).

Man nimmt hier eine Beugerbahnung über den unversehrten, noch vollständig mit der retikulären Formation verbundenen Nucleus ruber an. Dieser könnte dann seinerseits auch weniger kortikal gehemmt sein, da Reizung des Nucleus ruber im Tierexperiment gleiche Auswirkungen hat.

Diese pathogenetischen Strukturen sind nicht nur bei Primaten klinisch zu beobachten und tierexperimentell reproduzierbar, sondern auch bei Karnivoren und Nagern durch entsprechende Ausschaltexperimente zu sehen. Somit haben die wesentlichen Gruppen der Mammalier eine deutliche Ähnlichkeit im Grundmuster motorischer Stammhirnstörungen.

Diese Mechanismen sind modellhaft im Sinne der eingangs zitierten Diaschisis (v. MONAKOW, 12.1.). Beim Primaten ist dabei graduelle Lähmung (Parese) besonders der Feinmotorik (Pyramidenbahnausfall) mit Spastik (Ausfall nichtpyramidaler kortikaler Bahnen der Hemmung der Streckerbahnung) verbunden (*Pyramidenbahnsyndrom*), da beide Bahnsysteme wegen ihrer engen Nachbarschaft fast immer gemeinsam betroffen sind.

Die funktionelle Biopathologie des Stammhirns ergibt sich erst aus der Integration im zerebrospinalen Gesamtverband, weshalb hier schon die Wirkung von Vorderhirnschäden zu erörtern war.

Das gilt auch für die Regulation retikulokortikaler Gesamtaktivität im Sinne der **Bewußtseinslage (Vigilanz)**, deren Aktivierung (Arousal reaction) und des **Schlaf-Wach-Zyklus**.

Hierbei wird die wesentliche Rolle der (aufsteigenden) Formatio reticularis an umschriebenen Schäden (Tumor, Traumen u. a.) in medialen mesenzephalen Retikularisstrukturen mit völligen Bewußtseinsverlust offensichtlich.

Dem entsprach tierexperimentell der interkollikuläre Schnitt (cerveaux isolé, BREMER), ebenfalls mit sofortigem Bewußtseinsverlust. Hierbei werden aufsteigende retikulokortikale Bahnabschnitte mit Schlüsselfunktion im Arousal-System getroffen, wie etwa paramediane mesenzephale Anteile. Dagegen führt der Ausfall von Rindenanteilen entsprechender Ausdehnung nicht zum völligen Zusammenbruch dieser retikulokortikalen Funktionen, sondern nur der differenzierten qualitativen Ausgestaltung psychischer Zuwendung (qualitativer Bewußtseinsstörung, z. B. teilweise beim apallischen Syndrom[3])).

In jüngster Zeit wurden Zweifel an einer derart einfachen Konzeption geäußert, zumal bei einem Teil der Tiere Bewußtseinsfunktionen wiederkehrten. Jedoch ist die Beteiligung des aufsteigenden retikulären Systems als eine der wesentlichen Strukturen der Vigilanzkontrolle sicher.

Die funktionelle Struktur für den Schlaf-Wachrhythmus ist im Detail noch unklar. Dessen starke Beeinflussung über limbische Strukturen ist die Grundlage für die häufigsten **Schlafstörungen**: Starke und anhaltende emotionelle Bewegungen, wie bei biosozial bedeutsamen Konflikten, verhindern über limbisch-retikuläre Afferenzen die „Umschaltung" retikulokortikaler Aktivität auf den Schlaf. Letzterer ist nach neueren Resultaten eine aktive neuronale Leistung, keine alleinige Reduktion afferenter retikulokortikaler Erregung. Ob damit schlafähnliche Zustände mit Bewußtseinsverlust bei schweren morphologischen Schäden im Zwischenhirn (Tumoren, Blutungen u. a.) zu vergleichen sind, ist zu bezweifeln. Hier, wie auch bei den genannten mesenzephalen Störungen im Arousal-System, sind irreversible Ausfälle innerhalb der Schlaf-Wach-Regulation sicher.

Neuere Ergebnisse sprechen für ein Entstehen des Schlaf-Wach-Rhythmus durch reziproke Interaktion zwischen Kerngruppen des Stammhirns (gigantozelluläre mesenzephale Formatio reticularis, Locus coeruleus, Raphekerne), ohne daß die kausale Stellung dieser Abläufe gesichert ist (HOBSON, Mc CARLEY, VIVALDI).

---

[3]) α-priv.-nicht, pallium — Mantel

12.3.5. Störungen auf Vorderhirnebene

Die vegetative Gesamtkoordination (vor allem über den Hypothalamus), die Integration emotionell-neurovegetativ-hormonaler Funktionen (limbisches System und Hypophyse) und die Koaktivierung motorischer und vegetativer Leistungen zu komplexen organismischen Reaktionsmustern (Neokortex u. a.) sind besonders beim Menschen Regulationsleistungen des Vorderhirns, aus denen sich folgende wesentliche biopathologische Reaktionen ergeben. Über den Hypothalamus wird das Regulationsniveau für medulläre (arterieller Blutdruck, Atmungsregulation) und dienzephale Regelungen (z. B. Kerntemperatur u. a.) in Verbindung mit dem limbischen System parallel vorgegeben (Sollwerte für alle genannten homöostatischen Größen). Dieser hypothalamischen Funktion paralleler Sollwertvorgaben u. a. im Sinne komplexer vegetativer Koordinierung (Ergotropie, Trophotropie nach W. R. Hess) entsprechen im Krankheitszustand *instabile Homöostasesituationen* bei Reizen und Ausfällen durch Tumordruck, Entzündungen u. a., gleichfalls meist in mehreren vegetativen Systemen wirkend.

Diese integrierende vegetative Endstrecke wird bei **übermäßigen psychonervalen Erregungen** über den limbischen Kortex krankhaft aktiviert, wie oft bei Neurosen und psychischen Überlastungen. Die phylogenetisch entwickelte, für die biologische Reaktion des Tieres (Angriff, Verteidigung) vital nützliche vegetative Aktivierungsreaktion wird dabei durch supernormale Erregungsmuster übersteuert und führt zu homöostasegefährdenden vegetativen Einstellungen (Abb. 12.6.; 5a). Parallel gehen motorische Aktivitätssteigerungen, wie über eine physiologische retikulospinale γ-Aktivierung (s. 12.3.4.) Neben extremen ergotrop-sympathikotonen Aktivierungen mit enormer Blutdruck-, Herzfrequenz- und Atemvolumensteigerung können auch plötzliche „Kippschwingungen“ zur trophotrop-parasympathischen Seite mit akuten Blutdruck- und Herzfrequenzsenkungen bis zur Ohnmacht auftreten (beim Tier als Teil des sog. Totstellreflexes, beim Menschen als sog. vagovasale[4]) Synkope). Ähnliche chronische Prozesse sympathischer oder parasympathischer Übererregung interferieren bei einer Reihe humanpathologisch sehr wesentlicher Erkrankungen (essentielle Hypertonie, ischämische Herzkrankheit, Gastroduodenalulkus u. a., s. a. 11.3.3) mit orga-

---

[4]) weil ursprünglich nur als vagaler Gefäßeffekt gedeutet.

nischen Störungen und sind dann in deren komplexer Ätiopathogenese nicht mehr isolierbar.

Parallel zu diesen emotionell-vegetativen können so auch *hormonelle Veränderungen* mit Krankheitswert provoziert werden (Abb. 12.6.; 5b). Derartige Mechanismen werden in der sog. Stressreaktion besonders anschaulich, unter der ursprünglich eindeutige Aktivierungen der Nebennierenrinden-Tätigkeit mit Glukokortikoidausschüttungen über eine hypothalamohypophysäre Vermittlung nach starker psychischer und/oder physischer Belastung verstanden wurden (SELYE)[5]).

Die initiale Reaktion sind starke Aktivierungen in limbischen Kerngebieten (z. B. im Nucleus amygdalae) und hierdurch über direkte Verbindungen zu hypothalamischen Regionen der Produktion des Kortikotropin-Releasing-Hormons (Eminentia media) u. a. die Freisetzerstimulierung.

Vom Nucleus amygdalae gehen dabei mehr fördernde, vom Hippokampus mehr hemmende Impulse aus. Das ist tierexperimentell auch für die Steuerung gonadotroper Releaser-Aktivität nachgewiesen worden, wie z. B. jener für das luteinisierende Hormon (LH). Durch Elektroreizung des Nucleus amygdalae läßt sich nach neueren Ergebnissen einerseits die FRH-Abgabe aus der Eminentia media sehr verstärken, durch β-Endorphine bei intaktem Mandelkern dagegen hemmen. Andererseits sind bei längerer schwerer seelischer Überlastung limbische Aktivitätsmuster permanent und dadurch die gonadotrope Achse besonders betroffen (z. B. psychische, auch Gefangenenamenorrhoe u. a.).

Andere Ebenen der Verflechtung zwischen Nervensystem und Endokrinium werden durch den Doppelcharakter vieler Stoffe als Hormone und Transmitter bzw. Neuromodulatoren gebildet (s. 12.2.1.). Das betrifft auch die vielfältigen Wirkungen strukturell ähnlicher, im Intermediärstoffwechsel ineinander übergehender Verbindungen (s. 12.2.1.).

Dabei sind neuro-hormonale Wechselwirkungen in bestimmten Entwicklungsphasen besonders wichtig, wie zur neuronalen Reifung die Einwirkung von Schilddrüsenhormonen; bei angeborenen Fehlern kommt es zum Kretinismus. Ähnlich wird das männlich determinierte hypothalamische Sexualzentrum nur unter Einwirkung männlicher Geschlechtshormone in der frühen Ontogenese geprägt. Feedbacks zwischen zerebral erzeugten Hormonen, Transmittern und Peptiden und neuronaler Aktivität sind ein neuerdings stärker erkanntes generelles Regulationsprinzip.

Störungen der **Stoffwechselregulation** sind von derartigen

[5]) Später wurde der Stress-Begriff unkritisch generalisiert und für verschiedenste Belastungen gebraucht.

pathologischen neuroendokrinen Steuerungen bei limbisch-hypothalamischen Alterationen oft nicht zu trennen. Die Steuerung von Grundmotivationen (Nahrungs-, Sexual- und Selbsterhaltungstrieb) ist damit eng verbunden. Hier fungiert — cum grano salis — der Hypothalamus selbst als Regler („Appestat", „Osmostat" usw.). So tritt etwa bei organischen hypothalamischen Störungen auch beim Menschen Fettsucht zusammen mit generativen Minderleistungen auf (z. B. Dystrophia adiposogenitalis), und Mammalier können durch fortlaufende Elektrostimulation des „Hungerzentrums" (Area hypothalamica lateralis) zur Aufnahme extremer Nahrungsmengen, bei Reizung des „Sättigungszentrums" Nucl. ventromedialis hypothalami) zu längerer, oft tödlicher Nahrungsverweigerung „gezwungen" werden. Interessante Beziehungen zur Humanpathologie werden hier über psychogene Störungen hergestellt, wie etwa bei der Anorexia nervosa[6]) oder der psychogenen Polydipsie[7]). Hier ist aber eher mit Vorgaben pathologischer Führungsgrößen von limbisch-kortikaler Ebene an diese hypothalamischen homöostatischen Regler zu rechnen bei primären psychopathologischen Veränderungen (s. 12.3.6.). Eine unmittelbare Reglerstörung ist dagegen der Diabetes insipidus centralis (s. 12.2.). Auch bei einem Teil endogener Psychosen (s. 12.3.6.), wie etwa den katatonen Schizophrenien, sind mitunter schwere vegetative Regulationsstörungen lebensbedrohlich, wie solche der Temperaturregulation mit extremer Hyperthermie bei der perniziösen Katatonie (STAUDTER).

Die **sensomotorische Steuerung und Kontrolle** wird durch die Differenzierung des pyramidalen Systems bei den Primaten entscheidend erweitert und verändert. Statt der Dominanz reflektorischer Ebenen mit schnellen Zugriffszeiten bei niederen Säugern überwiegt jetzt mit der monosynaptischen[8]) Pyramidenbahn eine schnelle willkürliche Kontrolle der Motorik. Dabei sind ständig Feinkorrekturen differenzierter Bewegungsmuster (z. B. der Finger) durch sensible Reafferenzen in Größenordnungen $< 0{,}1$ s sicher (Abb. 12.6.). Störungen auf dieser Ebene (Prototyp: Ischämien des sensomotorischen Kortex, Abb. 12.3.2.) wirken sich besonders gravierend auf das Repertoire derartiger komplexer Bewegungsmuster aus, obwohl in der Folge die bis dahin

[6]) α-priv.-nicht, orexis-Wunsch;
etwa: nervös verursachte Nahrungsverweigerung.

[7]) dipsa-Durst

[8]) von spinalen Interneuronen bei der Projektion auf das α-Motoneuron abgesehen.

überlagerten subalternen Strukturen Ersatzfunktionen ausbilden. Diese sind aber wesentlich undifferenzierter und langsamer, wie Ausschaltexperimente am Affen (WIESENDANGER) und Verlaufskontrollen bei *isolierten kortikalen Pyramidenbahnausfällen* des Menschen zeigten. Den primären und sekundären sensomotorischen Zentren des Neokortex sind beim Menschen Neuronenaggregate mit Schlüsselstellung in den höheren motorischen Handlungsentwürfen und deren Koordinierung übergeordnet, wie der Sprache u. a. komplexer Aktionsfolgen.

Der Ausfall in umschriebenen Rindenregionen bedeutet z. B. beim Menschen den Verlust motorischer Sprachäußerung (motorische Aphasie, Ausfall von Teilen der unteren Stirnwindung) oder der koordinierten gezielten Willküraktion (Apraxie, sekundärer motorischer Kortex u. a.). Schon für den Handlungs- und Sprachentwurf sind sensorische Muster notwendig, und auch ihr Ausfall hat ähnliche Folgen (sensorische Aphasie bei Ausfall von Teilen der oberen Schläfenwindung).

Die Biopathologie von Vorderhirnstrukturen, die unter dem Begriff des **extrapyramidalen Systems** subsummiert werden, kann hier nur gestreift werden. Bei ihrer Schädigung wird das Ausmaß der unwillkürlichen Bewegungen verändert, so erhöht bei striatalen Schäden (choreatisches Syndrom) und verringert bei Degeneration dopaminerger Abschnitte von Substantia nigra und Striatum (PARKINSON-Syndrom). Daneben wird der Muskeltonus vor allem über Veränderungen der Efferenzen zu den spinalen α-Motoneuronen alteriert (Muskelhypotonie beim choreatischen, Rigor[9]) beim PARKINSON-Syndrom). Das **Kleinhirn** ist zwar morphologisch nicht dem Vorderhirn zuzurechnen, in seiner Funktion und Biopathologie bei höheren Wirbeltieren aber nur in diesem Zusammenhang ganz verständlich. Es modifiziert und kontrolliert quasi im Nebenschluß die motorischen Efferenzen und stimmt diese auch mit vestibulären Aktivitäten ab. So resultieren bei Schädigungen ein falsches Bewegungsausmaß (Dysmetrie), eine gestörte Bewegungsfolge (Dysdiadochokinese), insgesamt ein gestörtes Bewegungsmuster (Kleinhirnataxie) und auch Gleichgewichtsstörungen.

---

[9]) lat. rigidus — steif

12.3.6. Nervöse Störungen in den Organismus-Umwelt-Regulationen und -beziehungen

Diese, vor allem durch Psychopathologie und Soziopathologie beschriebene Ebene der Erkrankungen (s. 1.3.) kann hier nur hinsichtlich biopathologischer Aspekte berücksichtigt werden. Die pathogenetische Rolle von beeinträchtigten Wechselwirkungen zwischen Organismus und Umwelt ist schon bei den Störungen auf Vorderhirnebene (s. 12.3.5.) erörtert worden. Schon durch die Individualspezifität psychischer Strukturen im Sinne der Temperamente bei Mensch und Tier bzw. der normalen und anomalen Persönlichkeitsstrukturen des Menschen wird das gleiche biosoziale Umfeld verschieden bewertet. Dann wird oft auch auf ein normales biosoziales Umfeld krankhaft reagiert. Das kann sich in der genannten Wechselwirkung, wie z. B. in der abnormen Erlebnisreaktion (*Neurosen*) und bei deutlich abnormer Persönlichkeit (*Psychopathie*), noch wesentlich verstärken. Auf diesem Wege werden permanent abnorme psychische, vegetative und motorische Fehlhaltungen in der beschriebenen Weise u. a. entwickelt (s. 12.3.4. und 12.3.5.). In den Parallelen zwischen objektiver Analyse gestörten tierischen Verhaltens (Pathoethologie) und Verhaltensforschung im Humanbereich (Ploog, Eysenck, u. a.) könnten generelle biopathologische Prinzipien deutlich werden. Auch bei stärkeren und abnormen psychischen Belastungen außerhalb des individuellen Kompensationsbereichs gesunder Individuen sind ähnliche Veränderungen zu erwarten. Die Relation zwischen Stärke biosozialer Reize und Belastungen und psychischer Verarbeitung erscheint für das Entstehen einer Störung der Organismus-Umwelt-Beziehungen wesentlich. Die Typen komplexer psychopathologischer Reaktion sind in ihrer Zahl recht begrenzt, auch die abnormen Formen (paranoid, phobisch, anankastisch, hysterisch, depressiv u. a.). Letztere erscheinen in formal ähnlicher Weise bei Neurosen, Psychopathien und schließlich z. T. auch bei den Geisteskrankheiten (*Psychosen*). Darunter werden schwere, prozeßhafte psychische Veränderungen zusammengefaßt, wobei bisher nur die Gruppe der sog. körperlich begründbaren Psychosen ätiopathogenetisch sicher zugänglich ist. Schwere körperliche Grundleiden verändern dabei die neuronale Tätigkeit weiter Vorderhirnbereiche, so daß autochthone neuronale Kompensationsmechanismen nicht mehr ausreichen und die Einheit von Informationsaufnahme, Gedächtnis, Persönlichkeitsstruktur u. a. zerfällt. Neuere neurophysiologisch orientierte

Ansätze psychiatrischer Forschung (Funktionspsychosen, Durchgangssyndrome nach Wieck) könnten hier eine Brücke zur Biopathologie bilden.

13. Hinweise auf weiterführende und vertiefende Literatur bzw. Originalveröffentlichungen

Alberts, B., D. Bray, J. Lewis, M. Raff, K. Roberts and J. D. Watson: Molecular Biology of the Cell; Garland Publ. Comp. New York 1983

Bondy, P. K., and L. E. Rosenberg (Eds.): Metabolic Control and Disease; W. B. Saunders Comp., Philadelphia 1980

Cottier, H.: Pathogenese; Ein Handbuch für die ärztliche Fortbildung. Springer Verlag, Berlin 1980

Frohlich, D.: Pathophysiology. — Altered Regulatory Mechanisms in Disease. New York: Lippincott Comp. 1985

Hecht, A., K. Lunzenauer und E. Schubert: Allgemeine Pathologie; VEB Verlag Volk und Gesundheit., Berlin 1979

Karlson, P., W. Gerok und W. Gross: Pathobiochemie; Georg Thieme Verlag, Stuttgart 1978

Grundlagen der allgemeinen Biopathologie

Becker, V.; V. Goettler und G. Jansen (Hrsg.): Konzepte der Theoretischen Pathologie. Berlin—Heidelberg—New York: Springer-Verlag, 1980

Eigen, M.: Selforganization of Matter and the Evolution of Biological Macromolecules. Naturwissensch. **58** (1971), 465—523

Petlenko, W. P.: Philosophische Fragen der Theorie der Pathologie. Leningrad: Ishdat. „Medizina" 1971 (in russ.)

Petlenko, W. P., G. I. Zaregorodzev: Philosophie der Medizin. Kiew: „Sdorowja" 1979

Prigogine, I.: Structure, Entropy and Quantum Theory. In: J. H. Scharf (Hrsg.): Informatik. Nova acta Leopold. Bd. 37, Hft. 206, S. 139, 1972

Rapoport, S. M., S. Rosenthal, H. A. Rosenthal und K. Fuchs-Kittowski (Hrsg.): Molekularbiologie, Medizin, Philosophie, Wissenschaftsentwicklung. Akademie-Verlag Berlin 1979

Rothschuh, K. E.: Zur Begrifflichkeit in der Pathologie. Path. Res. Pract. **171** (1981), 22—32

Rothschuh, K. E.: Der Krankheitsbegriff (Was ist Krankheit). Hippokrates (Stuttgart) **43** (1972), 3—17,

Molekulare Mechanismen der Pathogenität

Alouf, J. E., F. J. Fehrenbach, J. H. Freer und J. Jeljaszewicz (Ed.): Bacteriel Protein Toxins: Academic Press, New York 1984

BEACHY, E. H. (Ed.): Bacterial Adherence; Chapmann & Hill, London 1980
BLOCH, K., L. BOLIS und D. C. TOSTESON (Eds.): Membranes, Molecules, Toxins, and Cells; John Wright, PSG Inc., 1981
FAIRD, N. R. (Ed.): HLA in Endocrine and Metabolic Disorders; Academic Press, New York 1981
FALCONE, G., M. CAMPA, H. SMITH and G. M. SCOTT (Eds.) Bacterial and Viral Inhibition and Modulation of Host Defences; Academic Press, New York 1984
HALLIWELL, B. and J. M. C. GUTTERIDGE: Oxygen Toxicity, Oxygen Radicals, Transition Metals and Disease; Biochemical J. **219** (1984), 1–14
HAYAISHI, O. and K. UEDA (Eds.): ADP-Ribosylation Reactions in Biology and Medicine; Academic Press, New York 1982
HOMMA, J. Y., S. KANEGASCHI, O. LÜDERITZ, T. SHIBA and O. WESTPHAL (Eds.): Bacterial Endotoxins; Verlag Chemie, Weinheim 1984
MAJDE, A. J. and R. J. PERSON, (Eds.): Pathophysiological Effects of Endotoxins at the Cellular Level; Alan R. Liss, Inc., New York 1981
PICK, E. (Ed.): The Lymphokines; Academic Press, New York, Volumen 8 1983
PRYOR, W. A. (Ed.): Free Radicals in Biology; Academic Press, New York, Volumen V, 1982

Entzündung

BROWN, E. J. and M. M. FRANK: Complement Activation; Immunology Today **2** (1981) 129–134
HÖRL, W. H. and A. HEIDLAND (Ed.): Proteases — Potential Role in and Disease; Plenum Press, New York 1984
ROOT, R. K. and P. B. BEESON: Genetic Disorders of Leucocyte Function; Klinische Wochenschrift **60** (1982), 731–734
WEISSMANN, G.: Advances in Inflammation Research; Raven Press, New York Volumen 4, 1982

Immunpathomechanismen

BACH, J. F. (Ed.): Immunology; John Wiley & Sons, New York 1982
JÄGER, L.: Klinische Immunologie und Allergologie; VEB Gustav Fischer Verlag, Jena 1983
JÄGER, L.: Grundlagen der klinischen Immunologie; Akademie-Verlag Berlin 1986
OPPENHEIM, J. J., D. L. ROSENSTREICH and M. POTTER (Ed.): Cellular Functions in Immunity and Inflammation; Edward Arnold, London 1981
STEINBERG, C. M. and I. LEFKOVITS: The Immune System; S. Karger, Basel, Volumen 1 u. 2, 1981
VORLAENDER, K. O.: Immunologie; Thieme Verlag, Stuttgart 1983
WEDGWOOD, R. J., F. S. ROSEN and N. W. PAUL (Ed.): Primary Immunodefiency Diseases; Alan R. Liss, Inc. New York 1983

Änderungen der genetischen Information und Krankheitsentstehung

GÜNTHER, E.: Lehrbuch der Genetik; VEB Gustav Fischer Verlag, Jena 1983

PIECHOCKI, R.: Genmanipulation. Frevel oder Fortschritt; Urania, Leipzig 1983

STANBURY, J. B., J. B. WYNGAARDEN and D. S. FREDRICKSON (Ed.): The Metabolic Basis of Inherited Disease; McGraw Hill, New York 1978

WITKOWSKI, R. und F. HERRMANN: Einführung in die klinische Genetik; Akademie-Verlag Berlin 1982

Störungen der Entwicklung und des Wachstums

BÖHM, K.: Kinderpathologie; Stuttgart: Gustav-Fischer-Verl. 1984

COOPER, G. M.: Cellular Transforming Genes; Science **217** (1982), 801 to 806

FARBER, E.: Chemical Carcinogenesis; New England Journal of Medicine 305 1379—1389 (1981)

GOLDBERGER, R. F. (Ed.): Biological Regulation and Development; Plenum Press, New York, Volumen 1—3, 1979—1981

HEHLMANN, R. H. SCHETTERS, G. KREBS, V. ERFLE, J. SCHMIDT und A. LUZ: RNA-Tumorviruses, Oncogenes, and Their Possible Role in Human Carcinogenesis; Klinische Wochenschrift **61** (1983), 1217—1231

JENTZSCH, K. D.: Regulation des Wachstums und der Zellvermehrung; Akademie-Verlag Berlin 1983

JONES, C. T. (Ed.): The Biochemical Development of the Fetus and the Neonate; Elsevier Biomedical Press, Amsterdam 1982

LLOYD, D., R. D. POOLE and S. W. EDWARDS (Ed.): The Cell Division Cycle: Temporal Organiszation and Control of Cellular Growth and Reproduction. Academic Press, New York 1982

MCBRIEN, D. C. H. and T. F. SLATER (Ed): Free Radicals, Lipid Peroxidation and Cancer; Academic Press, New York 1982

RITZÉN, M., A. APERIA, K. HALL, A. LARSSON, A. ZETTERBERG and R. ZETTERSTRÖM: The Biology of Normal Human Growth; Raven Press, New York 1981

SCHWARTZE, H. und P. SCHWARTZE: Physiologie des Foetal-, Neugeborenen- und Kindesalters; Akademie-Verlag Berlin 1977

SEDLARIK, K. M. (Hrsg.): Wundheilung; VEB Fischer Verlag, Jena 1984

STAVE, U. (Ed.): Perinatal Physiology; Plenum Medical Book Comp., New York 1978

WEINSTEIN, I. B.: Molecular and Cellular Mechanisms of Chemical Carcinogenesis; Cancer and Chemotherapy 1 (1980), 169—196

WEISS, D. W.: Tumor Antigenicity and Approaches to Tumor Immunotherapy; Springer Verlag, Heidelberg 1980

Herz-Kreislauf-System

EHRLY, A. M.: Welchen Stellenwert haben Gesamtblutviskosität, Erythrozytenverformbarkeit und Erythrozytenaggregation; Dtsch. med. Wschr. **106** (1981), 35–37

MEERSON, F. S.: Hyperfunktion, Hypertrophie und Insuffizienz des Herzens; Berlin: Verl. Volk und Gesundheit 1969

ROSKAMM, H. und H. REINDELL (Hrsg.): Herzkrankheiten. 2. Aufl. Berlin–Heidelberg–New York: Springer-Verl. 1982

SCHMID-SCHÖNBEIN, H.: Physiologie und Pathophysiologie der Mikrozirkulation aus rheologischer Sicht; Internist **23** (1982), 359–374

SCHÖNBORN, H., H. P. SCHUSTER und K. F. LANG: Schock In: P. SCHÖLMERICH, H. P. SCHUSTER, H. SCHÖNBORN, P. P. BAUM: Interne Intensivmedizin Stuttgart: Thieme-Verl. 1980, S. 173

SCHÖLMERICH, P., H. P. SCHUSTER, H. SCHÖNBORN und P. P. BAUM: Interne Intensivmedizin; Stuttgart: Thieme-Verl. 1980

SODEMAN, Jr. W. A. and W. A. SODEMAN: Pathologic Physiology – Mechanisms of Disease; 5th ed. Philadelphia, London, Toronto 1974

Gasaustausch

BÜHLMANN, A. A.: Lunge und Atmung. In: W. SIEGENTHALER (Hrsg.): Klinische Pathophysiologie 5. Aufl. Stuttgart–New York 1982

COTES, J. E.: Lung Function; 4th ed. Oxford–London–Edinburgh–Melbourne: Blackwell Sc. 1979

EDER, M., and P. GEDIGK (Eds.): Lehrbuch der Allgemeinen Pathologie und Pathologischen Anatomie; Stuttgart, New York, Tokyo: Springer-Verl. 1984

TIEDT, N. und U. ZWIENER: Taschenbuch der Pathophysiologie; Jena: Gustav-Fischer-Verl. 1982

WEST, J. B.: Pulmonary Pathophysiology; Baltimore: Williams and Wilkins Comp. 1977

Störungen des Wasser-, Elektrolyt- und Säure-Basenhaushaltes

ERHARDT, W., H. NEUMANN, L. H. SCHMIDT und H. WESSIG: Säure-Basen-Gleichgewicht des Menschen; Verlag Theodor Steinkopff, Dresden, 2. Auflage, 1976

Verdauung

BOECKER, W. (Hrsg.): Speiseröhre – Magen; Stuttgart: Thieme-Verl. 1979

BROOKS, F. P.: Gastrointestinal Pathophysiology; New York–London–Toronto: Oxford University Press 1974

GROSSMANN, M., V. SPERANZA, N. BASSO and E. LEZOCHE (Eds.): Gastrointestinal Hormones and Pathology of the Digestive System; Plenum Press, New York 1978

JOHNSON, L. R.: Physiology of the Gastrointestinal Tract; Raven Press New York 1981

MARTINI, G. A. und H. A. SCHMIDT-WILCKE: Magen In: W. SIEGENTHALER (Hrsg.): Klinische Pathophysiologie; Stuttgart—New York: Thieme-Verl. 1982, S. 875—891

Allgemeine Biopathologie hormonaler und neuraler Steuer- und Kontrollprozesse

DEGROOT, L. J., G. F. CAHILL, L. MARTINI, D. H. NELSON. W. D. ODELL, J. T. POTTS, E. STEINBERGER and A. I. WINEGRAD (Eds.): Endocrinology; Grune und Stratton, London 1979, Vol. 1—3

ELIASSON, S. G., A. L. PRENSKY and W. B. HARDIN (Eds.): Neurological Pathophysiology. 2nd ed., New York: Oxford Univers. Press. 1978

EVERED, D. and J. WHELAN (Eds.): Receptors, Antibodies and Disease; Ciba Foundation Symposium 90; Pitman, London 1982

GRIFFIN, J. E. and J. D. WILSON: The Syndromes of Androgen Resistance; New England Journal of Medicine **302**, (1980) 198—209

KOLB, E.: Biochemie und Pathobiochemie der Fortpflanzung; VEB Gustav Fischer Verlag, Jena 1984

MARSDEN, C. D., S. FAHN (Eds.): Movement Disorders (Butterworth Internat. Med. Reviews, Neurology 2), London: Butterworth 1982

STURM, A. und W. BIRKMAYER: Klinische Pathologie des vegetativen Nervensystems, Bd. I u. II, Jena: Gustav-Fischer-Verl., 1977

ZWIENER, U.: Pathophysiologie neurovegetativer Regelungen und Rhythmen. Jena: Gustav-Fischer-Verl. 1976

Sachwortverzeichnis

Bei Fragen zur Produktsicherheit wenden Sie sich bitte an:
If you have any questions regarding product safety,
please contact:

Walter de Gruyter GmbH
Genthiner Straße 13
10785 Berlin
productsafety@degruyterbrill.com